国家电网公司
STATE GRID
CORPORATION OF CHINA

电网设备监控人员
实用手册

国家电力调度控制中心　编

U0260651

中国电力出版社
CHINA ELECTRIC POWER PRESS

内 容 提 要

为提高电网监控人员业务能力，指导其熟练掌握监控业务和各项调控工作，国家电力调度控制中心根据"大运行"体系模式运作需要，把握电网调度业务模式转型要求，覆盖各级监控人员的业务培训，突出以新业务、新流程、新标准为培训重点，编写了《电网设备监控人员实用手册》。

本手册分为八章，包括国家电网公司"大运行"体系介绍、电网运行监视、电网调控基本理论、变电站设备运行管理、变电站信号分析处理、电网倒闸操作、事故处理、监控技术支持系统简介。

本手册可供调控机构监控人员培训使用，也可作为电力职业院校及新入职员工的参考资料。

图书在版编目（CIP）数据

电网设备监控人员实用手册 / 国家电力调度控制中心编.
北京：中国电力出版社，2014.12（2017.11重印）
ISBN 978-7-5123-6268-0

Ⅰ. ①电… Ⅱ. ①国… Ⅲ. ①电网–电气设备–电力监控系统–技术手册 Ⅳ. ①TM7-62

中国版本图书馆 CIP 数据核字（2014）第 173710 号

中国电力出版社出版、发行
（北京市东城区北京站西街 19 号　100005　http://www.cepp.sgcc.com.cn）
北京天宇星印刷厂印刷
各地新华书店经售

*

2014 年 12 月第一版　2017 年 11 月北京第二次印刷
787 毫米×1092 毫米　16 开本　21 印张　485 千字
印数 3001—4000 册　定价 **92.00** 元

编 委 会

前　言

根据国家电网公司"大运行"体系建设总体部署，按不同电压等级的变电站划分，将变电设备运行集中监控和输变电设备状态在线监测与分析业务纳入相应调度机构统一管理，实现各级调度的调控一体化运作。实施"调控一体化"后，调控部门融合了电网调度运行业务和输变电设备运行业务，除继续承担传统的调度业务外，还负责变电设备运行集中监控，执行远方操作。

"调控一体化"的管理模式在提高管理效率和运营效益的同时也为调控工作带来了新的挑战。实施调控一体化后，调控中心出现了新的电网监控岗位，监控人员需掌握输变电设备运行业务，同时还应了解电网调度运行业务。调控中心从事电网监控的监控人员由三部分组成：一是变电运行人员转岗而来；二是由现有调度员兼任；三是刚实习期满的新进员工。这三部分人员对于适应电网监控岗位均有其不足：变电运行转岗人员缺乏对调度业务的概念；现有调度员对变电站设备不太熟悉；而新进员工对调度和变电两个专业都缺乏专业知识和经验。因此，编制一本手册用于指导电网监控人员岗位培训工作的需求日趋迫切。

为适应"大运行"体系建设需要，国家电力调度控制中心与国家电网西北电力调控分中心会同陕西、甘肃、青海、宁夏、新疆、河北、江苏省（区）调和检修公司以及陕西省经研院等单位的电力系统专业技术人员，编写了《电网设备监控人员实用手册》一书。本手册根据"大运行"体系运作需要，把握电网调度业务模式转型要求，覆盖各级监控人员的业务培训需求，以新业务、新流程、新标准为培训重点，全方位介绍电网监控业务知识，旨在提高电网监控员的业务能力，提升工作效率，指导其熟练掌握监控技术和各类调控业务。

本书第一章由西北电力调控分中心负责编写；第二章由西北电力调控分中

心、江苏省调、青海省检修公司负责编写；第三章由陕西省经研院、新疆区调、甘肃省调负责编写；第四章由甘肃省调、陕西省检修公司、甘肃省检修公司、新疆检修公司、青海省检修公司负责编写；第五章由宁夏区调、河北省调负责编写；第六章由西北电力调控分中心、新疆检修公司负责编写；第七章由陕西省调、青海省调、西北电力调控分中心负责编写；第八章由宁夏区调、宁夏检修公司负责编写。全书由国家电力调度控制中心担任主审。

本书在编写过程中得到陕西、甘肃、青海、宁夏、新疆、河北、江苏省（区）调和检修公司及陕西省经研院等单位领导高度重视并给以大力支持，在此表示衷心感谢。

由于编者水平有限，书中难免存在不足之处，恳请读者批评指正。

编　者

2014 年 10 月

目 录

第八章　监控技术支持系统简介　303

国家电网公司"大运行"体系介绍

第一节 "大运行"体系建设的必要性、总体思路和目标

1. "大运行"体系建设的必要性

变革运行组织模式是电网发展的客观要求。

随着坚强智能电网的建设发展，电网的物理形态和运行特性都发生了显著变化。电网规模不断扩大，电网结构逐步改变，随着风电等新能源迅猛发展，电网运行状态的波动性、时变性日益突出，电网稳定特性更加复杂。特高压电网的建设发展，使得各级电网电气联系更加紧密，相互作用更加明显，电力平衡由就地平衡转为整体平衡，电网特性由区域模式转向总体模式，电网运行的整体性进一步增强。目前电网运行业务相对分散的决策、组织、实施模式与电网运行一体化特性的矛盾日益突出，客观要求相应变革电网运行组织模式。

技术进步是运行组织模式变革的内在推动力。

随着电网智能化的逐步推进，电网设备可靠性进一步提高，信息化、可视化手段不断完善，调度运行和设备运行的业务联系更加紧密，专业技术日趋融合，技术的发展要求变革运行组织形式以适应生产力进步的需要。因此，开展"大运行"体系建设工作迫在眉睫。

2. "大运行"体系建设目标

整合电网调度和设备运行资源，推进各级变电设备运行集中监控业务与电网调度业务的高度融合，实现调控一体化；优化调度功能结构，推进国调、网调运行业务一体化运作，促进省调标准化建设、同质化管理，实现地县调专业集约融合，形成集中统一、权责明晰、工作协同、规范高效的"大运行"体系，提高驾驭大电网的调控能力和大范围优化配置资源的能力。

3. "大运行"体系建设总体思路

适应电网发展实际，体现电力生产的基本特点和技术水平，以提升电网运行绩效为目标，以集约化、扁平化、专业化为主线，推进调度运行与设备运行相关业务的结合，实施调度体系功能结构优化调整，变革组织架构、创新管理方式、优化业务流程，构筑电网运行的新型体系。

从电网运行控制来看，应转变现行调度运行与设备运行相分离的业务模式，缩减运行环节，理清工作界面，提升电网运行实时控制效率，提高电网整体协同控制水平。

从调度运行管理来看，应转变现行电网运行管理层级多、链条长的组织方式，进一步强化统一调度，切实保障大电网安全运行。

第二节 "大运行"体系建设的主要内容

一、管理职责和业务范围调整

1. 调控业务调整

按照调控一体化的目标，将各电压等级变电设备运行集中监控业务分别纳入相应电网调度统一管理。

国（分）调负责特高压和超高压直流、750kV及以上交流变电设备运行集中监控业务；省调负责省域范围内500kV交流变电设备及±660kV及以下直流变电设备运行集中监控业务；地调负责地域范围内110（66）～220kV变电设备运行集中监控业务；县（配）调负责县域（城区）范围内35kV及以下变电设备运行集中监控业务，各级调度机构调度范围与监控范围划分如图1-1所示。

考虑到西北330kV电网的具体情况，可结合电网发展，将330kV枢纽变电站变电设备运行集中监控业务纳入省调，其余纳入地调。

实施调控合一后，调度单位负责变电设备运行集中监控，执行远方操作；变电运维单位负责设备管理、运维业务，执行现场巡检和操作。

	集中监控范围	调度范围	
国调、分调	特高压交直流变电站	特高压交直流电网	国调、分调
	750kV交流变电站	750kV交流电网	
省调	±660kV及以下直流变电站	±660kV及以下直流系统	
	500kV交流变电站	500kV交流电网	
	330kV交流变电站	330kV交流电网	省调
地调	220kV变电站	220kV交流电网	
	110（66）kV变电站	110（66）kV交流电网	地调
配调、县调	35kV变电站	35kV交流电网	配调、县调
	10kV开闭所	10kV配电网	

图1-1 各级调度机构调度范围与监控范围划分

2. 调度功能结构调整

国、网调层面：实施国调、网调运行业务一体化运作，实现事前业务集中决策、事中业务协同开展、事后业务集中考核，强化对500kV及以上电网运行的统一协调控制，共同保障以特高压为骨干的输电网安全、优质、经济运行。

省调层面：实施标准化建设、同质化管理，全面落实调控运行专业管理要求，负责所辖电网调控运行工作。

地、县调层面：实施专业化和集约化，将原县调调度范围内 110（66）kV 电网调度权上移至地调，强化电网调度专业管理职能，提升统筹保障地区电网安全运行能力。县（配）调负责调度管辖区域内 35kV 及以下电网。有条件的地区，可将城区配调并入地调，实现地调、城区配调的融合，缩减管理层级。

二、各层级调控功能定位及组织架构

1. 各层级调控功能定位

国（网）调依法对电网实施统一调度管理，承担电网调度运行、变电设备运行集中监控、系统运行、调度计划、继电保护、通信、自动化、燃料、水电及新能源等各专业管理职责，协调各局部电网的调度关系；负责 500（330）kV 及以上主网运行的组织、指挥、指导和协调；直调有关电厂；承担±800kV 直流、750kV（重要枢纽站）及以上电压等级交流变电运行集中监控、输变电设备状态在线监测与分析业务。

省调负责省级电网调控运行。落实国家电网统一专业管理要求，承担本省电网调度运行、变电设备运行集中监控、系统运行、调度计划、继电保护、通信、自动化、水电及新能源等各专业管理职责；调度管辖省域内 220kV 电网和终端 500（330）kV 系统，直调所辖电厂；承担省域内±660kV 及以下直流和 750（重要枢纽站除外）、500、330kV 枢纽站变电设备运行集中监控、输变电设备状态在线监测与分析业务。

地（县）调负责地区及县域电网调控运行。承担地区电网调度运行、设备监控、系统运行、调度计划、继电保护、通信、自动化、水电及新能源等各专业管理职责和配电网故障研判、抢修协调指挥业务；调度管辖 10～110（66）kV 电网和终端 220kV 系统；承担地域内 35～220kV 和 330kV 终端站变电设备运行集中监控、输变电设备状态在线监控与业务分析。考虑到地域差异性，地调、县调 10～35kV 的调控范围可因地制宜调整。

2. "大运行"体系建设各层级调度组织架构

"大运行"体系建设各层级调度组织架构如图 1-2～图 1-4 所示。

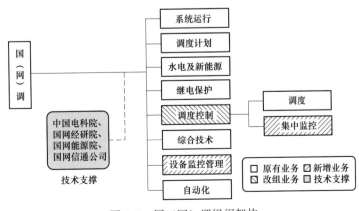

图 1-2　国（网）调组织架构

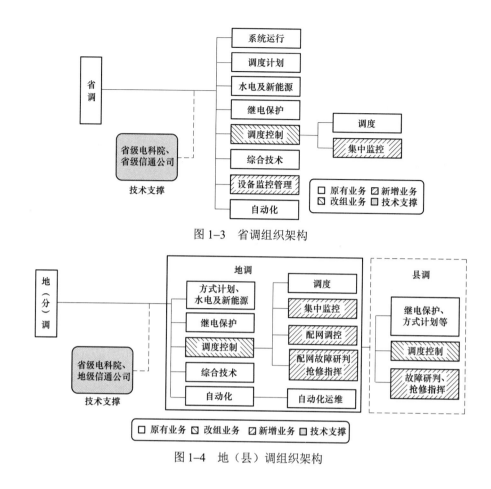

图 1-3　省调组织架构

图 1-4　地（县）调组织架构

第三节　"大运行"体系建设实施步骤和配套措施

"大运行"体系建设关系到生产运行基础工作，应坚持安全第一、统筹协调的原则，统一规划、分步实施、有序推进。

一、实施步骤

根据"三集五大"工作的总体部署，开展调控一体化试点工作，在总结试点经验的基础上，全面实施各级调控一体化；同时，满足坚强智能电网发展的需要，从统筹核心业务、规范业务流程、统一技术平台入手，推进国调、网调的运行业务一体化，同步开展省调标准化建设和同质化管理，以及地、县调集约化建设。"十二五"期间，全面完成"大运行"体系建设任务。

二、配套措施

1. 组织保障

加强组织领导，强化与"大检修"等体系建设的统筹协调，保持电网运行秩序稳定和平稳过渡，坚持试点先行，扎实有序地推进"大运行"体系建设工作。

2. 管理保障

坚持"不立不破"的原则，在统一标准、统一设计的基础上，适应"大运行"体系需要，制定、修订相关调控规程、安全规程等管理标准和技术标准，相应编制调控岗位规范等工作标准。根据"大运行"与其他体系间的工作界面和职责划分，对设备监控、电网调控、调度计划、运行方式、安全内控等流程进行梳理、完善和优化。

3. 人力资源保障

建立与"大运行"体系相适应的组织架构和人员配置标准，制定省级以上调度的机构设置和定员标准，调整供电企业劳动定员标准，合理配置人力资源。适应技术发展和专业转型的新形势，建立健全调控专业技术培训体系。

4. 技术保障

统一建设省级以上智能电网调度技术支持系统，规范建设地、县调技术支持系统，整合县（配）调调度自动化系统和配网自动化系统；采用冗余节点技术或备用系统方式，提升系统的可靠性。加强通信骨干传输网和中压接入网公共通信平台建设，提高数据传输通道的可靠性；提高一次设备可控性和变电站综合自动化覆盖率，为"大运行"体系建设创造必要条件。

第四节　电网调度运行管理模式

一、电力系统调度控制管理模式

电力系统调度控制可分为集中调度控制和分层调度控制。

集中调度控制就是电力系统内所有发电厂和变电站的信息都集中到一个中央调度控制中心，由中央调度控制中心统一来完成整个电力系统调度控制的任务。在电力工业发展的初期阶段，集中调度控制曾经发挥了它的重要作用。但是随着电力系统规模的不断扩大，集中调度控制暴露出了许多不足（如运行不经济、技术难度大及可靠性不高等），这种调度机制已不能够满足现代电力系统的发展需要。

国际电工委员会标准 IEC60870-1-1 提出的典型分层结构将电力系统调度中心分为主调度中心（MCC）、区域调度中心（RCC）、地区调度中心（DCC）。分层调度控制将整个电力系统的监控任务分配给属于不同层次的调度中心，较低级别的调度中心负责采集实时数据并控制当地设备，只有涉及全网性的信息才向上一级调度中心传送，上级调度中心作出的决策以控制命令的形式下发给下级调度中心。

为了解决集中调度控制的缺点和不足，现代大型电力系统普遍采用了分层调度控制。与集中调度控制相比，分层调度控制主要有以下几方面的优点：易于保证自动化系统的可靠性；可灵活地适应系统的扩大和变更，提高投资效率，更好地适应现代技术水平的发展。

《中华人民共和国电力法》第三章第二十一条规定："电网运行实行统一调度、分级管理，任何单位和个人不得非法干预电网调度"。我国的调度属于分层（多级）调度控制，所谓的"分层控制系统"是指从物理结构上或从功能上进行分层，使由此而形成的各子控制系统的动作从整个系统来看达到最恰当的控制效果，并自动或人工地把这些动作协调起来，遵循某一控制目标而工作的调度系统。

二、变电运行维护管理模式

变电站是电力系统的重要组成部分，是电网的枢纽，是联系电厂和用户的中间环节，起着变换调整电压、接受分配电能、控制电力功率流向的作用。变电站按电压等级可分为特高压、超高压、高压及中低压四种类型。特高压变电站：1000kV；超高压变电站：750、500、330kV；高压变电站：220、110、35kV；中低压变电站（又称配电站）：10kV 及以下电压等级。

目前，变电站按运行维护管理模式可以划分为四种：有人值班模式（传统模式）、集控站模式、监控中心+运维操作站模式（调度监控分离）、调度中心+运维操作站模式（调控一体化）。

据统计，2010 年国家电网公司系统采用传统模式的占 11.3%，集控站管理模式占总数的 12.9%，监控中心+运维操作站模式（调度监控分离）占 61.4%，调控中心+运维操作站模式（调控一体化）占 14.3%，具体分布如图 1-5 所示。

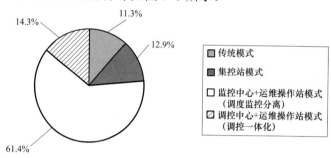

图 1-5　变电运行维护管理模式的分布结构图

针对现有的四种运维管理模式，分别对其优点、缺点进行分析对比，见表 1-1。

表 1-1　　　　　　　　　四种运维管理模式对比分析

	传统模式	集控站模式	监控中心+运维操作站模式	调控中心+运维操作站模式
值班方式	变电站有人24小时轮换值班，进行监控和操作	设若干集控站24小时值班监控和操作，一个集控站管理约10~20个变电站，变电站无人值班或少人值守	一个地市建立一个监控中心，按作业半径分设若干运维操作站。变电站无人值班，监控中心24小时值班，运维操作站少人值班，一个监控中心管理多达100多个变电站	监控与调度合一，按作业半径分设若干运维操作站；变电站无人值班，调控中心24小时值班，运维操作站少人值班
调度下令程序	预令、正令直接下到变电站	预令下到集控站，正令下到变电站	预令下到监控中心，正令下到变电站	预令下到运维操作站，正令下到变电站
人员职责	变电站站内设备巡视、监视、消缺、操作、状态评价等	所辖变电站设备巡视、监视、消缺、操作、状态评价等	监控人员负责受控变电站设备监视、遥控操作等工作；运维操作人员负责设备巡视、消缺、现场操作以及应急处置等	调控人员负责调度和设备监控、遥控操作等工作；运维操作人员负责设备巡视、消缺、现场操作以及应急处置等
所占比重	少	少	较多	较少
优点	事故异常响应速度快	一定程度上减少了值班人员	人力资源使用效率高；充分利用自动化技术；适应电网快速发展需要，有利于向调控一体化过渡	调度掌握设备运行信息更加及时、全面、准确，事故异常处理命令下达快捷，管理链条缩短，人力资源使用效率高
缺点	随着变电站数量的增多，需要庞大的运行人员队伍，人力资源和自动化设备未得到充分利用	需建设多个监控站，值班人员仍然较多，集控站监控系统重复建设	监控范围大，随着电网发展，监控中心需相应增加监控席位	调控中心责任加重

三、调控一体化管理模式

随着电网规模飞速发展，作为电网重要节点的变电站的数量也在成倍增长。传统的变电运行管理模式占据大量人力资源，效率较低，已不能适应电网快速发展的需要，电网原有的运行组织模式在确保电网及设备安全、优化配置资源、提高人员劳动效率以及专业管理等方面的局限性日益明显，主要表现在：

（1）设备运行集约化程度不高。集控站分散建设使监控系统、通信等相关设备数量成倍增加，系统投资、运行成本加大。

（2）调度运行与设备运行业务流程环节多、链条长。各级调度间业务耦合度较高，现有调度运行和设备运行集控分设的模式，增加了运行环节，影响了实时控制效率，不利于进一步提高运行绩效和劳动效率。

（3）生产结构性缺员矛盾日益突出，人才保障压力大。由于目前集中监控规模偏小，集控站分散建设，存在机构、人员配置多，管理成本高的问题。安全压力和风险较大，人才队伍很难满足电网快速发展的要求。

（4）调度核心业务的技术支持不够。

为推动电网发展方式的转变，各级电网调度机构需要调动各种资源，为电网调度运行提供全方位的技术支持；需要对现有的调度运行管理模式、配网运行管理模式、变电运行管理模式进行研究，建立适应智能电网发展的电网运行管理模式。推进调度业务模式转型，实现电网运行资源优化整合，提升大电网集约化控制能力，加快推进电网运行管理组织架构重建与人员合理配置，实现调度运行与设备运行等多专业的有效融合，从而实现调控一体化。实施调控合一后调度与变电运维单位职责分工见表1-2。

表1-2 实施调控合一后调度与变电运维单位职责分工

	调度单位	变电运维单位
运行管理	负责电网运行管理和变电设备运行集中监控，负责调度端相关二次设备运维	负责一次设备安全、巡检、运维业务，负责站端保护、自动化等二次设备运维工作
设备操控	负责不需要工作人员到现场的设备远方操作和状态调整	负责变电设备现场操作
信息监控	负责影响电网运行的设备紧急告警信息监视，主要包括事故、异常、越限、变位信息	负责告知信息的分析处理和报告

调控一体化即将监控业务与调度业务融合，实现电网调度与电网监控一体化管理，电网调度监控中心与运维操作站结合共同进行电网管理。调控一体化前后运行职责划分示意图如图1-6所示。

调控一体化管理模式的优势：

（1）工作效率提高。调控一体化模式下，组织结构趋于扁平化，更加清晰的组织结构有助于缩短业务流程，提高电网运行和事故处理效率。调度中心能实时、直观、全面地掌握电网的运行和告警信息，在应对紧急情况时，可以更为快速地作出决策。以某事故处理为例，该站一台电流互感器出现故障，调度中心借助变电站实时采集并传输的信号和视频监控系统，快速分析判断，在第一时间通过遥控直接断开相应断路器，隔离了故障点，防止了事故的蔓延，同时通知变电运维人员前往处理。在传统的管理模式下，则需要变电站运行人员首先发现情况，然后上报调度中心，由调度人员作出判断后再向运行人员下达操作指令。调度中心无法获得实时信息与现场人员没有处决权的矛盾，通过调控一体化管理模式得到了有效解决，大幅提高了工作效率和处理问题的能力。

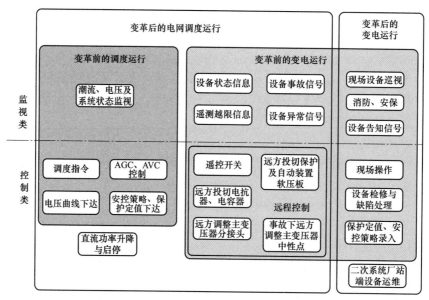

图 1-6　调控一体化前后运行职责划分示意图

（2）人力资源利用率提高。人力成本的提高是当前企业面临的重要问题，提高人力资源的利用率，做到减员增效，一直是企业的目标和追求。采用调控一体化管理模式，实行人员集约化的统一管理，可以根据所辖变电站任务的繁忙情况和工作量，统筹调配运维人员，任务量大的地点增加人员，任务量小的地点减少人员，避免了人员冗余和人员不足同时存在的尴尬局面，提高了人力资源的利用率。运维人员从监控工作中脱离出来，专门负责运行巡视等工作，提高了工作效率。

电网的调控一体化管理彻底改变了原有的电网调度管理和生产流程，调控一体化实施前后电网管理发生了根本性的变化，见表 1-3。实施前后变电站及人员配置情况见表 1-4。

表 1-3　　　　　　　　调控一体化实施前后电网管理工作对比分析

调控一体化管理		调控一体化前	调控一体化后	效益体现	备注
电网运行监视		监控中心进行实时监视	动态、实时监视	提升运行管理水平	提升电网管理层次
调度方式		现场汇报凭经验	根据"五遥"信息作为判断和决策	从经验决策向科学决策转变，实现电网的可控、能控、在控	
生产指挥过程	正常停役（热备用、试点站冷备用）	人员现场操作	调度完成操作	提高了停役的准时性和快速性，减少了操作班的工作量，降低操作风险	提升电网运行指标

调控一体化管理		调控一体化前	调控一体化后	效益体现	备注
生产指挥过程	事故处理	人员现场巡查并根据调度指令进行操作	调度根据事故时自动化系统监控信息，调用站内后台、视频或故障录波信息，通过遥控操作，隔离故障	提升调度决策的科学性和高效性，提高电网运行水平和安全可靠性	提升电网运行指标
	负荷优化	人员现场操作	调度遥控操作	提高电网运行水平和安全可靠性，降低操作量和操作风险	
专业系统应用		保护、自动化、通信等数据不能为调度所用	调度台集成了电网和设备运行相关的专业系统数据	提高调度对电网的掌控能力及管理水平	提升管理水平

表 1-4　　　　　　　　调控一体实施前后变电站及人员配置情况对比

实施前的变电站及人员配置情况								
变电站数量			变电运行及监控人员总数			人站比		
变电站总数（座）	500kV 变电站数量（座）	220kV 及以下变电站数量（座）	变电运行及监控人员总数	500kV	220kV 及以下	500kV	220kV 及以下	平均
376	14	362	1741	185	1556	13.21	4.29	4.63

实施后的变电站及人员配置情况								
地市调控中心				县级调控中心				
调控中心个数	监视变电站数量	监控人员数量	操作队人员数量	调控中心个数	监视变电站数量	监控人员数量	操作队人员数量	500kV 及以上变电站是否纳入属地化管理	人站比
9	234	96	969	5	86	39	265	否	3.23

第五节　电网调控人员监控岗位培训内容

通过对电网调控一体化运行人员的工作内容和主要业务流程分析，可知电网调控一体化人员应具备以下三类技能：

（1）调度指挥与协调技能；

（2）电网及变电站设备监视及分析技能；

（3）电网控制与操作技能。

现岗电网调控一体化人员是由原变电站监控人员和调度中心调度员组成的，不完全具备上述三类技能要求。因此，必须加强调控一体化运行人员的岗位技能培训，调控一体化运行人员的技能培训需求见表1-5。

表 1-5　　　　　　　　　　地区电网调控一体化运行人员技能培训需求

序号	技能类型	培训内容
1	电网监视技能	① 电网运行工况监视；② 变电站运行监视
2	电网调控技能	① 频率、电压调整；② 谐波控制；③ 潮流控制及运行方式调整；④ 电网经济调度
3	电网操作技能（包括设备投运）	① 并列、解列操作；② 合环、解环操作；③ 母线操作；④ 线路操作；⑤ 变压器操作；⑥ 断路器、隔离开关操作；⑦ 补偿装置操作；⑧ 继电保护及自动装置操作；⑨ 新设备验收、投运及操作
4	异常处理技能	① 频率异常及事故处理；② 电压异常及事故处理；③ 母线异常处理；④ 线路异常处理；⑤ 变压器异常处理；⑥ 断路器、隔离开关异常处理；⑦ 补偿装置异常处理；⑧ 直流、继电保护及自动装置异常处理；⑨ 调度通信、自动化系统异常处理
5	事故处理技能	① 线路事故处理；② 变压器事故处理；③ 断路器、隔离开关事故处理；④ 补偿装置事故处理；⑤ 母线事故处理；⑥ 发电机事故处理；⑦ 发电厂、变电站全停事故处理；⑧ 系统解列事故处理；⑨ 系统振荡处理；⑩ 事故预案编制及反事故演习

第二章

电网运行监视

第一节　电网调度专业运行监视

一、电力系统有功监视及出力调整

（一）电网频率监视及调整

1. 电网频率概述

电能不能大量储存，必须保持电能生产、输送、消费过程的连续性，由这些环节组成统一的不可分割的电力系统。电能的生产、输送和消费具有同时性。发电设备任何时刻生产的电能必须等于该时刻用电设备消费和输送中损耗电能之和的衡量指标就是电网频率。

电网频率是电网运行的一个重要参数，频率的波动，反映了电网内并列发电机转速的波动。频率高于标准频率，说明发电机的转速高于其额定转速；反之，则低于其额定转速。频率不仅是监视电网安全的指标，同时也是电能质量的指标。实际运行中，电网产生频率波动是不可避免的，发电机组出力完全无时滞地跟踪用电负荷的变化，在技术上还无法达到。电网的频率一旦超出运行范围，就会影响电网安全运行。因此，调度机构要安排足够的电源，从电力和电量上都适应负荷变动的需要，确保电网频率在 50Hz 及其允许波动的范围内运行。

2. 电网频率监视

电网额定频率是 50.00Hz，装机容量 3000MW 及以上电网，频率范围不得超过（50.00±0.20）Hz；装机容量 3000MW 以下的电网，频率范围不得超过（50.00±0.50）Hz。电网日常实时频率波动曲线如图 2-1 所示。

当发电机组自动发电控制（AGC）投入频率调节模式运行时，正常情况下，频率由 AGC来调整，下面以装机容量 3000MW 以上电网为例介绍电网频率监视职责。

各级调度机构和发电厂对电网频率监视负有同等责任，根据电网频率的监控任务不同，一般指定电网内一个水电厂作为第一调频厂，指定一部分机组调节性能强的机组作为第二调频厂。

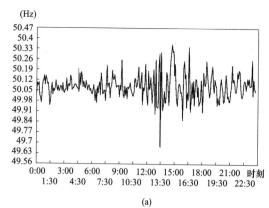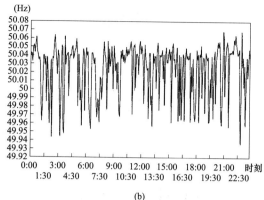

图 2-1　电网日常实时频率波动曲线

（a）3000MW 以下的电网频率波动曲线；（b）3000MW 以上的电网频率波动曲线

当系统频率范围超出（50.00±0.10）Hz 时，第一调频厂应在规定的负荷调整范围内主动负责调整系统频率，第一调频厂的调整范围为设备最大和最小技术出力。当第一调频厂已接近规定的负荷调整范围时，应立即报告相关调度机构。

在系统频率范围超出（50.00±0.20）Hz 时，第二调频厂应不待调令立即进行频率调整，使其恢复到（50.00±0.20）Hz 范围之内。

当系统频率范围超过（50.00±0.50）Hz 时，系统内所有发电厂均应不待调令立即进行频率调整，使其恢复到（50.00±0.20）Hz 范围之内。

3. 电网频率调整

电网的频率偏离额定值运行，给电网安全、经济运行、用户的生产效率和产品质量都会带来不利影响，偏离额定值越大，影响也越大。为使电网频率的变化不超过规定允许范围，就必须对频率进行调整，这是调度机构的主要职责之一。维持电网频率在额定值，是依靠控制电网内所有发电机组输入的功率总和"等于"电网内所有用电设备所消耗的有功功率总和来实现的。这个"等于"关系就是电网内有功功率平衡基本关系。这个平衡关系一旦遭到破坏，电网的频率就会偏离额定值。由于电网的负荷功率随机变化，所以上述的"等于"关系也就是随时都在遭受破坏，随时需要调整来维持平衡。

频率的调整就是在电网频率偏离额定值时，及时调整机组原动机的有功功率，维持上述"等于"关系，将电网频率维持在允许范围之内。

电网频率调整的方式主要有三种：① 电力系统频率的一次调节，又称一次调频，是发电机对频率变化做出的自动响应，主要针对变化周期短（10s 以内）、变化幅度小的负荷分量；② 电力系统频率的二次调节，也称二次调频，是电网调控中心的 AGC 软件通过远动通道对发电机有功功率进行控制，从而快速恢复频率偏移，主要针对变化周期较长（一般 10s～3min）、变化幅度较大的负荷分量；③ 电力系统频率的三次调节，也就是经济调度，是在安全前提下，通过优化方法对发电厂的有功功率进行经济分配，主要针对变化缓慢、变化幅度大的负荷分量，例如由于气象条件、作息制度、人们生活规律等引起的负荷变化。

（二）电网潮流监视及调整

正常运行的电力系统应满足静态稳定和暂态稳定的要求，并有一定的稳定储备，不发生异常振荡现象，合理的潮流分布是电力系统运行的基本要求，为此就要求电力系统运行调度人员随时密切监视并调整潮流分布。

1. 辐射形网络的潮流调整

辐射形电网也称为开式网络。电网以辐射的形式供电给许多变电站，如放射式、干线式和链式网络都是辐射形网络。环式和两端供电的网络在特殊情况下某个节点处将网络断开运行，即开环运行，此时电网也可以看作是辐射式供电。

辐射形网络中的潮流分布取决于各负荷点的负荷，可以通过以下手段改变线路上的潮流：

（1）改变网络结构，投入备用线路、断开运行线路。

（2）增加辐射网络上机组出力。

（3）转走或转入负荷，或采取拉闸限电、负荷控制，错峰避峰等办法调整负荷。

（4）升高或降低电压。

2. 环形网络的潮流调整

为提高供电可靠性，使用户可以从两个方向获得电源，通常将电网连接成环形，这种网络称为环形网络。

环形网络中的潮流受负荷及电源分布和电网结构影响，可以通过以下手段控制环形网络的潮流：

（1）改变电源出力。通过加减电厂出力、开出备用机组，停运机组方法调节潮流是目前各级调度使用最多的一种潮流调整方法。

（2）改变负荷分布。改变负荷分布能够有效调整潮流。其手段包括将负荷转移到其他供电区、通过负控手段进行错峰避峰、通过拉闸限电手段限制用电负荷使用等。

（3）改变网络结构。通过投入备用线路、停运运行线路等手段改变网络结构，达到调整潮流的目的。

（4）调整电压。按照负荷电压特性，降低电压能够降低负荷，从而达到调整潮流的目的。

（5）采用附加装置进行调整。手段主要有串联电容器、串联电抗器等方式。

（三）互联电力系统的频率和有功控制

随着电力系统的不断发展，原先独立运行的单一电力系统逐步和相邻的电力系统实现互联运行。互联电力系统有若干个区域电网负荷控制中心，在进行频率调整控制时，会出现区域电网之间功率的重新分配，引起区域电网之间联络线的功率波动。一般将整个电力系统分成若干个电力负荷控制区域电网，各区域电网之间的输电线作为联络线用以交换功率。电力系统的控制区可以通过控制区内发电机组的有功功率来维持与其他控制区联络线的交换计划，维持系统的频率在给定范围之内，维持系统具有一定的安全裕度。

1. 区域控制偏差（ACE）

电力系统的控制区是以区域的负荷与发电来进行平衡的。对于一个孤立的控制区，当负荷需求大于发电能力时，孤立系统的频率会下降。反之，系统频率就会上升。当电力系统由多个控制区互联联网组成时，系统的频率是一致的。因此，当某一控制区内的负荷和发电出力不平衡时，其控制区通过联络线上功率的传输对其进行支援，从而使得整个系统的频率保持一致。

联络线的交换功率一般由系统控制区之间根据相互签订的电力电量合同协商而定，在稳态情况下，对各控制区而言，应确保其联络线交换功率值与交换功率计划值一致，系统频率与目标值一致，以满足电力系统安全、优质运行。

ACE 是根据电力系统当前的负荷和频率等因素计算形成的偏差值，它反映了区域内的发电和负荷的平衡情况。ACE 由联络线交换功率与计划目标偏差和系统频率偏差与计划目标频率偏差两部分组成，有时候也会包括校正时差而设置的频率偏移 Δf_t 和无意交换电量偏移 ΔI_{0j}。

$$ACE = \left[\sum P_{ti} - \left(\sum I_{0j} - \Delta I_{0j} \right) \right] + 10K \left[f - \left(f_0 + \Delta f_t \right) \right] \qquad (2-1)$$

式中　$\sum P_{ti}$ ——控制区所有联络线交换功率的实际量测值之和；

　　　$\sum I_{0j}$ ——控制区与外区的功率交易计划之和；

　　　ΔI_{0j} ——偿还无意交换电量而设置的交换功率偏移；

　　　K ——控制区的频率响应系数，为负值，MW/0.1Hz；

　　　f ——额定频率，Hz；

　　　Δf_t ——校正时差而设置的频率偏移。

2. 互联电力系统的负荷频率控制

控制区的频率控制模式决定了各个控制区域如何调节 AGC 机组出力。控制区的频率控制方式大致有以下三种：

（1）定频率控制（flat frequency control，FFC）。在这种模式下，$ACE = -10K(f_a - f_s)$，f_a 为本电网系统实时频率；f_s 为本电网基准频率。区域电网调频的方程为

$$\int (ACE) \, \mathrm{d}t = 0 \qquad (2-2)$$

$$\int \Delta f \mathrm{d}t = 0 \qquad (2-3)$$

式中　Δf ——频率偏差。

显而易见，无论什么原因导致的系统频率偏移都将引起该模式下机组的动作，按频率偏移进行调节，在 $\Delta f = 0$ 时，调节结束。因此最终保持的是系统频率，然而对联络线交换功率则不予控制，所以这种控制模式只适用于小型系统或独立系统。

（2）定交换功率控制（flat tie-1ine control，FTC）。在这种模式下，$ACE = P_a - P_s$，P_a 为联络线净交换功率实际值；P_s 为联络线净交换功率计划值。区域电网调频的方程为

$$\int \Delta P_t \mathrm{d}t = 0 \qquad (2-4)$$

式中　ΔP_t ——联络线交换功率偏差。

由任何原因导致的联络线交换功率偏移，都将引起该控制模式下机组的动作。控制调频机组保持交换功率恒定，而对系统的频率并不予以控制，这种方式适用于两个电力系统按先前达成的协议交换功率的情况。它要求联络线上交换功率保持不变，通过两相邻系统同时调整发电功率来维持频率。

（3）联络线频率偏差控制（tie-1ine load frequency bias control，TBC）。在这种模式下，

$ACE = (P_a - P_s) + [-10K(f_a - f_s)]$，区域电网调频的方程为

$$\int (\Delta P_t - 10K\Delta f)\, \mathrm{d}t = 0 \qquad\qquad (2-5)$$

此模式下，要求既按频差又按交换功率偏差进行调节，最终目的是维持各控制区域的负荷波动就地平衡。在 TBC 这种控制模式下，若取系数 B ＝自然频率特性系数，则只有在本区域负荷发生一定的扰动时，ACE 的值偏离零点，AGC 机组才会动作。

因此在这种控制方式下，各区域的负荷的扰动由各自区域平衡。

3. 互联电力系统控制策略的配合方式

在给定的联络线交换功率条件下，各个控制区域负责处理本区域发生的负荷扰动是互联电力系统进行频率控制的基本原则。只有在紧急情况下，才给邻近电力系统以临时性的事故支援。根据这个基本的原则，互联系统进行负荷频率控制的基本控制策略要充分考虑以下方面：① 每个控制区域只能使用一种负荷频率控制策略；② 互联电力系统中最多只能有一个控制区域使用 FFC 模式；③ 两个互联控制系统中，不能同时采用 FTC 模式。

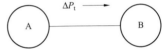

如图 2-2 所示 A-B 互联电力系统中，对 FFC、FTC、TBC 三种功率控制模式进行组合，有六种配合方式。表 2-1 对六种配合方式的优缺点以及使用范围进行了详细分析。

图 2-2　A-B 互联电力系统简图

表 2-1　　　　　　　　　　互联电力系统控制策略六种配合方式

序号	配合方式	ACE	主要优缺点	适用范围
1	FFC-FFC	$ACE_a = K_a \Delta f$ $ACE_b = K_b \Delta f$	当 $\Delta f = 0$ 时，由于 A、B 两系统都不对联络线交换功率进行控制，很有可能 $\Delta P_t \neq 0$，使系统产生紊乱	不推荐采用
2	FFC-FTC	$ACE_a = K_a \Delta f$ $ACE_b = -\Delta P_t$	当 A 区负荷增加时，B 系统只对减少的 $-\Delta P_t$ 进行控制并减少调频机组的有功确保自身的 ACE 为零，加剧了系统的功率缺额，加大了频率偏离，不利于频率恢复	一般仅用于小容量系统
3	FFC-TBC	$ACE_a = K_a \Delta f$ $ACE_b = (-\Delta P_t) + K_a \Delta f$	当 B 区负荷增加时，A、B 都将增加机组出力，以提高系统的频率，A 系统向 B 系统输送超额的联络线交换功率。当系统频率恢复正常值引起 ΔP_t 不为零，要求 B 系统再次对 ΔP_t 进行控制以便使 ACE 为零	通常大容量电力系统采用
4	FTC-FTC	$ACE_a = \Delta P_t$ $ACE_b = -\Delta P_t$	整个过程中都不涉及频率的调整，这种模式会造成机组的解列	一般不允许使用
5	TBC-FTC	$ACE_a = K_a \Delta f + \Delta P_t$ $ACE_b = -\Delta P_t$	A、B 系统发生扰动时都不利于电力系统频率恢复正常状态	不推荐采用
6	TBC-TBC	$ACE_a = K_a \Delta f + \Delta P_t$ $ACE_b = K_b \Delta f - \Delta P_t$	只发生扰动的系统才会进行控制调节，而没有受到扰动的系统不参加调节	互联电网中通常采用

对互联电力系统控制区域的 AGC 系统，其控制目标是使区域控制偏差（ACE）为零，即维持系统的频率为额定值，联络线交换功率为计划值，为此应使区域的发电、负荷与交换功率始终保持平衡，区域的频率维持在额定水平。

二、电力系统无功监视及电压调整

1. 电网电压概述

电网的电压随着负荷和电源出力的变化而变化，是电网安全和电能质量的重要指标。电压水平与电网结构、无功补偿容量、有功潮流等因素有关。电压的调整目标是维持发输变电设备运行电压和用户供电电压符合标准，使电力设备运行于额定电压水平，供用电正常进行。

额定电压是指受电设备、发电机、变压器正常工作时具有最好技术经济指标的电压。电力设备在额定电压时运行最安全、最经济。长期低电压或高电压运行，对电网都将造成极大危害。低电压运行会增加运行设备损耗，降低送变电设备输送能力，威胁发电厂厂用电安全，降低用电设备效率等，严重时可能造成电网电压崩溃；高电压运行将损坏设备绝缘及缩短设备寿命。

我国已制定了额定电压的国家标准，电力行业也确定了电压波动的允许范围。这些标准规范主要包括《全国供用电规则》、SD 325—1989《电力系统电压和无功电力技术导则》、《国家电网公司电力系统电压质量和无功电力管理规定》等。

2. 电网电压监视

调控人员要全部监控所有节点的电压很困难，一般是选部分有代表性的电厂母线作为电压监控点和部分中枢变电站母线作为电网监视点。如果这些节点的电压质量符合要求，那么，其他各点的电压质量也基本能满足要求。

电压监控点或监视点通常选：

（1）区域发电厂的高压母线。

（2）中枢变电站的二次母线或一次母线。

（3）有大量地方性负荷的发电厂母线。

3. 电网电压调整

电网内各个节点的电压很不相同，用户对电压的要求也不一样。将电网内各处电压都维持在允许偏差范围内是很复杂的，不可能对一两处进行电压调整，就能满足每一个节点的电压要求。电压的调整采用分层分区，就地平衡的方法。

电压调整最重要的方法是利用发电机 $P-Q$ 曲线调压。在一定的有功出力情况下，改变无功出力［包括发出无功（滞相运行）或吸收无功（进相运行）］，即可起到调整发电机电压和电网电压的作用，这在单电源的电网中效果比较明显，在多电源的电网中，调整直接接入主网的区域性电厂大机组的无功出力对主网电压影响较大。区网电厂中、小机组的无功出力调整，主要影响地区电网的电压。

除利用发电机 $P-Q$ 曲线调压外，常用电压调整方式还有以下几种：

（1）增减无功功率进行调压，如通过投切并联电容器、并联电抗器等无功补偿装置调压。

（2）改变有功功率和无功功率的分布进行调压，如改变变压器分接头调压。

（3）改变网络参数进行调压，如串联电容器、投停并列运行变压器、投停空载或轻载高压线路调压。

（4）特殊情况下有时采用调整用电负荷或限电的方法调整电压。

4. 电网电压和无功功率自动控制

目前，随着智能电网的发展，电网电压和无功功率调节逐渐过渡到电压自动控制（AVC）。电网电压和无功功率自动控制是使部分或整个电网保持电压水平和无功功率平衡的一种自动化技术。它的主要内容有：

（1）控制电网无功电源发出的无功功率等于电网负荷在额定电压下所消耗的无功功率，维持电网电压的总体水平，保持用户的供电电压在允许范围之内。

（2）合理使用各种调压措施，使无功功率尽可能就地平衡，以减少远距离输送无功功率而产生的有功功率，提高电网运行的经济性。

（3）根据电网电压稳定性要求，控制枢纽点电压在规定水平，避免产生过电压。

三、电网调控监控工具——智能电网调度技术支持系统（D5000 系统）

随着坚强智能电网建设的快速推进，电网网架结构日益复杂，电网的形态和运行特征发生了重大变化，这对电网调控水平提出了更高的要求。原有电网调度技术支持系统（OPEN3000、CC2000 系统）已难以适应电网安全稳定运行的要求，迫切需要开发新一代智能电网调度控制系统。在国家电网公司的统一部署下，智能电网调度技术支持系统（D5000系统）应运而生，D5000 平台具有标准、开放、可靠、安全和适应性强等特点，承载着实时监控与预警（EMS）、调度计划（OPS）、安全校核（SCS）和调度管理（OMS）四大应用平台。与电网调度专业监控相关的模块有在线安全分析系统和综合智能分析与告警系统。

（一）在线安全稳定分析系统

在线安全稳定分析系统 （DSA）在线监测电网运行情况，及时分析电网的稳定程度，发现安全隐患，给出预警信息。在线安全稳定分析系统主要功能包括在线安全稳定分析和预警、稳定裕度评估、预防控制辅助决策、紧急状态辅助决策和辅助决策综合分析。在线安全稳定分析系统可在线跟踪电网的实际工况，对电网当前的静态、暂态和动态安全稳定断面极限、小扰动和孤网安全等进行在线计算分析和控制决策支持，实现电网安全稳定性的可视化监视和在线辅助决策，向调度运行人员提供当前运行方式下的电网预防控制措施方案。

国家电网公司系统在运的在线安全稳定分析系统，分别由南瑞集团有限公司、中国电力科学研究院研发设计，本书以南瑞集团有限公司研发设计的系统为例进行介绍。该系统主界面采用分层设计，如图 2-3 所示，主界面展现了"在线分析与预警""稳定裕度评估""预防控制辅助决策""紧急状态辅助决策""策略在线校核"五大功能模块和"参数查看""计算流程""过程信息"等功能。

在线安全稳定分析系统基于电力系统在线实时数据和动态信息，在给定的时间间隔（15min）内，对电力系统做出动态安全评估，给出稳定极限和调度策略。

在线安全稳定分析系统实时分析电网运行状况，电网实时分析具备三种启动方式：周期启动、人工启动和事件启动。日常运行中，在线安全稳定分析系统应以 15min 为周期的周期启动方式开展电网实时分析，在线安全稳定分析系统进行在线安全分析的功能模块流程如图 2-4 所示。电网调度员可以根据当前电网运行方式选择人工启动电网实时分析。如电网发生异常时，自动进入事件启动方式，由异常事件启动电网实时分析。

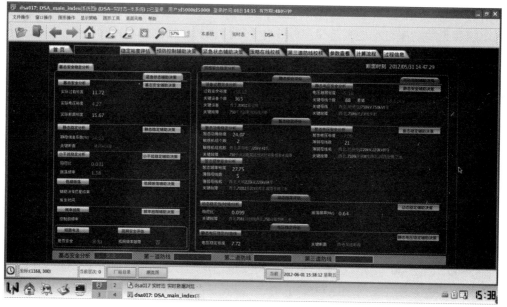

图 2-3　在线安全稳定分析系统实时监视界面

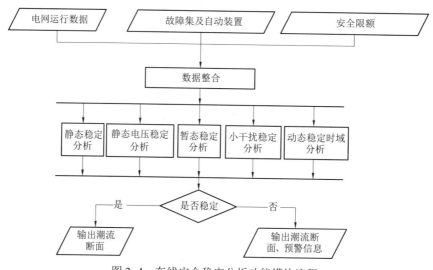

图 2-4　在线安全稳定分析功能模块流程

（二）综合智能分析与告警系统

传统的调度系统告警模块存在以下问题：告警信息主次不分，没有对事故信号、故障信号、状态信号进行分类，容易导致重要信息被忽略；告警窗口显示的信息量多，同一故障会产生多条告警信息，同一条信息也会重复发送多次，容易导致信息淹没；主站系统收到一条告警信息后，若调度人员没有及时处理会被新产生的信息覆盖，很难再次被发现，使缺陷不能得到及时处理；调度人员需凭个人经验对告警信息进行评估和处理，当个人经验不足时，会在告警信息分析时忽略存在的故障隐患；缺乏对全网的分析预警功能，只能进行事后的故障分析。

为了克服以上问题，开发了综合智能分析与告警系统，该系统以先进的可视化技术整合在线安全分析给出的电网稳态、动态、暂态运行信息、设备状态信息、辅助监测信息，从应用显示层面按实时监视分析、预想故障分析和故障告警分析对信息进行整合，实现各运行岗位对电网实时运行状态及影响电网运行相关外部因素的全景可视化监视，综合智能分析与告警系统组合结构图如图2-5所示。

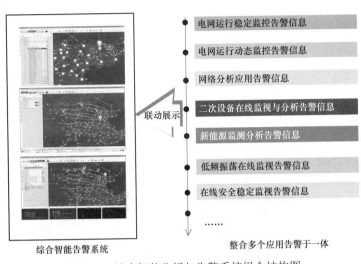

图2-5　综合智能分析与告警系统组合结构图

为了解决传统告警比较单一的问题，综合智能分析与告警系统引入了可视化的智能告警，力求关键信息一目了然。综合智能告警系统采用多窗口信息联动的可视化技术（见图2-6），结合地理潮流图，实现电网故障下整体运行状态宏观信息的全局掌控，故障关键信息的自动关联和多窗口展示以及详细信息的一键式调阅，提高了电网事故处理时的效率和可观性。

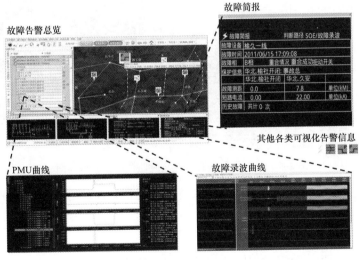

图2-6　综合智能分析与告警系统多窗口联动显示界面

综合智能分析与告警系统对大量告警信息进行分类管理，汇集和处理分析各类告警信息，对不同需求形成不同的告警显示方案，并从相关电网故障信息中分析出诸如故障类型、设备、位置等准确信息，利用形象直观的方式提供全面综合的告警提示，实现告警信息在线综合处理、显示与推理分析。

综合智能分析与告警系统包含实时监视与分析，预想故障分析以及故障告警分析三个功能，通过三个功能实现了对电网中各类告警信息的汇集、分析、关联和整合。

（1）实时监视运行分析功能。实时监视分析类告警侧重于反映当前电网基态运行方式下的越限告警信息以及消除该越限信息的辅助决策。实时监视分析类告警主要展示电网运行稳态监控模块的告警信息，其中包括断面越限、线路/主变压器潮流越限、电压越限以及频率越限和灵敏度计算功能的越限设备灵敏度信息输出。实时监视运行分析显示结果如图 2-7 所示。

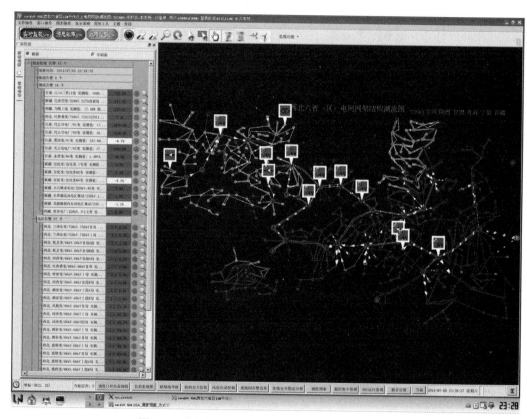

图 2-7　综合智能告警系统实时监视运行分析界面

（2）预想故障分析功能。预想故障分析功能侧重反映当前电网在预想故障方式下的告警信息以及消除告警信息的辅助决策。其中的静态安全分析信息来源于静态安全分析功能中的越限信息以及灵敏度计算中的灵敏度信息。

进入预想故障分析主题后，默认情况下首先显示的是静态安全分析的告警信息，如图 2-8 所示，界面左侧为静态安全分析信息层次树，界面右侧为地理潮流图，地理潮流图上根据越限设备类型不同以不同图标进行标注，调度员可以一目了然地观察当前电网在预想故障下将会出现哪些越限信息。

左侧的静态安全分析信息层次树显示越限信息的详细类型，用户可以进一步展开详细查看。越限类型大致分为三类，即断面越限、潮流越限（线路/主变压器越限）和电压越限。点击每一个越限节点的定位按钮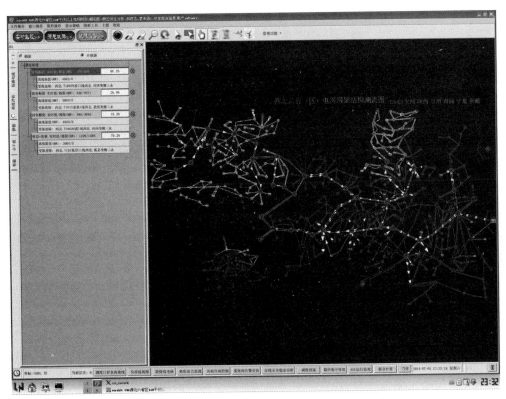，即可在地理潮流上自动定位到越限设备。

每个越限节点的信息包括越限设备名称、开断前值、限值、开断设备、开断后值以及越限率等信息。点击开断设备节点后的详细信息按钮可进一步查看越限设备的灵敏度信息。

（3）故障告警分析功能。故障告警分析功能侧重于反映电网在发生故障情况下的故障信息。进入故障告警分析主题后，默认显示的就是故障分析的内容。如图 2-9 所示，故障分析展示界面分为三个部分，左侧为故障分析信息层次树，中部为电网地理潮流图，右侧为多主题展示窗口。综合智能告警具有事故自动推屏功能，不论用户当前在图形浏览器中的哪个画面，一旦电网发生故障，都将自动切换到故障分析的主题窗口中。

综合智能分析与告警系统投入运行以来，多次在线诊断出电网故障，通过综合智能告警使得调度运行人员能够从事故纷繁的各种信号中解脱出来，从而为第一时间把握事故处理的良机，恢复供电争取时间。

图 2-8　综合智能告警系统预想故障分析运行界面

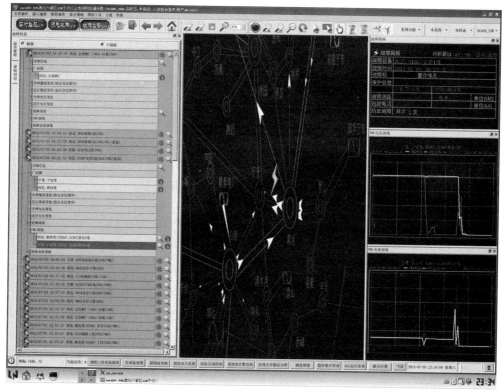

图 2-9　综合智能告警系统故障分析总览图

第二节　电网监控专业运行监视

电网监控专业运行监视工作主要包括：对受控站运行状态进行的设备集中监视，对输变电设备状态在线监测信息进行监视，对监控异常信息处置，在调度的指挥下进行远方操作、异常事故处理，在系统需要时进行无功电压调整，完成设备信息验收及启动接入等工作。

一、变电设备集中监视

变电站设备的集中监视工作，主要是通过对变电站信息进行监视，掌握变电站的运行工况、设备状态、运行参数等运行情况。实行调控一体化后，调控中心负责监控范围内变电站设备监控信息和状态在线监测告警信息的集中监视，监视内容包括：

（1）负责监视变电站运行工况；

（2）负责监视变电站设备事故、异常、越限及变位信息；

（3）负责监视输变电设备状态在线监测系统告警信号；

（4）负责监视变电站消防、技防系统告警总信号。

（一）变电站主要运行参数监视

电压、电流、频率、有功、无功是设备运行的重要技术参数，也是运行值班的主要监视项目。正常电网监控工作中，对运行参数的监视要求见表 2-2。

表 2-2   运 行 参 数 监 视 要 求

运行参数	要　　求
电压	（1）根据调度下达的电压曲线监视有无越限。 （2）三相电压应平衡，当三相电压不平衡时，应监视最大相的电压。 （3）不超过设备运行最高允许电压和过电压运行的最长时间。 （4）事故情况下，依据调度要求进行控制。 （5）设备一般操作，并、解列操作，投切空载变压器，超高压长线路应加强监视，满足相关要求
电流	（1）三相电流应平衡，当三相电流不平衡时，应监视最大相的电流。 （2）不超过设备额定运行电流或设备运行限值。 （3）事故情况下过负荷倍数符合设备运行规范的要求，运行时间不超过规定。 （4）设备存在缺陷时加强监视，不应过电流运行。 （5）在设备超额定电流运行期间，应加强对电流变化情况和设备运行温度的监视
频率	电网额定频率是 50.00Hz，发现系统频率异常升高或降低时，应及时向值班调度汇报，做好运行记录，并继续监视频率变化以及变电站设备的运行情况
有功	（1）三相功率应平衡，当三相有功不平衡时，应监视最大相的有功。 （2）满足稳定运行的要求。 （3）不超过稳定限值
无功	（1）三相功率应平衡，当三相无功不平衡时，应监视最大相的无功。 （2）满足稳定运行的要求。 （3）不超过稳定限值

（二）变电站运行监视信息分类及内容

（1）运行监视信息按监视内容分类有遥测量、遥信量、遥视信息等，具体分类及内容见表 2-3。

表 2-3   变电站运行监视分类及内容（一）

分类	含　义	监　视　内　容
遥测量	反映电力系统运行状态的各种运行参数，基本上都是模拟量	各类设备电压，电流，有功，无功，频率，油温，站内交、直流电源电压、电流等
遥信量	反映设备状态的各种信息，一般为开关量	断路器、隔离开关位置状态，分接头的位置状态，保护动作信号，事故跳闸信号，综合自动化系统网络运行状态等。还有反映一、二次设备及回路异常告警以及站内交、直流电源异常告警的信息，如操动机构信号，保护装置异常信号，一次设备本体运行告警信号（如 SF_6 压力信号）、网门及接地信号等
遥视信息	通过视频监控系统观察到的设备本身运行状态及周界环境信息	（1）图像监视回路及装置完好性监视。 （2）图像监视系统电源监视。 （3）视频画面切换、调整及图像效果监视。 （4）摄像头等硬件设备及运行环境检查和监视
在线监测数据	包括各类设备在线监测装置的信息	（1）在线监测装置运行是否正常，有无告警及异常信号。 （2）与后台通信是否正常，数据上传是否正确。 （3）后台软件运行是否正常，是否能进行数据的采集、分析。 （4）监测数据是否正常，有无突变或数据达到、超过报警值
电能计量装置	包括各设备有功、无功电能表，电能量采集装置、电能表失压报警仪等	（1）电能表转动、走字、显示是否正常。 （2）电能计量装置回路是否正常，接线端子接触是否可靠。 （3）电能计量装置运行是否正常，有无装置故障信号。 （4）电量采集装置运行是否正常，与电能表通信是否正常，数据上传是否正确

分类	含　义	监　视　内　容
其他辅助系统	火灾报警系统、安防系统	（1）火灾报警装置、安防系统是否完好，电源工作是否正常，信号指示是否正确。 （2）火灾报警系统的传感器工作是否正常，指示信号是否正确。 （3）火灾报警系统、安防系统信号回路是否完好，试验结果是否正常。 （4）安防系统各项功能是否完善

（2）运行监视信息按照对电网影响的程度，又可分为事故、异常、越限、变位、告知五类。值班人员应根据运行监视信息的轻重缓急，以"分类处置、闭环管理"为原则，以信息收集、实时处置、分析处理三个阶段进行信息处置。其分类及内容见表2-4。

表2-4　　　　　　　　　　变电站运行监视分类及内容（二）

分类	含义	监视内容	监视要求	处置原则
事故信息	由于电网故障、设备故障等，引起开关跳闸（包含非人工操作的跳闸）、保护装置动作出口跳合闸的信号以及影响全站安全运行的其他信号	（1）全站事故总信息； （2）单元事故总信息； （3）各类保护、安全自动装置动作信息； （4）开关异常变位信息	实时监控	（1）收集信息并立即汇报调度，通知运维单位与之核实现场情况，做好记录。 （2）根据调度命令进行事故处理并监视相关厂站、设备的运行，跟踪事故处理情况。 （3）事故处理完毕与现场核对运行方式，整理记录并填写事故分析报告
异常信息	反映电网设备非正常运行状态的监控信息	（1）一次设备异常告警信息； （2）二次设备、回路异常告警信息； （3）自动化、通信设备异常告警信息； （4）其他设备异常告警信息	实时监控	（1）收集异常信息，进行初步判断，通知运维单位检查处理，必要时汇报相关调度。 （2）运维单位向监控员汇报现场检查结果及异常处理措施。如异常处理涉及电网运行方式改变，运维单位应直接向相关调度汇报，同时告知监控员。 （3）异常信息处置结束后，监控员应确认异常信息已复归，并做好异常信息处置的相关记录
越限信息	反映重要遥测量超出报警上下限区间的信息	主要有设备有功、无功、电流、电压、主变压器油温、断面潮流信息等。需实时监控、及时处理的重要信号	实时监控	（1）收集越限信息后，应汇报相关调度，并根据情况通知运维单位进行检查处理。 （2）收集到变电站母线电压越限信息后，应根据有关规定，按照相关调度颁布的电压曲线及控制范围，投切电容器、电抗器和调节变压器有载分接开关，如无法将电压调整至控制范围内时，应及时汇报相关调度
变位信息	直接反映电网运行方式的改变	开关类设备状态（分、合闸）改变的信息	实时监控	收集到变位信息后，应确认设备变位情况是否正常。如变位信息异常，应根据情况参照事故信息或异常信息进行处置
告知信息	反映电网设备运行情况、状态监测的一般信息	主要包括隔离开关、接地开关位置信号、主变压器运行挡位以及设备正常操作时的伴生信号（如保护压板投/退，保护装置、故障录波器、收发信机的启动、异常消失信号，测控装置就地/远方信息等）	定期查看	由运维单位负责，对未复归的信号应及时检查原因

（3）按照监视要求不同，将设备集中监视分为全面监视、正常监视和特殊监视。其含义及监视内容、周期要求见表2-5。

表2-5　　　　　　　　　　　　变电站运行监视分类及内容（三）

分类	含义	监视内容	周期
全面监视	对所有监控变电站进行全面的巡视检查	（1）检查变电站设备运行工况和无功电压； （2）检查站用电系统运行工况； （3）检查变电站设备遥测功能情况； （4）检查监控系统检修置牌情况； （5）核对监控系统信息封锁情况； （6）检查监控系统、设备状态在线监测系统； （7）检查辅助系统（视频监控、"五防"系统等）运行情况； （8）检查变电站监控系统远程浏览功能情况； （9）检查监控系统GPS时钟运行情况； （10）核对未复归监视信号及其他异常信号	330kV及以上变电站每值至少两次，330kV以下变电站每值至少一次
正常监视	对变电站设备事故、异常、越限、变位信息及设备状态在线监测告警信息进行监视	（1）检查网络通信是否正常。 （2）检查设备状态有无变位。 （3）检查继电保护及自动装置的投入情况、运行情况，有无动作、告警、异常信息。 （4）检查有功、无功、电流、电压、频率等遥测量有无越限，油温、油位是否正常。 （5）检查所有交、直流系统的运行情况是否良好，有无告警及异常。 （6）检查其他辅助设施（如防误闭锁系统、安防系统、消防系统、图像监视系统、在线监测装置等变电站辅助设施）的运行情况，有无运行告警信息。 （7）检查监控后台各画面无异常、告警信息	监控值班期间对变电站设备事故、异常、越限、变位信息及设备状态在线监测告警信息进行不间断监视，及时处置并做好记录
特殊监视	在某些特殊情况下，对变电站设备采取的加强监视措施	如增加监视频度、定期抄录相关数据、对相关设备或变电站进行固定画面监视等，并做好事故预想及各项应急准备工作	（1）设备有严重或危急缺陷，需加强监视时； （2）新设备试运行期间； （3）设备重载或接近稳定限额运行时； （4）遇特殊恶劣天气时； （5）重点时期及重要保电任务时； （6）电网处于特殊运行方式时； （7）其他有特殊监视要求时
	变电站内进行倒闸操作时的监视	对操作过程中监控系统遥控命令的执行、返校信息，一、二次设备位置及状态信息是否正确，操作伴生信息（如电机储能情况等是否复归）、电气量变化、潮流分布有无异常等各类信息进行监视，及时发现操作过程中的异常情况	
	变电站设备发生事故跳闸或其他异常情况时的监视	重点监视其他运行相关设备及站用交、直流系统的运行工况，防止过负荷、电压过高过低、频率异常、防止变压器、电抗器油位异常，防止发生所用或直流电消失，发现异常及时采取措施，防止异常、事故扩大。同时监控人员应迅速对告警发生时间、保护动作信息、开关变位信息、关键断面潮流、频率、电压的变化等信息、监控画面推图信息及必要时的现场视频信息进行收集，并作出综合判断	

二、输变电设备状态在线监测

输变电设备状态在线监测系统是智能电网的重要组成部分，是电网实时监控的重要工具。在线监测系统通过实时的不间断的对被监测设备进行全方位在线监测，实现数据实时分析、运行状态评估预警、故障诊断分析，满足设备在线监控和在线状态检修的要求。输变电设备状态监测平台如图 2-10 所示。

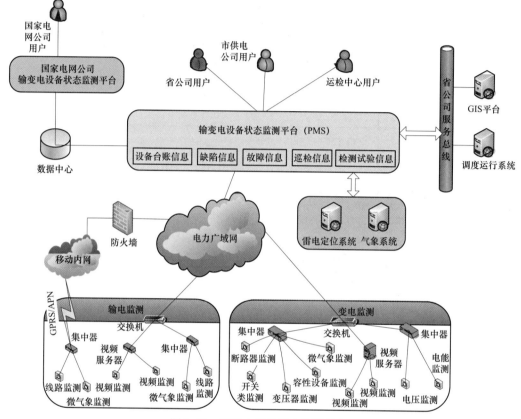

图 2-10 输变电设备状态监测平台

输变电在线监测常用的术语和定义见表 2-6。

表 2-6   输变电在线监测系统术语和定义

术 语	定 义
在线监测	在不停电的情况下，对电力设备状况进行连续或周期性的自动监视检测
在线监测装置	安装在被监测设备上或附近，用以自动采集、处理和发送被监测设备状态信息的监测装置（含传感器）
综合监测单元	以被监测设备为对象，接收与被监测设备相关的在线监测装置发送的数据，并对数据进行加工处理，实现与站端监测单元进行标准化数据通信的装置
站端监测单元	以变电站为对象，承担站内全部监测数据的分析和对监测装置、综合监测单元的管理。实现对监测数据的综合分析、预警功能，以及对监测装置和综合监测单元设置参数、数据召唤、对时、强制重启等控制功能，并能与主站进行标准化通信
在线监测系统	在线监测系统主要由监测装置、综合监测单元和站端监测单元组成，实现在线监测状态数据的采集、传输、后台处理及存储转发功能

术　语	定　义
电容型设备	采用电容屏绝缘结构的设备,如电容型电流互感器、电容式电压互感器、耦合电容器、电容型套管等
全电流	在正常运行电压下,流过变电设备主绝缘的电流。全电流由阻性电流和容性电流组成
数据采集单元	安装在导线、地线(含 OPGW)、绝缘子、杆塔、杆塔基础等上的基于各种原理的信息测量装置,通过信道将测量信息传送到系统上一级设备(数据集中器),并响应数据集中器的指令。按照传输方式,分为无线数据采集单元和有线数据采集单元
数据集中器	指收集各数据采集单元的信息,并进行现场存储、处理,同时能和状态监测代理装置或输电线路状态监测主站系统进行信息交换的信息处理与通信装置,也可以向数据采集单元发送控制指令
状态量	指对原始采集量进行加工处理后,能直观反映输电线路本体运行状态、气象、通道环境的物理量
受控采集方式	状态监测装置按照状态监测代理装置或输电线路状态监测主站系统发出的指令进行数据采集、存储、传输
自动采集方式	状态监测装置按照设定的时间进行数据的采集和存储,并将数据上传到状态监测代理装置或输电线路状态监测主站系统
平均无故障工作时间	状态监测装置两次相邻故障间的工作时间的平均值
年故障次数	状态监测装置年故障的平均次数
系统平均维修时间	状态监测装置修复故障所需时间的平均值
数据缺失率	未能测得的有效数据个数与应测得的数据个数之比,用百分数表示

监测信息根据装置所监测的输变电设备状态量的幅值大小或变化趋势分为三类:

(1)正常信息。表示输变电设备状态量稳定,表明设备状态正常。

(2)预警信息。表示输变电设备状态量变化趋势朝报警值方向发展,但未超过报警值,表明设备可能存在隐患,需加强监视。

(3)告警信息。表示输变电设备状态量超过相关标准限值,或变化趋势明显,表明设备可能存在缺陷,并有可能发展为故障,需采取相应措施。

日常电网监控工作中,对输变电设备状态在线监控要求如下:

(1)对在线监测系统告警信息集中监视与处置。

(2)对在线监测告警信息及处置情况收集和统计,并报送设备监控管理处。

(3)对在线监测告警信息进行初步判断,确定告警类型、告警数据和告警设备,并通知运维单位和电科院进行分析和处理。

(4)值班人员发现在线监测系统信息中断等异常情况无法正常监视时,应及时通知自动化处和电科院排查处理。如电科院主站系统正常,应将监视职责移交电科院,并做好录音和记录。

根据输变电设备状态在线监测系统布置的位置不同,分为变电设备在线监测系统和输电设备在线监测系统,下面分别进行论述。

(一)变电设备在线监测系统

变电设备的在线监测主要是在不停电的情况下,对各变电站的变压器、电抗器、断路器、气体绝缘金属封闭开关设备(简称 GIS)、电容型设备、金属氧化物避雷器等变电设备进行连续或周期性的自动监视检测，变电设备监测内容见表 2-7，变电设备监测特性参量和检查缺陷见表 2-8。

表 2-7　　　　　　　　　　　变 电 设 备 监 测 内 容

设　备	监　测　内　容
变压器、电抗器	局部放电
	油中溶解气体（氢气、甲烷、乙烷、乙烯、乙炔、一氧化碳、二氧化碳、氧气、氮气、总烃）
	微水
	铁芯接地电流
	顶层油温
	绕组光纤测温
	变压器振动
	有载分接开关
	变压器声学指纹
电容型设备	绝缘监测
金属氧化物避雷器	绝缘监测
断路器、GIS	局部放电
	分合闸线圈电流波形
	负荷电流波形
	SF_6 气体压力
	SF_6 气体水分
	储能电机工作状态

表 2-8　　　　　　　　　变电设备监测特性参量和检查缺陷

设备	在线监测技术	特征参量	检测缺陷
变压器、电抗器	油中溶解气体分析	7 种特征气体+微水	内部过热/放电/铁芯多点接地/受潮
	超声波/特高频局部放电	局放量、放电谱图	局部放电
	铁芯接地电流	铁芯电流值	铁芯多点接地
	套管绝缘	介损、电容量、电流值等	绝缘劣化
TA、CVT、套管、耦合电容器	介损电容量	介损、电容量电流值等	绝缘老化/受潮，电容屏击穿
避雷器	泄漏电流	全电流、阻性电流、功率损耗	绝缘劣化、受潮
GIS（含 SF_6 断路器）	超声波/特高频局部放电	局放量、放电特征	局部放电、固体绝缘内气泡放电
	SF_6 气体相关	微水含量、气压值等	水分超标、气压异常
电缆	温度	温度值	温度异常等
	接地电流	接地电流值	接地异常
	高频局部放电	高频接地电流	终端及接头局部放电

1. 变压器油中溶解气体监测

（1）监测原理。运行中充油电气设备内的油、纸等绝缘材料在热和电的作用下，会逐渐老化和分解，产生少量的低分子烃类及 CO_2、CO 等气体。若存在潜伏性过热或放电等故障时，产气量会增大，一部分气体进入气体继电器，另一部分气体会溶解于油中。通过分析油中溶解气体的组分及含量，可以判断、推测出充油电气设备内部是否发生了故障以及发生了何种故障。变压器油中溶解气体监测装置如图 2-11 所示。

 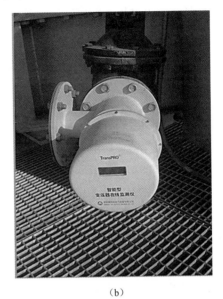

(a)　　　　　　　　　　　　　　　(b)

图 2-11　变压器油中溶解气体监测装置

(a) 监测装置终端柜；(b) 监测装置现场布置图

变压器油中溶解气体监测的主要特征气体：H_2、CH_4、C_2H_4、C_2H_6、C_2H_2、CO、CO_2 七种气体，充油电力变压器在不同故障类型产生的特征气体构成见表 2-9。

表 2-9　　　　　　　　　　　充油电力变压器不同故障类型产生的气体构成

故障类型	主要气体组分	次要气体组分
油过热	CH_4、C_2H_2	H_2、C_2H_6
油和纸过热	CH_4、C_2H_4、CO、CO_2	H_2、C_2H_6
油纸绝缘中局部放电	H_2、CH_4、CO	C_2H_2、C_2H_6、CO_2
油中火花放电	H_2、C_2H_2	
油中电弧	H_2、C_2H_2	CH_4、C_2H_4、C_2H_6
油和纸中电弧	H_2、C_2H_2、CO、CO_2	CH_4、C_2H_4、C_2H_6

变压器油中还溶解有一定含量的 O_2 和 N_2，故障的发生也会引起氧、氮含量的变化，O_2 和 N_2 也可以作为判断设备内部故障的特征气体。因此，九组分监测装置除可监测 H_2、CH_4、C_2H_4、C_2H_6、C_2H_2、CO、CO_2 这七种气体外，还可监测 O_2 及 N_2。

（2）监测内容。通过监测变压器油中氢气、一氧化碳、二氧化碳、甲烷、乙烯、乙炔、乙烷、总烃等微量气体含量，发现变压器内部局部过热、火花放电、电弧放电等潜伏性缺陷。部分监测装置还额外加装油中微水监测模块，在监测各组分气体含量的同时，实现油中微水含量的动态监控。

（3）监测对象。220kV 及以上大型变压器、电抗器以及重点城市核心区等位置特别重要的 110kV 变压器。

（4）监测结果分析。油中溶解气体组分含量注意值按 DL/T 722—2000《变压器油中溶解气体分析和判断导则》中规定，见表 2–10。

表 2–10　　变压器油中溶解气体分析和判断表　　μL/L

设备	气体组分	含　量	
		330kV 及以上	220kV 及以下
变压器和电抗器	总烃	150	150
	乙炔	1	5
	氢	150	150

注意值不是划分设备有无故障的唯一标准。当气体浓度达到注意值时，应进行追踪分析，查明原因。对 330kV 及以上的变压器和电抗器，当出现小于 1μL/L 乙炔时也应引起注意；如气体分析虽已出现异常，但判断不至于危及绕组和铁芯安全时，可在超过注意值较大的情况下运行。

变压器油中溶解气体监测的诊断方法有三比值法、IEC 60599 法、改良电协调法、无编码法、大卫三角法等，通过这些方法分析的结果如图 2–12～图 2–16 所示，对以上方法的分析结果进行综合分析，分析结果如图 2–17、图 2–18 所示。

比值编码表

气体比值范围	比值范围编码		
	C_2H_2/C_2H_4	CH_4/H_2	C_2H_4/C_2H_6
＜0.1	0	1	0
0.1≤～＜1	1	0	0
1≤～＜3	1	2	1
≥3	2	2	2

编码-故障类型表

编码组合			故障类型判断
C_2H_2/C_2H_4	CH_4/H_2	C_2H_4/C_2H_6	故障类型描述
0	0	1	热故障（t＜300℃）
	2	0	热故障（t＜300℃）
	2	1	热故障（300℃＜t＜700℃）
	2	2	热故障（t＞700℃）
	1	0	局部放电
1	1	0	局部放电
1,2	0	1,2	低能量放电
1	0	2	高能量放电

监测时间： 2014-02-01　10:07:18

监测数据：

总烃 0.964μL/L	氢气H_2 5.29μL/L	乙块 C_2H_2 0μL/L
乙烷 C_2H_6 0.02μL/L	乙烯 C_2H_4 0.3μL/L	甲烷 CH_4 0.644μL/L
一氧化碳CO 21.031μL/L	氧气 O_2 无数据	二氧气碳CO_2 175.86μL/L
氮气N_2 无数据		

变化率：

总烃 0.15mL/h	氢气 0.0mL/h	乙块 0.0mL/h

诊断结果：该方法对该状态无诊断结果

图 2–12　三比值法

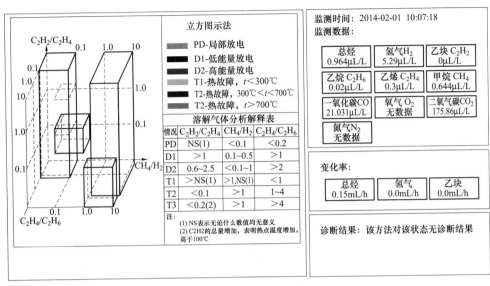

图 2-13　IEC 60599 法

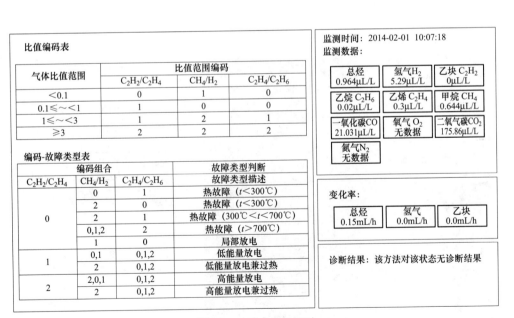

图 2-14　改良电协调法

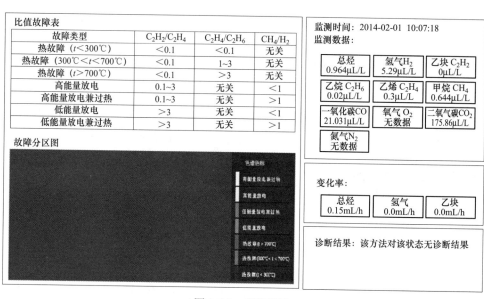

图 2-15　无编码法

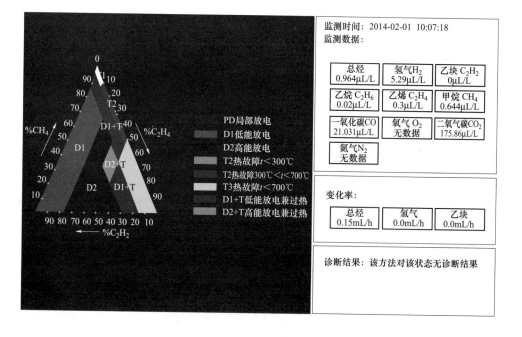

图 2-16　大卫三角法

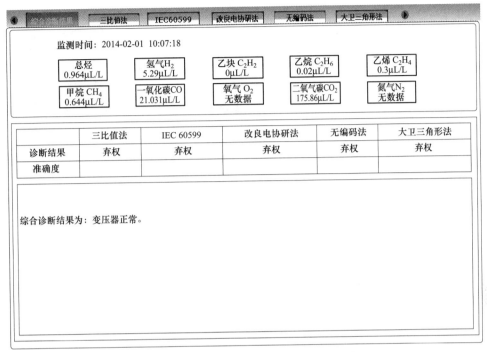

图 2-17　变压器油中溶解气体综合结果图

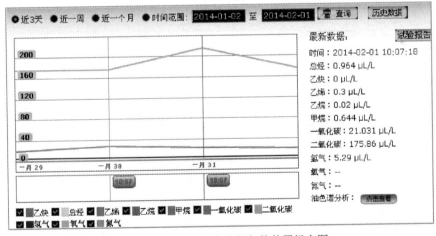

图 2-18　变压器油中溶解气体装置组态图

2. 变压器铁芯接地电流监测

（1）监测原理。变压器铁芯正常接地时接地线上电流很小，只有毫安级或接近于零。当出现铁芯多点接地时，接地线上电流急剧增大，甚至可达几十安培，铁芯接地电流在线监测能够及时发现铁芯及夹件多点接地，防止局部过热，保护铁芯。变压器铁芯接地电流监测装置电路原理图如图 2-19（a）所示。

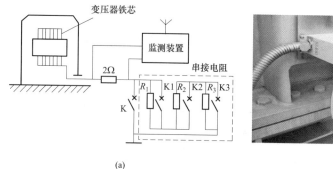

(a)　　　　　　　　　　　　　　　　　　(b)

图 2-19　变压器铁芯接地电流监测装置

(a) 监测装置电路原理图；(b) 监测装置现场布置图

（2）监测内容。通过监测变压器铁芯接地电流，发现铁芯及夹件多点接地缺陷。铁芯接地电流装置监测结果的组态图如图 2-20 所示。

（3）监测对象。220kV 及以上大型变压器、电抗器以及重点城市核心区等位置特别重要的 110kV 变压器，都配置有监测装置。监测装置现场布置图如图 2-19（b）所示。

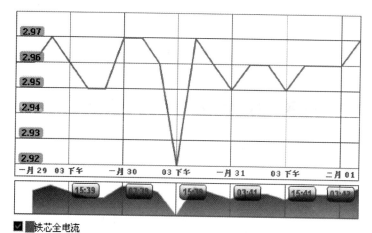

图 2-20　铁芯接地电流装置组态图

3. 变压器局部放电监测

（1）监测内容。变压器局部放电监测通过监测变压器内部放电信号的强弱，发现变压器潜伏性内部放电缺陷。

（2）监测对象。220kV 及以上大型变压器、电抗器及位置特别重要的 110kV 变压器都配置有监测装置。变压器局部放电监测装置如图 2-21 所示。

4. 变压器箱体振动在线监测

通过安装在变压器箱体表面的一个或多个速度、加速度传感器来获取其振动信号，然后将振动信号经过时域或频域等分析处理，获得信号的特征信息，再通过一定的诊断方法获得变压器铁芯和绕组的工作状况。

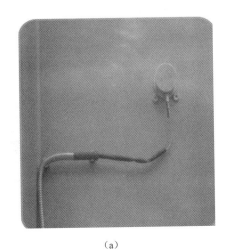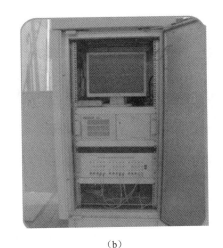

（a）　　　　　　　　　　　（b）

图 2-21　变压器局部放电监测装置

（a）局放探测装置；（b）数据分析装置

要求变压器油箱壁的振动限值为不大于 100μm（峰值），如变压器箱壁振动幅值增大，需判断分析是否存在直流偏磁或者硅钢片松动引起的铁芯振动，或漏磁引起的油箱壁（包括磁屏蔽等）振动。

5. 变压器绕组热点温升在线监测

通过在线监测变压器绕组、铁芯，绝缘层和油面等位置的温度，实时反映被监测对象的温度变化。其主要作用有：在变压器峰值负荷和紧急过负荷时能提供精确的绕组温度，允许变压器根据绕组真实温度带负荷，安全地提高变压器的输送能力。在线监测系统如图 2-22 所示，监测数据结果如图 2-23 所示。

（a）　　　　　　　　　　　（b）

图 2-22　变压器绕组热点温升在线监测系统

（a）监测装置终端柜；（b）监测装置变压器绕组布置图

6. 电容型设备绝缘监测

（1）监测内容。电容型设备绝缘监测装置如图 2-24 所示，通过监测电容性设备的电容量、介质损耗、三相不平衡电流及三相不平衡电压，发现局部电容屏击穿、绝缘受潮、劣化等潜伏性缺陷时及时告警。

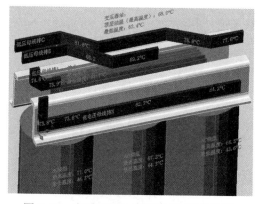 

图 2-23　变压器测温系统测温结果分析图　　　　图 2-24　电容型设备绝缘监测装置

（2）监测对象。220kV 及以上大型变压器、电抗器以及重点城市核心区等位置特别重要的 110kV 变压器套管；220kV 及以上电容型电流、电压互感器以及位置特别重要的 110kV 电容型电流、电压互感器。

7. 金属氧化物避雷器绝缘监测

（1）监测原理。正常工作电压下，流过金属氧化物避雷器电阻片的电流仅为微安级，但是由于阀片（电阻片）长期承受工频电压作用而产生劣化，引起电阻特性的变化，导致流过阀片的泄漏电流增加。另外由于避雷器结构不良、密封不严使内部构件和阀片受潮，也会导致运行中的避雷器泄漏电流增加，电流中阻性分量的急剧增加，会使阀片温度上升而发生热崩溃，严重时甚至会引起避雷器的爆炸事故。金属氧化物避雷器绝缘监测系统对避雷器的全电流、阻性电流、功耗进行实时监测，能够及时发现避雷器受潮、劣化等缺陷。

（2）监测内容。金属氧化物避雷器绝缘监测如图 2-25 所示，通过监测避雷器的全电流、阻性电流，发现避雷器阀片受潮、劣化等潜伏性缺陷。金属氧化物避雷器绝缘监测装置在线监测分析结果如图 2-26 所示。

（3）监测对象。220kV 及以上金属氧化物避雷器以及位置特别重要的 110kV 金属氧化物避雷器。

 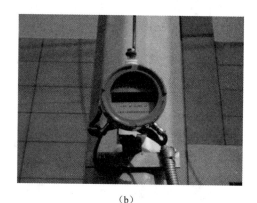

（a）　　　　　　　　　　　　　　　　　　　　（b）

图 2-25　金属氧化物避雷器绝缘监测

（a）金属氧化物避雷器；（b）监测装置

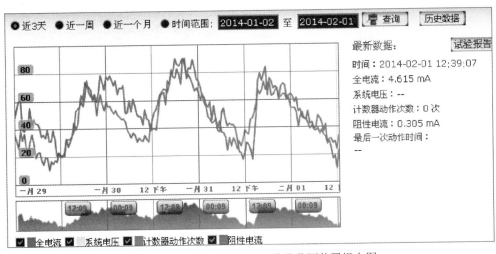

图 2-26 金属氧化物避雷器绝缘监测装置组态图

8. GIS 和断路器 SF$_6$ 气体监测

（1）气体含水量在线监测原理。GIS 在充气时会有微量水分随 SF$_6$ 进入 GIS 内部，运行过程中在高压强电作用下的化学反应也会产生水分。水分是影响绝缘老化的一个重要因素，含水量过高，会使绝缘材料的绝缘性能下降并加速老化，从而导致运行设备的可靠性降低，寿命缩短。GIS 和断路器 SF$_6$ 气体监测如图 2-27 所示，实现设备的运行状态在线判别，通过检测 GIS 和断路器 SF$_6$ 内部气体中的微水含量，及时发现设备内部的含水量超标的运行隐患。

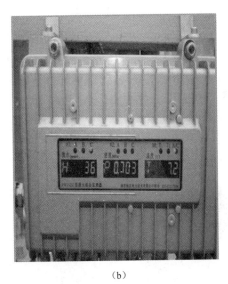

(a)　　　　　　　　　　　　　　(b)

图 2-27　GIS 和断路器 SF$_6$ 气体监测

（a）SF$_6$ 气体监测装置现场布置图；（b）SF$_6$ 气体监测装置监测结果显示图

　　GIS 的绝缘缺陷会引发放电，放电时 SF$_6$ 化学分解图如图 2-28（a）所示，放电会产生丰富的分解产物，通过检测 SO$_2$、H$_2$S、CO、HF 等分解产物，可以判断缺陷放电的严重程度、放电的位置。SF$_6$ 现场检测装置如图 2-26（b）所示，监测分析结果如图 2-29、图 2-30 所示。

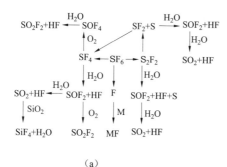

（a）

（b）

图 2-28　SF₆ 分解物检测的现场检测图

（a）SF₆ 分解图；（b）监测装置现场布置图

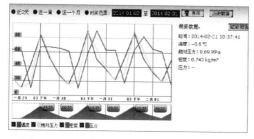
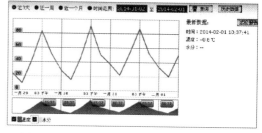

图 2-29　SF₆ 气体压力在线监测装置组态图　　图 2-30　SF₆ 气体水分在线监测装置组态图

（2）监测内容。通过监测 GIS 和断路器 SF₆ 气体密度和水分含量，发现漏气、绝缘性能及开断能力下降等缺陷。

（3）监测对象。220kV 及以上以及位置特别重要的 110kV GIS 和 SF₆ 断路器。

9. 断路器机械特性监测

（1）监测内容。断路器机械特性监测装置如图 2-31 所示，将传感器安装在断路器操动机构上，测量分合闸线圈电流、操作行程、储能状态等状态量，并与出厂试验记录的参考信号进行比较，在线校验其机械特性是否满足技术要求，常用的电流传感器和行程传感器如图 2-32、图 2-33 所示。在线监测分析结果组态图如图 2-34 所示。

（2）监测对象。220kV 及以上以及位置特别重要的 110kV GIS 和 SF₆ 断路器。

图 2-31　断路器机械特性监测装置　　　　　　图 2-32　电流传感器

图 2-33　行程传感器

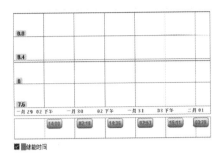

图 2-34　断路器储能电机工作装置在线监测组态图

10. GIS 局部放电监测

（1）监测内容。GIS 局部放电监测装置如图 2-35 所示，通过监测 GIS 内部放电量大小，发现绝缘不良、粒子放电等制造或安装缺陷。变压器局部放电监测装置监测结果组态图如图 2-39 所示。

（2）监测对象。500kV 及以上罐式断路器或 220kV 及以上 GIS。

（a）

（b）

图 2-35　GIS 局部放电监测装置

（a）外置传感器；（b）内置传感器

运行中的 GIS 内部充有高气压 SF_6 气体，其绝缘强度和击穿场强都很高。当局部放电在很小的范围内发生时，气体击穿过程很快，将产生很陡的脉冲电流，其上升时间小于 1ns，并在 GIS 腔体内激发频率高达数 GHz 的电磁波。局部放电检测超高频(ultra-high-frequency，UHF)是通过 UHF 传感器对 GIS 中局部放电时产生的超高频电磁波信号（0.3G～3GHz）进行检测，从而获得局部放电的相关信息，UHF 检测法基本原理示意图 2-36 所示。

通常 UHF 传感器有安装在 GIS 腔体内的内置传感器和安装在绝缘子处的外置传感器两种。内置传感器如图 2-35（b）和 2-37（b）所示，安装在 GIS 腔体内，可获得较高的检测灵敏度，但对传感器的安全性也有较高要求。典型的内置传感器如图 2-38 所示。外置传感器如图 2-35（a）和 2-37（a）通常安装在 GIS 盆式绝缘子上，通过检测绝缘子泄漏出来的电磁波信号来实现局部放电的检测，其检测灵敏度不如内置传感器，但具有安装灵活、安全性好的特点。

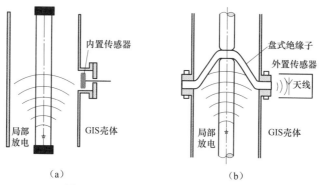

（a） （b）

图 2-36 UHF 检测法基本原理示意图

（a）内置式传感器检测原理图；（b）外置式传感器检测原理图

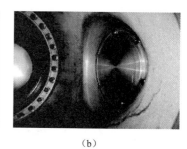

（a） （b）

图 2-37 UHF 检测传感器布置示意图

（a）外置式传感器；（b）内置式传感器

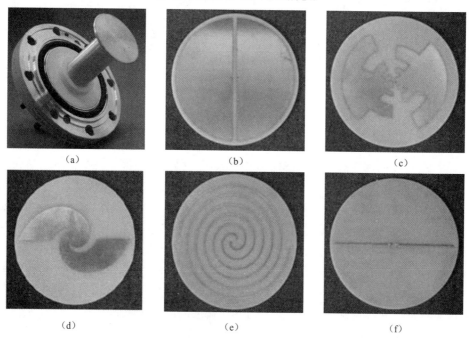

图 2-38 典型的内置传感器

（a）圆盘传感器；（b）半圆偶极子传感器；（c）对数周期传感器；

（d）平面等角螺旋传感器；（e）阿基米德螺旋传感器；（f）偶极子传感器

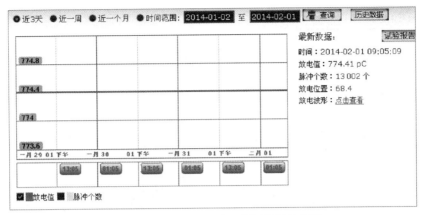

图 2-39　变压器局部放电监测装置组态图

（二）输电设备在线监测系统

1. 装置分类

（1）按功能分类。

1）电气类。监测与线路电气有关的数据，如电压、电流、放电、电气距离、雷电等状态监测装置。

2）机械类。监测与线路机械力学有关的数据，如有导线温度、微风振动、舞动、次档距振荡、覆冰、弧垂、张力、杆塔倾斜、绝缘子串风偏和偏斜、杆塔振动、杆件应力分布、基础滑移、不均匀沉降等状态监测装置。

3）运行环境类。监测与运行环境有关的数据，如有气象、污秽、大气质量、通道环境、图像/视频等状态监测装置。

（2）按安装位置分类。

1）导线类。状态监测装置安装在导线上，如导线温度、微风振动、舞动、次档距振荡、覆冰、风偏、张力、图像/视频类。

2）地线类。状态监测装置安装在地线上，如微风振动、舞动、覆冰、张力类。

3）金具类。状态监测装置安装在金具上，如金具温度、微风振动类。

4）绝缘子类。状态监测装置安装在绝缘子上，如污秽、放电、风偏类。

5）杆塔类。状态监测装置安装在杆塔上，如杆塔倾斜、杆塔振动、杆件应力分布、气象条件、大气环境、外力破坏、通道状况、图像/视频、雷电类，也包括安装在杆塔上的非接触式导线测温、非接触式测距仪等。

2. 监测技术

常用的输变电线路监测有线路微气象环境监测、通道状态图像/视频监视、杆塔倾斜状态监测、覆冰监测、导线微风振动状态监测等，下面分别介绍其功能。

（1）线路微气象环境监测。

1）监测内容。线路微气象环境监测装置如图 2-40 所示，监测内容有风速、风向、最大风速、极大风速、气温、湿度、气压、降雨量、降水强度、光辐射强度等微气象环境。

2）监测对象。监视重要线路大跨越、易覆冰区、易舞动区和强风区等特殊区段以及穿越人烟稀少、高山大岭，公共气象监测存在盲区的重要线路微气象环境，在线监测结果分析如图 2-41 所示。

（a） （b）

图 2-40 线路微气象环境监测装置

（a）在杆塔上布置的监测装置；（b）单独配置的监测装置

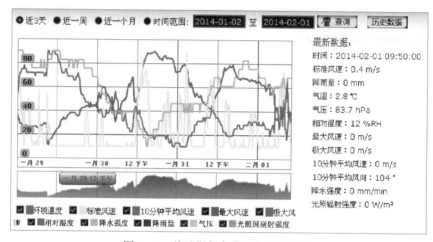

图 2-41 线路微气象监测装置组态图

（2）通道状态图像/视频监视装置。

1）监测内容。通道状态图像/视频监视装置如图 2-42 所示，监测内容有线路通道内山火、施工作业等外力破坏风险点活动情况以及树竹生长、线路覆冰舞动等情况。

2）监测对象。监视重要线路防护区内施工作业、开山炸石、违章建筑以及山火多发等外力破坏易发区以及覆冰舞动、树竹生长易发多发区段线路的通道状况，在线监测分析结果如图 2-43 所示。

（3）杆塔倾斜状态监测装置。

1）监测内容。杆塔倾斜度、顺线倾斜度、横向倾斜度。

2）监测对象。重点监视位于矿山采空区、基础易沉降区、易滑坡区、易冲刷区以及岩石风化区等地质灾害多发区段重要线路杆塔的倾斜状态，杆塔倾斜状态监测装置的在线分析结果如图 2-44 所示。

（a） （b）

图 2-42 通道状态图像/视频监视装置

（a）导线监测图；（b）绝缘子监测图

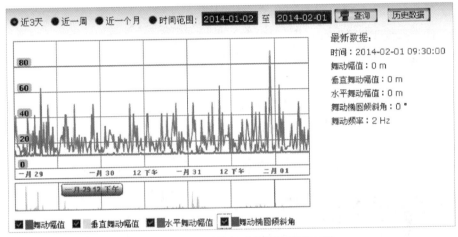

图 2-43 线路导线舞动监测装置组态图

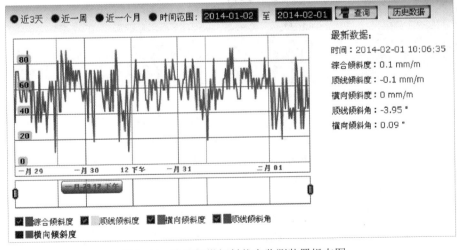

图 2-44 线路杆塔倾斜状态监测装置组态图

（4）覆冰监测。

1）监测内容。输电线路覆冰监测如图 2-45 所示，监测内容有导线覆冰厚度、综合悬挂载荷、不均衡张力差、绝缘子串倾斜角等。

2）监测对象。重点监视位于重冰区和处于迎风山坡、垭口、风道、大水面附近等易覆冰区域以及处于 2、3 级舞动区的重要线路的导线覆冰情况。

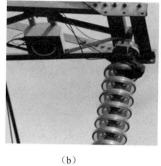

（a）　　　　　　　　　　（b）　　　　　　　　　　（c）

图 2-45　输电线路覆冰监测

（a）导线覆冰监测；（b）覆冰监测装置现场布置图；（c）绝缘子覆冰监测

（5）导线微风振动状态监测。

1）监测内容。导线微风振动状态监测如图 2-46 所示，布置于输电杆塔及线路导线上，如图 2-47 所示，监测内容有微风振动幅值、微风振动频率等参数。

2）监测对象。重点监视跨越通航江河、湖泊、海峡等大跨越线路以及发生过导线振动断股的线路重要区段导线微风振动强度，导线微风振动状态监测结果如图 2-48 所示。

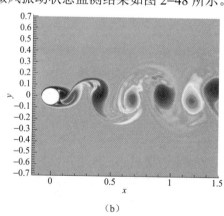

（a）　　　　　　　　　　　　　　　　　（b）

图 2-46　导线微风振动状态监测

（a）监测装置现场布置图；（b）监测结果分析图

（6）线路动态增容监测。

1）监测原理。在输电线路上安装在线监测装置，如图 2-49 所示，对导线状态（导线温度、张力、弧垂等）和气象条件（环境温度、日照、风速等）进行监测，根据数学模型计算出导线的最大允许载流量，充分利用线路客观存在的隐性容量，提高输电线路的输送容量。

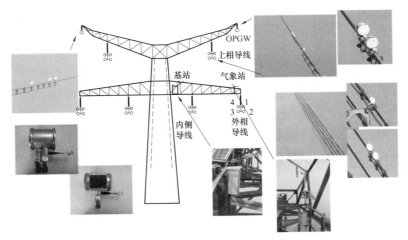

图 2—47　导线微风振动状态监测装置结构示意图

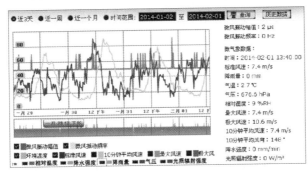

图 2—48　导线微风振动在线监测装置组态图

图 2—49　线路动态增温监测装置

（a）导线监测装置；（b）金具温度监测装置；（c）导线张力监测装置；（d）监测装置布置图

2）监测内容。监测内容主要有导线垂弧和表面温度。导线垂弧和温度在线监测结果如图 2-50、图 2-51 所示。

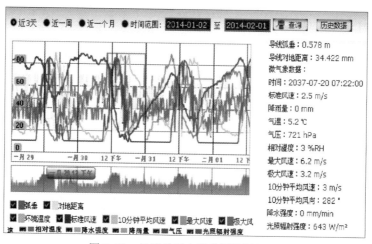

图 2-50　导线垂弧在线监测装置组态图

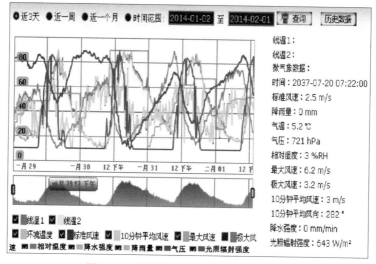

图 2-51　导线温度在线监测装置组态图

3）基本要求：① 实现导线温度和环境数据信息（环境温湿度、风速、风向、日照强度）的实时监测采集；② 依据数学模型计算导线最大负荷状况，分析线路跃迁时的导线温度变化及弧垂变化，绘制温度和弧垂随时间变化的曲线图；③ 监控中心以曲线、报表等方式反映各接点温度变化情况，提供环境温度与导线接点温度的差值变化情况；④ 实现智能报警。

4）监测对象。重点监视大负荷重载线路和跨越主干铁路、高速公路、桥梁、江河等线路重要跨越段的导线温升情况。

（7）电网污秽在线监测。线路污秽在线监测装置如图 2-52 所示，是将泄漏电流与微气象相结合，不仅测量绝缘子泄漏电流值，也实时监测环境温度、湿度等气象数据，通过试验研究温、湿度，泄漏电流，污闪电压三者之间的关系，分析气象环境、绝缘子型号、串长对泄漏电流的影响，得到不同温、湿度，不同污秽度下的闪络电压值。污秽监测系统后台可将前置系统实测泄漏电流数据按研究得到的经验公式进行换算，得到实时的闪络电压值以及当前绝缘子的闪络电压裕度，当超过阈值时将提前告警。

（a）　　　　　　　　　　　　　　　　　（b）

图 2-52　线路污秽在线监测装置

（a）监测装置布置图；（b）监测装置接线图

绝缘子泄漏电流与绝缘子表面的可溶盐成分、灰密、污秽均匀度、海拔高度等密切有关。试验研究发现泄漏电流与绝缘子有效盐密呈线性变化，泄漏电流与污闪电压、污闪梯度呈负幂指数函数关系。根据现场监测到参数与被测绝缘子的参数，结合计算模型，可以计算得到现场绝缘子串的污闪电压，得出现场绝缘子污秽状况。在线监测装置在线监测分析结果如图 2-53 所示。

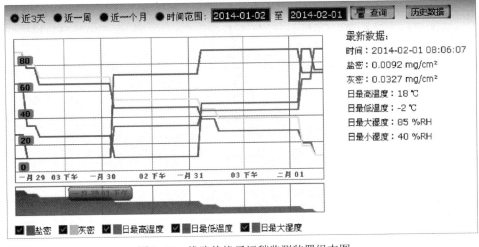

图 2-53　线路绝缘子污秽监测装置组态图

（8）电力电缆状态监测。

1）监测内容。电力电缆状态监测装置如图 2-54 所示，监测内容有电缆表面温度、内护套接地电流、终端/中间头局部放电、充油电缆油压，电力电缆。

2）监测对象。重点城市 220kV 及以上和位置特别重要的 110kV 电缆线路。

（9）电缆隧道监测。

1）监测内容。电缆隧道监测装置如图 2-55 所示，监测内容主要有井盖开闭状态、隧道温度、有害气体、水位、隧道沉降、隧道图像等。

图 2-54　电力电缆状态监测装置

图 2-55　电缆隧道监测装置

2）监测对象。重点城市 220kV 及以上和位置特别重要的 110kV 电缆线路。

（三）智能视频监控系统

1. 智能视频监控系统简介

随着视频压缩技术的不断革新，视频技术在电力系统领域获得了广泛的应用。现有变电站图像监控系统主要用于防火防盗、安全保卫、主控室内场景监控等。无法对隔离开关、断路器设备的远方遥控操作进行确认查看，无法达到对变电站隔离开关、断路器等设备远方控制的目的。

随着变电站在线检测技术的发展，变电站运行设备图像智能监控将逐步成为视频监控系统发展主要方向，通过变电站内一、二次设备远程可视功能，为变电站远控操作提供所需的第二维信息，实现变电站的真正多维智能远控，形成一体化的电网调控体系。

2. 智能视频监控系统功能

（1）实时监视和管理功能。可以对所有子站的视频信息、工业环境信息、安防信息等进行实时监控，并进行各种远程操作。

（2）图像智能分析功能：① 可以对主要设备的仪器进行智能分析，自动获取仪表读数，当仪表指针超过设定的警戒值时，系统自动报警；② 可以对断路器、隔离开关的分合指示牌进行智能分析，自动判断设备的工作状态；③ 可以对控制柜上的设备分合指示灯进行智能分析，自动判断设备的工作状态。

（3）图像关联性显示功能。对主要设备进行图像关联性显示，就是在同一个页面上显示和该设备相关的所有图像信息、设备工作状态信息、设备的智能分析数据、设备所在区域的工业环境信息（温湿度、SF_6 探测器）、设备所在区域的安防设备信息（电子围栏、红外双鉴、门禁系统)等画面，保证工作人员可以全面掌握设备的所有信息。

（4）变电站辅助系统综合管理功能。对变电站安装的视频监视系统、工业环境系统、安防系统、消防系统、门禁系统、一次设备工作状态监视系统等各个辅助系统进行综合管理；监视各个子系统的工作状态，处理各个子系统的报警信号，管理和配置各个子系统的设备。

（5）SCADA 联动功能。

1）遥控操作的视频验证。当 SCADA 系统对某个设备发出遥控指令后，系统自动显示该设备的所有现场图像信息，以及该设备所在区域的工业环境信息，调控人员可以对该设备的操作过程及实时状态进行全面分析和判断，保证遥控操作的可靠性。

2）遥控操作的智能验证。当 SCADA 系统对某个设备发出遥控指令后，系统通过智能视频分析技术，可以对主变压器、断路器、隔离开关、接地开关等设备的各项指标进行智能分析，获取设备的状态参数和仪表读数，智能判断设备状态与 SCADA 指令是否一致、仪表读数是否正常，并可以实时报警。

3）SCADA 设备故障报警联动功能。当 SCADA 系统发现某个设备出现故障时，故障信息通过报文出发送给多维智能可视监控系统中心主站，系统自动弹出故障设备的所有图像信息以及该设备所在区域的工业环境信息，调度人员可以对该设备的操作过程及实时状态进行全面分析和判断，便于对故障现象进行全面分析和掌握。

（6）智能巡视巡检功能。

1）巡视种类。

① 设备巡视：按运行规定对设备进行日常、定期和特殊巡视。② 特种巡视：对变电站的鸟巢进行搜寻和识别巡视，以及对主变压器等设备漏油点进行巡视。③ 安防巡视：对大门、围墙、主变压器区、设备区、通道和主控楼各区域进行安防巡视。

2）巡视操作模式。

① 手动巡视：值班运行人员按照预先设定的巡视路线，逐个画面手动进行巡视。② 自动巡视：值班运行人员启动巡视后，不需干预，系统自动按照巡视路线切换画面。③ 定时巡视：无人值班时，设定时间，系统到时自动启动巡视，并将巡视过程中所有画面录像，便于值班人员可随时调阅。

（7）消防、安防接入功能。变电站内的消防、安防系统，通过变电站内的采集模块，采集变电站内消防、安防的报警、故障信息，通过变电站内远动通道，把变电站的这些报警、故障信息传输到主站，供监控中心做进一步处理。

（8）报警管理功能。当变电站的视频系统、智能分析系统、安防系统、消防系统、工业环境系统等出现任意报警时，报警信息上传中心主站，监控人员可以进行针对性的处理和指挥。

三、电网监控专业管理

（一）监控值班工作日志

为进一步加强调控机构变电站集中监控管理，规范监控运行岗位工作职责，细化监控运行日常工作内容，编制了《监控值班工作日志》，见表 2–11。

表 2-11　　　　　　　　　　　　　　　监 控 值 班 工 作 日 志

序号	工作项目	主要工作内容	工作要求	工作时间		
				白班	前夜班	后夜班
一、常规工作						
1	接班	查阅相关记录,听取交班人员交代内容,检查运行状况,经双方确认后接班,并安排值内工作	(1)接班人员提前15min到达调控大厅,阅读监控运行日志、缺陷记录、停电工作票、操作票等各种记录,了解电网和设备运行情况。 (2)接班人员认真听取交班内容情况,对不明确的问题要询问清楚,保证接班工作连贯,内容完整、准确。 (3)接班人员对变电站运行方式、系统通道工况、未复归告警信息、检修置牌、信息封锁等进行核对。 (4)布置安排值内工作,强调相关要求	√	√	√
2	实时监视	通过监控系统和输变电设备状态在线监测系统实时监视告警信息	实时监视事故、异常、越限、变位四类告警信息和设备状态在线监测告警信息,确保不漏监信息,对各类告警信息及时确认	√	√	√
3	全面巡视	全面巡视监控变电站的运行工况	(1)通过监控系统巡视电气设备运行工况、线路潮流、母线电压、站用电系统、告警信号等。 (2)通过输变电设备状态在线监测系统巡视设备状态信息。 (3)通过工业视频系统巡视变电站场景,原则上在白班进行。 (4)巡视完毕后填写巡视记录	√	√	√
4	电压调整	检查 AVC 系统功能投退和电压越限情况,进行电压无功调整	(1)当 AVC 异常,应汇报值班调度员,按规定退出相应AVC 功能,通知相关人员,做好记录。 (2)当 AVC 退出后,根据电压曲线进行电压无功调整,并做好记录	√	√	√
5	缺陷闭环管理	跟踪、掌握重要缺陷处理情况,实施缺陷闭环管理	(1)跟踪、了解设备重要缺陷处理情况,并做好相关记录。 (2)缺陷处理完毕后,进行信息确认验收,并做好记录。 (3)对于逾期缺陷,及时通知设备监控管理人员协调处理	√	√	√
6	记录管理	填写相关记录,并进行整理、完善和归档	按照记录填写相关规定、要求及时填写相关记录,监控记录主要包括运行日志、调度指令记录、缺陷记录、巡视记录、检修置牌记录、信息封锁记录、故障跳闸记录等	√	√	√
7	告知信息统计	统计每日告知信息	统计前一日告知类信息,并反馈运维单位,做好记录	√	√	√
8	交班	检查整理完善交班资料,向接班人员交代工作情况	(1)交班前半小时,统计计划检修、远方操作、设备缺陷、事故处理等情况,检查整理完善监控运行日志、缺陷记录等交班资料。 (2)对交班人员交代值内工作情况,重点交代计划检修、设备缺陷以及其他需强调说明的事项,并对接班人员提出的问题给予明确答复	√	√	√
二、计划工作						
1	检修配合	了解检修工作计划安排,设置或清除检修标识牌	(1)了解监控变电站检修工作内容以及工作进展情况,分析电网运行风险,制定重点监视范围。 (2)检修工作开工后,核对信号和方式,设置检修标识牌,并做好记录。 (3)检修工作完毕后,清除检修标识牌,核对信号和方式,并做好记录	√	√	√

序号	工作项目	主要工作内容	工作要求	工作时间		
				白班	前夜班	后夜班
2	远方操作	根据工作计划和操作范围，执行远方操作	（1）操作前，监控员应考虑操作过程中的危险点及预控措施。 （2）操作时，监控员应核对相关变电站一次系统图，严格执行模拟预演、唱票、复诵、监护、录音等要求，并按规定通知相关单位和人员。 （3）操作时，若发现电网或现场设备发生事故及异常，影响操作安全的，监控员应立即终止操作并报告调度员，必要时通知运维单位；若监控系统异常或遥控失灵，监控员应停止操作并汇报调度员，通知相关人员处理。 （4）操作完毕后核对电流、电压、光字牌及方式，并做好记录。如对操作结果有疑问，应查明原因，必要时通知运维单位核对设备状态	√	√	√
3	传动试验	对遥控、遥信、遥调、遥测数据进行传动试验	（1）根据传动工作计划安排及设备传动作业指导书，进行传动试验，传动中与现场密切配合，并做好相关记录。 （2）传动中发现问题及时反馈，并做好记录	√	√	√
4	特殊巡视	根据相关规定要求，对重载元件、缺陷设备等进行特殊巡视	（1）在恶劣天气、特殊运行方式、重要保电等特殊情况下，按照重点监视范围，增加监视频度。 （2）将特殊巡视范围、时间、人员及巡视情况记入巡视记录	√	√	√
5	资料整理	整理完善相关技术资料	根据设备变更等情况，将相关技术资料进行整理、归档，主要包括启动方案、一次系统图、最小载流元件、调度范围划分、监控信息表、现场运行规程、典型倒闸操作票、事故预案等	√	√	√
三、应急工作						
1	异常处理	按照规程、规定处置异常、越限信息和设备状态在线监测告警信息	（1）发现告警信息后，应迅速收集相关信息，按照规程、规定进行处理并及时汇报调度，通知运维单位。输变电设备状态在线监测告警信息还需及时通知相应技术支持单位。 （2）如定性为缺陷的，应按照缺陷流程进行处置，并做好记录；对于重要缺陷，应做好相应的风险防控预案。 （3）处置结束后，应与运维人员进行信息状态核对，并做好记录	√	√	√
2	事故处理	事故发生后进行事故汇报及处理	（1）故障跳闸后，监控员迅速、准确记录故障时间和开关变位、保护动作等情况，分析、判断故障原因，并及时上报，按规定通知相关单位和人员，做好记录。 （2）根据调度指令做好事故处理和恢复送电准备，执行远方操作，做好记录	√	√	√

（二）调控机构调控运行交接班管理

为适应"大运行"体系建设，规范调控一体化运行管理工作，确保调控运行交接班有序、顺利开展，电力调控中心调度监控运行人员交接班工作应按照如下要求进行。

1. 交接班管理

（1）交接班应按照调控中心规定的时间在调控大厅进行。

（2）交班值调控人员应提前按规定准备交接班内容，整理交接班材料，并在交接班日志上交班签字。

（3）接班值调控人员应提前 15min 到达调控大厅，认真阅读调度、监控运行日志，停电工作票、操作票等各种记录，全面了解电网和设备运行情况。

（4）交接班前15min内，一般不进行重大操作。若交接班前正在进行操作或事故处理，应在操作、事故处理完毕或告一段落后，再进行交接班。

（5）交接班工作由交班值调控值长统一组织开展。交接班时，全体参与人员应严肃认真，保持良好秩序，并全程录音。

（6）交接班应按以下顺序进行：

1）调控业务总体交接。由交班值调控值长主持，交接班调控人员参加。

2）调度业务及监控业务分别交接。调度业务交接由交班值安全分析工程师主持，交接班值班调度员参加；监控业务交接由交班值监控主值主持，交接班值班监控员参加。

3）补充汇报。接班值安全分析工程师和监控主值向本值调控值长分别补充汇报调度业务交接和监控业务交接的主要内容。

（7）交接班时交班值应至少保留1名调度员和1名监控员继续履行调度监控职责。若交接班过程中系统发生事故，应立即停止交接班，由交班值调控人员负责事故处理。

（8）接班后接班值调控人员应对交接班日志进行核对，核对无误后在交接班日志上接班签字。

2．交接班内容

（1）调控业务总体交接内容应包括：

1）所辖电网发、受、用电平衡情况；

2）所辖电网一、二次设备运行方式及变更情况；

3）所辖电网系统故障、设备异常及缺陷情况；

4）所辖电网相关的重大操作、检修及调试工作进展情况；

5）调控大厅通信、自动化设备及办公设备异常和缺陷情况；

6）台账、资料收存保管情况；

7）上级指示和要求、文件接收和重要保电任务等情况；

8）需接班值或其他值办理的事项。

（2）调度业务交接内容应包括：

1）所辖电网频率、电压、联络线潮流等情况；

2）所辖电厂出力计划及联络线计划调整情况；

3）所辖电厂的机、炉等设备运行情况；

4）当值适用的启动调试方案、运行方式单、稳定措施变更单、继电保护通知单等；

5）所辖电网带电作业情况；

6）调度技术支持系统异常和缺陷情况；

7）其他重要事项。

（3）监控业务交接内容应包括：

1）监控范围内的设备电压越限、潮流重载、异常及事故处理等情况；

2）监控范围内的一、二次设备状态变更情况；

3）监控系统、设备状态在线监测系统及监控辅助系统运行情况；

4）监控系统检修置牌、信息封锁及限额变更情况；

5）监控系统信息验收情况；

6）其他重要事项。

3. 检查与考核

调控中心应对交接班工作的规范性和正确性进行检查，并定期对工作质量进行评价。调控中心应对未按规定进行交接班导致工作延误、材料丢失等情况进行考核，并追究相关人员责任。

（三）调控机构设备监控运行分析管理

为适应"大运行"体系建设，加强设备监控运行分析管理工作，提高设备监控运行分析水平，必须对调控机构设备监控运行分析管理工作进行规范。

1. 管理职责划分

（1）设备监控管理处负责区域内各级调控中心设备监控运行分析的归口管理。

1）负责统计监控范围内变电站监控信息情况，编制调控中心监控运行分析月报，并定期组织召开监控运行分析例会；

2）负责对各下级调控中心上报的监控信息月报进行统计、分析；

3）负责对各下级调控中心监控运行分析管理工作进行监督和指导。

（2）调度控制处负责监控范围内设备监控运行信息的收集和统计，并按要求开展监控运行专项分析。

2. 监控运行分析管理

（1）监控运行分析包括定期分析和专项分析，其中定期分析分为月度分析和年度分析。

（2）设备监控管理处每月第 3 个工作日前对上月监控运行工作进行汇总分析，形成监控运行分析月报（格式参考附件 1），主要内容包括：

1）监控运行总体情况。

2）监控信息数量统计，对当月监控信息按站和时间进行统计、分析。

3）监控信息分类分析，对变电站设备出现的事故、异常、越限及变位四类信息处置情况及原因进行分析。

4）缺陷统计和分析，对本月已处理缺陷、新增缺陷、遗留缺陷进行分析。

5）其他需要分析的事项。

（3）每月第 5 个工作日前，调控中心应将监控运行分析月报上报上级设备监控管理处。

（4）调控中心每月上旬组织召开监控运行分析例会，参会人员应包括调控中心、运检部、检修公司和电科院等相关管理人员及专业人员。会议主要内容为：

1）调控中心汇报上月设备监控运行情况。

2）相关单位、部门汇报上月例会提出事项的落实情况。

3）设备管理部门负责汇报设备缺陷处理情况。

4）电科院负责汇报输变电设备状态在线监测分析情况。

5）分析监控运行中发现的问题，对误报、漏报、频发信号、信息处置等进行重点分析，提出整改要求和相关事项。

（5）调控中心负责对每月监控运行分析例会形成会议纪要，并发送相关单位、部门。

（6）每年1月10日及7月10日前，设备监控管理处分别对上一年度和上半年的设备监控运行情况进行总结，形成总结报告，主要内容包括：

1）监控指标分析，对周期内缺陷处理率和缺陷处理及时率等监控业务评价指标进行统计分析；

2）监控信息分析，按照设备类别对监控信息进行统计分析；

3）工作计划和建议。

（7）每年1月15日及7月15日前，调控中心应将年度分析总结报告上报国调中心设备监控管理处。

（8）当设备发生以下故障时，调度控制处应及时开展专项分析，并形成分析报告：

1）220kV及以上主变压器故障跳闸；

2）110kV及以上母线故障跳闸；

3）发生越级故障跳闸；

4）发生保护误动、拒动；

5）其他需开展专项分析的情况。

（9）专项分析报告应对故障前变电站及电网运行方式、故障过程概要及故障告警信号进行分析（格式参考附件2）。

（10）调控中心设备监控管理处应根据专项分析报告，对故障情况进行进一步分析，如有必要应参与相关部门和单位组织的故障调查和处理。

附件1

监 控 运 行 分 析 月 报

××省（区、市）调控中心
年　月　日

统计时间：＿＿＿＿年＿月＿日～＿＿＿＿年＿月＿日

一、总体情况

本月监控运行工作总体情况，设备运行情况总体情况。

二、本月监控信息统计

对当月监控信息按站和时间进行统计、分析。

三、监控信息分类分析

1. 事故类信号

事故类信号原因：（对各变电站出现的事故类信号进行分析，是否出现误发，漏发等现象）

2. 异常类信号

异常类信号原因：（对各变电站出现的重要异常类信号进行分析，是否出现误发，漏发等现象。对异常类信号所反应出的设备运行缺陷进行说明）

3. 越限类信号

越限类信号原因：（对各变电站出现的越限类信号进行分析，对频繁出现的越限类信号是否需要改变越限值等问题进行处理建议）

4. 变位类信号

变位类信号原因：（对各变电站出现的变位类信号进行分析，是否出现误发现象）

四、异常缺陷处理情况

本月新增缺陷××条，本月已处理缺陷××条，目前遗留缺陷共有××条。（主要针对由监控信号所反映出的设备异常缺陷进行分析）

1. 本月已处理严重危急缺陷××条

序号	站名	异常信号	产生原因及处理结果	信号分析结论
1	××变	（填写由监控系统报出的异常信号）	（根据现场运维人员反馈情况进行填写）（填写反馈现场消缺处理情况）	填写信号分析结论

2. 本月发现未处理严重危急缺陷××条

序号	站名	异常信号	产生原因及采取措施	信号分析结论/消缺责任部门
1	××变	（填写由监控系统报出的异常信号）	（根据现场运维人员反馈情况进行填写）（填写反馈现场采取的措施情况）	填写分析结论，指定消缺责任部门

3. 严重危急缺陷遗留共有××条

序号	站名	异常信号	产生原因及处理结果	信号分析结论/消缺责任部门
1	××变	（填写由监控系统报出的异常信号）	（根据现场运维人员反馈情况进行填写）（填写反馈现场消缺处理情况）	填写分析结论，指定消缺责任部门

五、其他需要分析的事项

（填写其他需要在信息分析报表中体现的内容）

附件 2

专 项 分 析 报 告

××省（区、市）调控中心

一、事故前运行方式

（填写事故前运行方式，根据需要可附上电网接线方式或厂站主接线图）。

二、事故概要

（可根据相关记录，如调度运行日志，监控运行日志等，对事故概要进行一番描述，明确事故发生时间、事故范围、开关动作情况、相关保护动作情况等内容）。

三、信号分析

（对信号的正确性进行分析，并根据发现的问题，提出整改建议，必要时可附上相关图文）

第三节　变电运维班组巡视与维护

设备巡视是变电站运行的一项重要工作，通过设备巡视能够及时掌握设备的运行情况、设备运行规律，发现设备存在的缺陷和异常并采取有效措施，预防事故发生，确保设备连续安全运行。变电运维人员必须严格遵守设备巡视相关规定，掌握设备巡视的方法、巡视内容，借助辅助监测设备高质量的完成设备巡视工作。设备巡视要求见表 2-12。

表 2-12	巡视要求
巡视管理要求	允许单独巡视高压设备的人员名单应经企业领导书面批准
巡视人员知识要求	巡视人员应熟悉各类电气设备的工作原理和结构性能；掌握变电站主要电气设备铭牌规范、主要技术参数；了解变电站设备定级状况和尚存的设备缺陷
	掌握 DL 408—1991《电业安全工作规程（发电厂和变电所电气部分）》的有关规定，并经考核合格。新进人员和实习人员不得单独巡视高压设备
巡视技术要求	巡视高压设备时，巡视人员不得进行其他工作，不得移开或越过遮拦
	巡视人员必须认真地按巡视周期、巡视路线、项目对设备逐台逐件认真进行巡视。凡是运行、热备用、冷备用或停用的设备，不论是否带有电压，都应同运行设备一样进行定期巡视和维护
	火灾、地震、台风、洪水等灾害发生时，如要对设备进行巡视时，应得到设备运行管理单位有关领导批准，巡视人员应与派出部门之间保持通信联络
	巡视高压设备时，人体与带电导体的安全距离不得小于 GB 26860—2011《电力安全工作规程（发电厂和变电所电气部分）》的规定值，严防因误接近高压设备而引起触电事故的发生。巡视时应戴安全帽并按规定着装，应按规定的路线、时间进行。严禁随意打开运行中封闭的高压配电柜门
	高压设备发生接地时，室内不得接近故障点 4m 以内，室外不得接近故障点 8m 以内。进入上述范围人员必须穿绝缘靴，接触设备的外壳和构架时，应戴绝缘手套
	巡视配电装置，进出高压室，必须随手关门
	雷雨天气，需要巡视高压设备时，应穿绝缘靴，并不得靠近避雷器和避雷针
	蓄电池室巡视时应严禁烟火
SF$_6$ 设备巡视要求	进入 SF$_6$ 配电装置室，入口处若无 SF$_6$ 气体含量显示器，必须先通风 15min，并用检漏仪测量 SF$_6$ 气体含量合格。进入 SF$_6$ 配电装置低位区或电缆沟进行工作应先检测含氧量（不低于 18%）和 SF$_6$ 气体含量是否合格。尽量避免一人进入 SF$_6$ 配电装置室进行巡视
	不准在 SF$_6$ 设备防爆膜附近停留。若在巡视中发现异常情况，应立即报告，查明原因，采取有效措施进行处理
	接近存在泄漏 SF$_6$ 设备时，应对 SF$_6$ 气体进行检验。根据有毒气体的含量，采取安全防护措施，必要时穿着防护服并根据需要戴防毒面具，应站在上风侧
巡视季节性特点	设备巡视应按预防季节性事故特点、设备缺陷情况、负荷情况等有针对进行巡视，例如：冬季重点检查加热设备、充油设备油位、操动机构压力等，大负荷、雨雪后检查引线接头的发热，春季初雨检查设备放电情况等
巡视异常处理	巡视时遇有严重威胁人身和设备安全的情况，立即汇报运维班组和相关调度，按照事故处理相关规定进行处理
巡视记录	每次巡视都应做好相关记录。发现设备缺陷应做好缺陷定性和上报，并加强监视，必要时进行事故预想和反事故演练

一、一次设备巡视

（一）一次设备巡视的分类

变电站的设备巡视，一般分为正常巡视、全面巡视、熄灯巡视和特殊巡视，巡视的分类、内容和周期见表 2-13。

表 2-13 变 电 站 的 设 备 巡 视

巡视分类	巡视内容	巡视周期
正常巡视 （日常巡视）	按规定时间、路线和项目进行的定期巡视。正常巡视项目有设备外观、油位、压力、温度、泄漏电流、在线检测数据、引线接点、绝缘子、保护自动化装置外观、建筑物、架构基础、防误闭锁装置、防小动物措施、消防器材、防汛设施、环境卫生等	每周一次
全面巡视	除正常巡视检查内容外，主要是对设备外部全面检查，对缺陷有无发展做出鉴定，检查设备的薄弱环节，检查防火、防小动物、防误闭锁等有无漏洞，检查接地网及引线是否完好	每周一次
熄灯巡视	按规定时间、路线进行夜间熄灯巡视，重点检查一次设备是否存在放电、电晕、接点发热等缺陷，以及二次设备灯光信号是否正确、接线端子有无发热现象，巡视结果应记录在运行日志中	每周一次
特殊巡视	在特殊运行方式、特殊气候条件或设备出现严重缺陷、异常，新设备投运或检修后投入运行，重要节日或按上级指示增加巡视次数等特定情况下进行的设备巡视。 （1）天气炎热时，应检查各种设备的温度、油位、油压、气压等的变化情况，查油温、油位是否过高，冷却设备运行是否正常，油压和气压变化是否正常，检查导线、接点是否有过热现象。 （2）天气骤冷时，应重点检查充油设备的油位变化情况，油压和气压变化是否正常，加热设备运行情况，接头有无开裂、发热现象，绝缘子有无积雪结冰，管道有无冻裂现象。 （3）大风天气时，应注意临时设施牢固情况，导线舞动情况及有无杂物刮到设备上的可能性，接头有无异常情况，室外设备箱门是否关闭好。 （4）降雨、雪天气时，应注意室外设备接点触头等处及导线是否有发热和冒气现象，检查门窗是否关好，屋顶、墙壁有无漏水现象。 （5）大雾潮湿天气时，应注意套管及绝缘部分是否有污闪和放电现象，必要时关灯检查。 （6）雷击后应检查绝缘子、套管有无闪络痕迹，检查避雷器是否动作。 （7）如果是设备过负荷或负荷明显增加时，应检查设备接点触头的温度变化情况，变压器严重过负荷时，应检查冷却器是否全部投入运行，并严格监视变压器的油温和油位的变化，若有异常及时向调度汇报。 （8）当事故跳闸时，运行人员应检查一次设备有无异常，如导线有无烧伤、断股，设备的油位、油色、油压是否正常，有无喷油异常情况，绝缘子有无闪络、断裂等情况；二次设备应检查继电保护及自动装置的动作情况，事件记录及监控系统的信号情况，微机保护的事故报告打印情况，故障录波器录波情况；所用电系统的运行情况等	视情况而定

（二）一次设备巡视的方法

变电站设备巡视的巡视方法分感官巡视法和工器具及仪表巡视法两类，详细的巡视方法见表 2-14。

表 2-14 设 备 巡 视 方 法

巡视方法		巡视内容
感官巡视法	目测检查法	用眼睛来检查看得见的设备部位，通过设备可见部位的外观变化进行观察，如变色、变形、位移、破裂、松动、打火、冒烟、渗油、漏油、断股、断线、闪络痕迹、异物搭挂、腐蚀、污秽等都可通过目测法检查出来。因此，目测法是设备巡查最常用的方法之一
	耳听检查法	变电站的设备（如变压器、互感器等），正常运行通过交流电后，其绕组铁芯会发出均匀节律和一定响度的"嗡、嗡"声。运行值班人员应该熟悉掌握声音的特点，当设备出现故障时，会夹着杂音，甚至有"劈啪"的放电声，可以通过正常时和异常时的音律、音量的变化来判断设备故障的发生和性质
	鼻嗅检查法	电气设备的绝缘材料一旦过热会使周围的空气产生一种异味。这种异味对正常巡查人员来说是可以嗅别出来的。当正常巡查中嗅到这种异味时，应仔细巡查观察、发现过热的设备与部位，直至查明原因
	触试检查法	用手触试设备的非带电部分（如变压器的外壳、电机的外壳）。检查设备的温度是否异常升高
工器具及仪表巡视	在线监测法	借助测温仪定期对设备进行检查，是发现设备过热的最有效的方法
	工业电视法	采用红外成像仪成像，经计算机处理和电视机相连，使运行人员能随时监测有关设备情况；或在主要设备附件安装摄像机，经远动自动化装置把信号传到中心站

（三）一次设备巡视工器具准备

在对一次设备巡视时，应准备如下工具：

（1）安全帽、线手套。

（2）设备巡视卡、记录、钢笔（签字笔）或智能巡检装置（PDA）。

（3）设备室、端子箱、机构箱钥匙。

（4）变电站接地电阻不合格时，巡视设备应准备绝缘鞋；雷雨天巡视户外设备时应准备绝缘靴、绝缘手套、雨衣等。

（5）夜间巡视设备应准备应急灯等照明用具。

（6）巡视辅助仪器仪表，如红外测温仪、紫外检测仪等。

（四）一次设备的巡视内容

1．变压器的巡视

（1）设备名称、编号、相序等标志齐全、完好。

（2）变压器的测温装置完好，油温正常，储油柜的油位应与制造厂提供的油温、油位曲线相对应，油位计指示清晰。当采用玻璃管油位计时，储油柜上标有油位监视线，分别表示环境温度为–20、20、40℃时变压器对应的油位；如采用磁针式油位计时，在不同环境温度下指针应对应的位置由制造厂提供的曲线确定。

（3）变压器各部位无渗油、漏油。应重点检查变压器的油泵、压力释放阀、套管接线端子、各阀门、隔膜式储油柜等。尤其潜油泵负压区的渗油，容易造成变压器进水受潮。发现变压器绝缘油含气量增加和轻瓦斯保护动作等异常，应尽快处理。

（4）套管应无破损裂纹、无严重脏污、无放电痕迹及其他异常现象，油位指示应正常。

（5）变压器声响均匀、正常。

（6）各冷却器手感温度应相近，风扇、油泵运转正常，油流继电器指示正确。冷却器组数应按规定投入，且分布合理。油泵运转应正常，无金属碰撞声。

（7）吸湿器完好，吸附剂干燥。检查吸湿器，油封应正常，呼吸应畅通，硅胶潮解变色部分不应超过总量的 2／3。运行中如发现上部吸附剂发生变色，应注意检查吸湿器上部是否密封不严。

（8）引线电缆、母线接点应接触良好，各相间比较触点温度基本相同，最高温升不应超过 70K。

（9）压力释放阀、安全气道及防爆膜应完好无损。压力释放阀的指示杆未突出，无喷油痕迹。

（10）有载分接开关的分接位置及电源指示应正常。操动机构中机械指示器与远方分接开关位置指示应一致。

（11）有载分接开关在线滤油装置工作方式及电源指示应正常。滤芯使用年限和油泵出口压力在允许范围之内。

（12）气体继电器内应无气体。

（13）各控制箱和二次端子箱、机构箱门应关闭严密，电缆孔洞封堵完好，接线端子连接可靠，无发热和受潮现象。

（14）测量仪表指示、灯光、信号应正常。

（15）变压器室的门、窗、照明应完好，房屋不漏水，通风良好，温度正常。

（16）检查变压器本体、铁芯、夹件接地良好，符合规定。

（17）在线监测装置（若有）应工作正常，数据、信号等显示正确。

（18）事故储油坑的卵石层厚度应符合要求，排油管道畅通。

（19）检查灭火装置状态应正常，消防设施应完善。

（20）新设备或经过检修、改造的变压器在投运 72h 内应进行特巡。

2. 高压断路器的巡视

（1）高压 SF$_6$ 断路器的巡视。

1）设备名称、编号、相序等标志齐全、完好。

2）套管、绝缘子无断裂、裂纹、损伤、放电现象。

3）分、合闸位置指示器与实际运行方式相符。

4）软连接及各导流压触点压接良好，无过热变色、断股现象。

5）控制、信号电源正常，无异常信号发出。

6）SF$_6$ 气体压力表、密度表指示在正常范围内，并记录压力值。

7）机构箱、端子箱电源完好、名称标志齐全、封堵良好、箱门关闭严密。

8）操作能源正常。

9）各连杆、传动机构无弯曲、变形、锈蚀，轴销齐全。

10）断路器运行无异常音响。

11）操作计数器动作可靠，并抄录动作次数。

12）检查压缩机油位是否正常。

13）接地螺栓压接良好，无锈蚀。

14）基础无下沉、倾斜。

（2）高压油断路器的巡视。

1）设备名称、编号、相序等标志齐全、完好。

2）套管、绝缘子无断裂、裂纹、损伤、放电现象。

3）分、合闸位置指示器与实际运行方式相符。

4）软连接及各导流压触点压接良好，无过热变色、断股现象。

5）控制、信号电源正常，无异常信号发出。

6）本体无油迹、无锈蚀、无放电、无异常声响。

7）机构箱、端子箱电源完好、名称标志齐全、封堵良好、箱门关闭严密。

8）操作能源正常。

9）各连杆、传动机构无弯曲、变形、锈蚀，轴销齐全。

10）放油阀关闭严密，无渗漏。

11）操作计数器动作可靠，并抄录动作次数。

12）油位在正常范围内。

13）接地螺栓压接良好，无锈蚀。

14）基础无下沉、倾斜。

（3）真空断路器的巡视。

1）设备名称、编号、相序等标志齐全、完好。

2）灭弧室无放电、无异音、无破损、无变色。

3）绝缘子无断裂、裂纹、损伤、放电等现象。

4）绝缘拉杆完好、无裂纹。

5）各连杆、转轴、拐臂无变形、无裂纹，轴销齐全。

6）引线连接部位接触良好，无发热变色现象。

7）位置指示器与运行方式相符。

8）端子箱电源完好、名称标志齐全、封堵良好、箱门关闭严密。

9）操作能源正常。

10）操作计数器动作可靠，并抄录动作次数。

11）接地螺栓压接良好，无锈蚀。

12）基础无下沉、倾斜。

（4）高压开关柜的巡视。

1）设备名称、编号、相序等标志齐全、完好。

2）设备无异音，无过热、无变形等异常。

3）表计指示正常。

4）操作方式切换开关位置正确。

5）操作把手及闭锁位置正确、无异常。

6）高压带电显示装置指示正确。

7）位置指示器指示正确。

8）控制、合闸电源开关位置正确。

3．高压组合电器的巡视

（1）设备名称、编号、相序等标志齐全、完好。

（2）外观检查：无变形、无锈蚀、连接无松动；传动元件的轴、销齐全无脱落、无卡涩；箱门关闭严密；无异常声音、气味等。

（3）各气室压力在正常范围内，并记录压力值。

（4）防误闭锁完好、齐全。

（5）位置指示器与实际运行方式相符。

（6）套管完好、无裂纹、无损伤、无放电现象。

（7）避雷器在线监测仪指示正确，并记录泄漏电流值和动作次数。

（8）带电显示器指示正确。

（9）防爆装置防护罩无异样，防爆膜完好，其释放出口无障碍物。

（10）汇控柜表计指示正常，无异常信号；操作切换把手与实际运行位置相符；控制、电源开关位置正常；连锁位置指示正常；柜内运行设备正常；封堵严密、良好；加热器及防潮装置完好。

（11）接地线、接地螺栓表面无锈蚀，压接牢固。

（12）设备室通风系统运转正常,氧量仪指示大于18%,SF_6气体含量不大于1000mL/L。无异常声音、异常气味等。

（13）基础无下沉、倾斜。

4. 高压隔离开关的巡视

（1）设备名称、编号、相序等标志齐全、完好。

（2）绝缘子清洁，无破裂、无损伤放电现象，防污闪措施完好。

（3）导电部分、触头接触良好，无过热、变色及移位等异常现象。

（4）分合闸位置正确，各部分距离满足要求，动触头的偏斜不大于规定数值。

（5）引线松紧适度、无摆动、无杂物。

（6）传动连杆、拐臂无弯曲、连接无松动、轴销无变位脱落、无锈蚀、润滑良好，金属部件无锈蚀，相序标志醒目。

（7）法兰连接无裂痕，连接螺栓无松动、锈蚀、变形。

（8）接地开关位置正确，弹簧无断股、闭锁良好，接地杆的高度不超过规定数值，接地引下线完整可靠接地。

（9）防误闭锁装置完好、齐全，无锈蚀变形。

（10）操作结构密封良好，无受潮。

（11）接地标志醒目，接地引下线和螺栓压接良好，无锈蚀。

（12）基础无下沉、倾斜。

5. 并联电容器的巡视

（1）设备名称、编号、相序等标志齐全、完好。

（2）电容器无渗漏油、无鼓肚、变形现象。

（3）绝缘子无破损、裂纹、放电痕迹，表面清洁。

（4）母线及引线松紧适度，设备触点接触良好、无过热现象。

（5）运行中的电容器内部应无异常响声，温度应否正常。

（6）设备外表防腐涂层无变色，外壳温度不超过 50℃。

（7）熔断器、放电回路完好，接地引线无严重锈蚀、断股。

（8）电容器室干净整洁，照明通风良好，室温应在−25～40℃之间，门窗关闭严密。

（9）电缆标牌应完整，内容正确，字迹清楚。电缆外表有无损伤，支撑牢固。电缆和电缆头无渗油漏胶，无发热放电等现象。

（10）接地标志醒目，接地引下线和螺栓压接良好，无锈蚀。

（11）电缆沟（隧）道完好，支架、桥架无变形损坏。

6. 干式电抗器的巡视

（1）设备名称、编号、相序等标志齐全、完好。

（2）支柱绝缘子金属部位无锈蚀，支架牢固，无倾斜变形，绝缘子无破损裂纹、放电痕迹，表面清洁。

（3）设备外观完整无损，防雨帽完好，无异物。

（4）引线接触良好，触点无过热，各连接引线无发热、变色。

（5）外包封表面清洁、无裂纹，无放电痕迹，无油漆脱落现象，RTV 涂层憎水性良好。

（6）撑条无错位，无动物巢穴等异物堵塞通风道现象。场地清洁无杂物，无杂草。

（7）无异常振动和声响；绕组无变形。

（8）接地可靠，周边金属物无异常发热现象。

（9）二次端子箱门关闭严密，无受潮，孔洞封堵良好。

（10）基础无下沉、倾斜。

7. 互感器的巡视

（1）设备名称、编号、相序等标志齐全、完好。

（2）设备外观完整无损，外绝缘表面清洁、无裂纹及放电现象。

（3）一、二次引线接触良好，触点无过热、变色。

（4）金属部位无锈蚀，底座、支架牢固，无倾斜变形。

（5）架构、遮栏、器身外涂漆层清洁、无爆皮掉漆。

（6）无异常振动、异常声音及异味。

（7）瓷套、底座、阀门和法兰等部位应无渗漏油、漏气现象。

（8）电压互感器端子箱熔断器和二次空气开关正常。

（9）电流互感器端子箱引线端子无松动、过热、打火现象。

（10）油色、油位正常。

（11）防爆膜有无破裂。

（12）吸湿器硅胶是否受潮变色。

（13）金属膨胀器位置指示正常，无渗漏。

（14）各部位接地可靠。

（15）电容式电压互感器二次电压（包括开口三角形电压）无异常波动。

（16）安装有在线监测的设备在线数据在合格范围之内。

（17）SF_6互感器的压力表指示应在正常规定范围，密度继电器工作正常。

（18）基础无下沉、倾斜。

8. 防雷设备的巡视

（1）避雷器的巡视。

1）设备名称、编号、相序等标志齐全、完好。

2）瓷套管表面应清洁，无裂纹、破损及放电现象。

3）避雷器内部是否存在异常声响。

4）避雷器与计数器连接的导线及接地引下线有无烧伤痕迹或断股现象。

5）避雷器放电计数器指示数是否有变化，计数器内部是否有受潮、积水。

6）避雷器的在线监测装置运行正常，泄漏电流值无明显变化。

7）避雷器均压环是否发生歪斜。

8）低式布置的避雷器，遮拦内有无杂草。

9）基础有无下沉、倾斜。

（2）避雷针及接地装置的巡视。

1）避雷针接地是否良好，接触可靠。

2）接地装置连线有无锈蚀等情况；引线及接地线牢固有无损伤。

3）基础有无下沉、倾斜。

9. 高压电力电缆的巡视

（1）电缆名称、编号等标志齐全、完好。

（2）电缆有无过热、损伤等。

（3）接地是否良好，电缆外皮，接地体支架有无锈蚀。

（4）电缆沟内排水是否畅通，有无杂物，防火措施是否完好，电缆沟盖板是否齐全。

（5）电缆沟道、隧道有无开裂、变形，运行温度是否在范围之内。

10. 母线及绝缘子的巡视

（1）母线名称、编号、相序等标志齐全、完好。

（2）各连接点接触良好，无发热。

（3）绝缘子完好、清洁，无破损、裂纹及放电痕迹。

（4）软母线无断股、散股现象，无搭挂杂物，松弛度符合规定。

（5）母线上各支线连接良好，各引线有无异常。

（6）绝缘子在阴雨、大雾天气无严重的电晕和放电现象。

（7）大风天气检查有无搭挂杂物，导线摆动在允许范围内。

二、二次设备巡视

变电站的二次设备是指对一次设备进行控制、调整、保护、监视和测量的设备。变电站内常见的二次设备有指示仪表或记录仪表、控制及信号装置、继电保护及安全自动装置、自动化装置、同期装置、电能计量装置、测量装置、计算机系统、通信设备、在线检测装置，操作电源及控制电缆等。

变电站二次设备的巡视主要是为了掌握设备的运行工况和运行环境等基本运行状态，及时发现和处理设备缺陷和异常，预防事故发生，确保二次设备的安全运行。

（一）二次设备巡视的一般规定

（1）巡视人员应熟悉二次设备的配置、基本操作和故障判断。了解其基本工作原理、逻辑接线；掌握现场运行规程有关二次设备运行的正常监视、巡视、操作和检测技能。

（2）进行二次设备巡视时，必须严格遵守 GB 26860—2011《电力安全工作规程（发电厂和变电所电气部分)》和企业管理标准有关规定，防止误碰、误动运行设备。

（3）在进行二次设备巡视时应严格遵守设备巡视管理有关规定，不得改变设备运行状态。需要调看运行人员有权查阅的装置信息时，必须有监护人在场监护。

（4）在巡视二次设备时应严禁烟火。

（5）进出继电保护、通信机房等二次设备室应随手将门关好，不允许将食物带入室内。

（6）在进行二次设备巡视时，应严格遵守二次设备防电磁干扰有关管理规定。使用手机等无线电通信工具应执行现场运行规程有关规定。

（7）运行人员不得打开运行中的继电保护装置、自动化装置、电能计量装置等设备封条进行任何作业。

（8）二次设备的巡视周期与一次设备巡视周期相同，在巡视一次设备的同时进行二次设备巡视。

（9）运行人员应对二次设备巡视中发现的异常和缺陷认真分析，正确处理，做好记录并按信息汇报程序及时进行汇报。

（10）运行中严禁拉合继电保护回路电源、交流电压回路断路器，防止装置出现异常。

（11）继电保护装置正常运行时，运行人员可根据需要操作屏内的"信号复归"按钮。不允许随意操作面板上的其他按键及"运行/检修"切换把手。

（二）二次设备的巡视分类

二次设备巡视分为正常（全面）巡视和特殊巡视两种。

（1）正常（全面）巡视。是对二次设备运行状态和运行环境进行的全面检查，重点检查二次设备的运行状态，声光信号系统的完好性，设备缺陷的变化情况。对运行方式改变的设备和检修状态的设备，还应重点检查连接片、切换开关、断路器和熔断器的位置状态以及检修设备的安全措施等。

（2）特殊巡视。在特殊运行方式、特殊气候条件时，或设备出现严重缺陷、异常等特定情况下对二次设备进行的巡视。

（三）二次设备的巡视内容

1. 正常（全面）巡视

（1）检查二次设备的工作电源和电压是否正常，开关、熔断器、连接片的位置是否正确，状态是否良好。

（2）检查二次设备是否在按规定的运行方式运行。

（3）检查装置的信号灯、监视灯显示是否正确；继电器有无异常声音、振动和触点抖动现象；微机保护循环显示的日期、时间、电压、电流、定值区号、保护投入情况等信息是否与实际相符。检查打印机电源正常，纸张充足。

（4）检查声光报警系统是否正常。

（5）检查继电保护、自动化、通信等专用电源系统设备的运行状态是否良好，运行参数是否在合理范围之内。

（6）检查二次设备屏柜、端子箱、机构箱的门关闭是否严密，孔洞是否封堵。

（7）检查端子箱、机构箱的加热、防潮装置是否完好，是否按规定投退。

（8）检查二次设备室门窗关闭是否严密，防小动物措施是否完善。

（9）检查二次设备运行环境是否符合要求，温度、湿度是否在允许范围。

（10）检查原有的二次设备缺陷有无发展和变化。

（11）检查二次设备元器件、导线有无过热、变色及焦煳味等。

（12）检查二次设备接地是否符合规定，接触是否良好。

（13）检查二次设备屏柜、装置、操作元器件、二次线端子及电缆等标识是否清晰、齐全。

（14）按规定对各监控通道、通信设备、自动化系统遥测值、遥信量、遥信和声响进行检查试验。检查后台监控系统各类信息、数据刷新，事项窗口显示等功能是否正常等。检查监控系统和辅助设备运行是否正常。

2. 特殊巡视

（1）新设备投运的试运行期间或长期停运设备重新投运后，应重点检查装置运行工况是否正常，装置的电源、切换开关、熔断器、连片、出口压板投退位置是否正确，装置的信号灯、监视灯显示是否正确；继电器有无异常声音、振动和触点抖动现象；微机保护循环显示的日期、时间、电压、电流、定值区号、保护投入情况等信息是否与实际相符。

（2）二次设备检修和校验后，应重点检查装置出口压板投退位置是否正确，装置面板显示是否正常等。

（3）继电保护及安全自动装置动作后，应检查装置动作信号和动作信息，完整、准确记录后台机及全站所有装置的灯光信号，以及装置液晶屏循环显示的报告内容；收集保护打印的动作报告，并做好记录。检查二次回路有无异常。结合断路器动作情况、故障录波或行波测距等信息，综合分析确定事故性质、范围，初步评价装置动作的正确性。并为输电线路、电缆等专业查找事故点提供必要信息。

（4）运行中的二次设备存在严重缺陷或原有缺陷发生变化时，应重点检查缺陷是否稳定，有无进一步向严重程度发展变化趋势，是否对安全运行构成威胁等。

（5）遇到大风、大雨等恶劣天气前，应重点检查二次室门窗、户外端子箱门等是否关闭严密，防止二次设备受潮、淋雨；大风、大雨后应检查户外端子箱、机构箱有无进水、受潮，房屋有无渗漏水现象等。

（6）高温和低温天气应重点检查空调、采暖设备运行是否正常，二次设备室温度是否在允许范围之内。高温季节户外端子箱、机构箱运行温度是否过高。低温季节加热器是否投运等。

（7）有重要供电任务期间应全面检查二次设备的运行工况，重点检查设备运行有无缺陷、异常和安全隐患。

三、站用交、直流系统巡视及维护

变电站交直流电源系统是变电站的控制和操作能源，其为所有的控制系统、保护装置、自动化系统、通信设备、消防系统、通风制冷系统等提供电源。对变电站交直流电源系统巡视检查的目的是为了监视和掌握交直流站用电源系统的运行情况，及时发现和消除设备缺陷，预防事故发生，确保全站设备的安全运行。

（一）巡视周期

1. 无人值班变电站的巡视周期

（1）监控人员对设备巡视检查一般每班不少于两次上。集控中心（站）运维人员一般每周对设备的巡视不少于1次。

（2）操作队人员在交接班时对所辖变电站的站用交直流电源进行一次交接性巡视。

（3）当设备运行有严重缺陷或其他异常、恶劣气候、重要供电任务等情况时，应增加对站用交直流电源巡视次数。

（4）操作队管理人员每月至少应对所辖变电站的站用交直流电源进行两次例行巡视。

（5）操作队人员每月对所辖无人值守站的站用变设备进行一次夜间巡视。

（6）巡视中发现的设备缺陷，应按规定正确记录在巡视卡和运行记录或输入生产管理系统中，同时汇报监控值班员和站管理人员。

2. 有人值班变电站的巡视周期

（1）运行值班人员每班应对站用电源系统设备巡视的次数不少于两次。

（2）运行值班人员每周进行一次夜间闭灯巡视，检查站用变设备接点有无发热。

（3）变电站管理人员每周对站用电源系统设备巡视一次。

（4）当设备运行有严重缺陷或其他异常、恶劣气候、重要供电任务等情况时，应增加巡视次数。

（5）巡视中发现的设备缺陷，应按规定正确记录在巡视卡和运行记录或输入生产管理系统中，同时汇报站管理人员。

（二）设备巡视的分类

站用电源系统设备同一次设备巡视一样，分为正常（全面）巡视、熄灯巡视、监督性巡视和特殊巡视等四类。

1. 正常（全面）巡视

正常巡视项目有设备外观、母线电压、负荷电流、设备油位、温度、引线及接点、建筑物、设备基础、防小动物措施、环境卫生巡视检查等。

2. 熄灯巡视

按规定时间、路线进行夜间熄灯巡视，重点检查交流电源系统设备触点有无发热等缺陷，以及二次设备灯光信号是否正确等。

3. 监督性巡视

监督性巡视指运行部门领导、专责或变电站管理人员应定期对站用电源系统进行的监督性巡视检查。监督性巡视项目除按照交接巡视检查项目外，还应检查站用交流系统运行方式是否合理，是否存在安全隐患；检查交流母线电压是否在合格范围内，负荷电流分配是否平衡、合理，是否超过允许范围；评估站用电源系统异常、缺陷对运行的影响程度；对站用电源系统设备定期轮换、触点测温等工作进行检查，对蓄电池端电压抽检。

4. 特殊巡视

在特殊运行方式、特殊气候条件时，或站用电源系统设备出现严重缺陷、异常等特定情况下进行的巡视。

（三）站用电源系统设备巡视内容

1. 站用交流电源系统的巡视

站用交流系统包括站用变压器、站用交流高压开关设备、站用交流低压系统等设备，下面分别介绍这些设备的巡视项目。

（1）站用变压器巡视。

1）站用名称标识清晰、正确

2）站用变压器声音是否正常。

3）高压套管应清洁，无破损、裂纹及打火放电现象。

4）套管桩头及引线触点、硬母线的绝缘包封是否完好，触点应接触良好，无发热现象。

5）油浸式站用变压器的油位正常、无渗漏，呼吸器应畅通，硅胶无变色。

6）干式变压器运行温度在允许范围之内，外表清洁，涂层无龟裂。

7）站用变压器应在额定电流下运行，三相负荷应保持平衡。

8）设备接地良好，接地线截面符合要求。

9）熄灯巡视时检查站用变压器套管和高压电缆头有无电晕、放电，设备触点有无发热现象。

（2）站用交流高压开关设备巡视。

1）站用交流高压开关设备名称标识清晰、正确。

2）站用交流高压系统的各相电流指示正常，且三相电流平衡。

3）站用交流高压系统的各相电压指示正常，且三相电压平衡。

4）断路器、转换开关、隔离开关、接触器等触点接触良好，位置正确，无发热现象。

5）各电气触点接触良好，牢固，无松动，发热现象。

6）屏内表计、断路器等设备和元件标识齐全、清新。

7）二次接线绝缘良好，无破损，标识清楚。

8）设备接地良好，接地线截面符合要求。

9）熄灯巡视时检查高压母线、引线和触点有无发热现象。

（3）站用交流低压系统巡视。

1）低压配电屏（柜）各电流表压表指示正常，表计校验在有效期范围内。

2）低压配电屏各信号显示正确。

3）低压配电屏各断路器、隔离开关、接触器位置与运行方式相对应，接触可靠，触点无发热，设备位置指示正确。

4）低压屏各保护投退位置正确，保护及自动装置运行正常，信号继电器无动作掉牌。

5）低压屏内电缆、引线接线连接紧固，电流未超过允许值，无过热现象。

6）低压屏内二次接线端子连接紧固，无接触不良和发热现象。

7）低压屏内电缆孔洞封堵完好。

8）配电屏接地良好。

9）配电室门窗关闭严密，防小动物、防火设施完善，室温合适，室内通风良好。

10）熄灯巡视时检查低压母线、引线和各回路触点有无发热现象。

2．站用直流电源系统的巡视

（1）直流充电装置的巡视。

1）设备名称和屏柜内装置、断路器、熔断器、转换开关、隔离开关、接触器等操作部件及元器件、电缆标识清晰、正确。

2）直流充电装置的监控装置运行正常，信号指示、通信状态良好，运行声音无异常。

3）充电模块工作正常，信号灯光显示正确，均流度符合要求。

4）交流充电电压、直流母电压、蓄电池端电压、直流负荷电流、充电参数等电气测量数据在规定范围内。

5）直流充电装置的母线、引线、电缆绝缘良好，触点无发热。

6）各断路器、熔断器、接触器等元件运行正常，其位置符合运行方式规定，位置指示信号或灯光正常。

7）屏柜内的接线可靠，无破损、断股以及放电痕迹。

8）屏柜门及屏体接地连接可靠，接地线截面符合规定。

9）屏柜通风良好，设备运行温度在允许范围之内。

（2）直流馈线屏及回路的巡视。

1）屏柜及所属装置、断路器、熔断器、转换开关、隔离开关、接触器等操作部件及元器件、电缆标志清晰、正确。

2）各电压、电流值显示是否正常，测量值是否在合格范围内。

3）直流绝缘在线监测装置运行正常，直流电源系统绝缘良好。

4）直流屏各馈线运行方式符合规定，相对应的运行监视信号完好、指示正常，熔断器无熔断，自动空气开关位置正确。

5）回路各接线端子是否紧固，无绝缘不良和发热现象。

6）屏内电缆孔洞封堵是否完好。

7）直流环网的分段开关运行位置是否与实际运行方式相符。

8）屏柜通风良好，设备运行温度在允许范围之内。

9）屏柜门及屏体接地连接可靠，接地线截面符合规定。

10）监督性巡视时还应检查直流电源系统运行方式是否合理，是否存在安全隐患。直流回路应无交流断路器，断路器或熔断器级差配合合理，有无熔断体老化等现象。

（3）蓄电池的巡视。

1）蓄电池室名称、防火标识齐全、清晰。

2）蓄电池编号及正负极标识齐全、清晰。

3）蓄电池室或蓄电池柜通风装置应良好，温度在 10～30℃之间。

4）蓄电池各连片连接牢靠无松动，端子无生盐，并涂有中性凡士林。

5）蓄电池室照明应良好，符合规定。

6）蓄电池端电压正常，偏差在允许范围之内。

7）防酸蓄电池的极板颜色正常，无断裂弯曲、短路、生盐、有效物质脱落等现象。

8）蓄电池室应严禁烟火，无易燃、易爆物品。

9）蓄电池组外观清洁，无短路、接地。

10）蓄电池外壳无裂纹、漏液，密封良好，呼吸器无堵塞，电解液液面高度在合格范围。

11）蓄电池极板无龟裂、弯曲、变形、硫化和短路，极板颜色正常，无欠充电、过充电，电解液温度不超过 35℃。

12）典型蓄电池电压和密度在合格范围内。

（四）站用交、直流系统的运行维护

1. 站用交流电源系统的运行维护

（1）应定期对站用变压器的套管进行清扫，保持其清洁，防止发生放电或闪络事故。

（2）应定期检查和维修站用变压器高、低压套管桩头和引线的绝缘包封，防止发生短路或接地故障。

（3）应定期对站用系统的备用电源自动投入装置进行投切试验，检查其动作可靠性，发现缺陷时应及时处理。

（4）在进行倒换站用电源运行方式操作或检查低压电压互感器回路熔断器完好性时，

应短时退出备用电源自动投入装置，防止其动作。

（5）站用高、低压配电室应有可靠的防止小动物措施，定期检查、补充和更换鼠药、鼠械。

（6）应定期测量站用系统电气触点温度，及时处理发热缺陷。

（7）定期对所用低压系统设备进行清扫、检查，及时处理断路器、熔断器、接触器、隔离开关等设备缺陷。

（8）每年应至少对站用系统各级熔断器、断路器的级差配合和容量匹配情况进行一次全面检查，更换老化的熔断体等元器件，处理回路级差配合等缺陷。

（9）应定期对事故照明切换装置进行试验，及时消除事故照明回路缺陷。

（10）应定期对干式站用变压器进行清扫，保持其表面清洁。运行中应监视干式变压器的温度在允许范围内。

2. 站用直流电源系统的运行维护

（1）直流电源系统的运行维护。

1）直流电源系统的绝缘应在每次巡视时通过绝缘监察装置进行测量，或读取绝缘在线检测装置数据。

2）直流母线电压低于或高于允许范围时，应及时进行调整。

3）当系统绝缘降低时，或出现直流电源系统绝缘降低、接地时，应及时查找原因并进行处理。

4）防酸蓄电池组在正常运行中应重点监视端电压值、单体蓄电池电压值、电解液液面高度、电解液密度、电解液温度、蓄电池室温度、浮充电流值等。

5）运行中的阀控蓄电池组主要监视蓄电池组的端电压值、浮充电流值、每只单体蓄电池的电压值、运行环境温度、蓄电池组及直流母线的对地电阻值和绝缘状态等。

6）每年应至少对直流电源系统断路器、熔断器的级差配合、熔断体老化情况进行一次全面检查，更换不合格断路器、接触器、熔断器或熔体等不合格元件。

7）应定期对充电装置进行检查，主要检查内容包括交流输入电压、直流输出电压、直流输出电流等各表计显示是否正确，运行噪声有无异常，各保护信号是否正常，绝缘状态是否良好。

8）运行中直流电源装置的微机监控装置，应通过操作按钮切换检查有关功能和参数，其各项参数的整定应有权限设置和监督措施。

9）当微机监控装置故障时，若有备用充电装置，应先投入备用充电装置，并将故障装置退出运行。无备用充电装置时，应启动手动操作，调整到需要的运行方式，并将微机监控装置退出运行，经检查修复后再投入运行。若故障设备修复需要较长时间时，应调用临时充电装置替代故障设备运行，以提高直流电源系统运行可靠性。

（2）蓄电池的运行维护。

1）防酸蓄电池组正常应以浮充电方式运行，使蓄电池组处于额定容量状态。

2）防酸蓄电池组在正常运行中主要监视端电压值、单体蓄电池电压值、电解液液面高度和密度、电解液温度、蓄电池室温度、浮充电流值等。

3）防酸蓄电池组的初充电按制造厂规定或在制造厂技术人员指导下进行。

4）防酸蓄电池组长期浮充电运行中，会使少数蓄电池落后，电解液密度下降，电压偏低。采取均衡充电的方法可使蓄电池消除硫化，恢复到良好运行状态。

5）防酸蓄电池组的均衡充电程序应按所使用蓄电池的说明书规定进行。

6）均衡充电不宜频繁进行，间隔一般不宜短于 6 个月。对个别落后的防酸蓄电池，应单独进行均衡充电处理，使其恢复容量，不允许长时间保留在蓄电池组中运行。

7）均衡充电应严格控制电流、单体蓄电池充电电压、充电时间和电解液温度等不超过允许值。

8）长期处于浮充电运行状态的防酸蓄电池会使内阻增加，容量降低。进行核对性放电，可使蓄电池极板有效物质得到活化，容量得到恢复，使用寿命得到延长。

9）新安装或更换电解液的防酸蓄电池组，运行第一年时间内，宜每 6 个月进行一次核对性放电；运行一年后的防酸蓄电池组，1～2 年进行一次核对性放电。

10）防酸蓄电池组典型蓄电池密度和电压的测量，有人值班变电站每周至少一次，无人值班变电站每月至少一次；防酸蓄电池组单体电压和电解液密度的测量，变电站每月最少一次，测量应填写记录，并记下环境温度。

11）防酸蓄电池组运行中电解液的液面高度应保持在高位线和低位线之间，当液面低于低位线时，应及时补充蒸馏水。调整电解液密度时，应在蓄电池组完全充电后进行。

12）阀控蓄电池组正常应以浮充电方式运行，浮充电压值应控制为（2.23～2.28）V×N，一般宜控制在 2.25 V×N（25℃时）；均衡充电电压宜控制为（2.30～2.35）V×N。

13）运行中的阀控蓄电池组主要监视蓄电池组的端电压值、浮充电流值、每只单体蓄电池的电压值、运行环境温度、蓄电池组及直流母线的对地绝缘状态等。

四、辅助设施的巡视与维护

变电站的辅助设施一般包括建筑物、设备构支架、电缆沟（隧）道、给排水设施、消防设施、采暖及制冷设备等。对变电站的辅助设施巡视的目的是为了监视和掌握生产建筑物、设备构支架、防雷接地装置、电缆沟、电缆隧道、给排水设施、消防设施、采暖及制冷设备等变电站附属设备和设施的状态，及时发现和处理异常、缺陷，消除安全隐患，预防事故发生，确保全站设备、设施的安全运行。

（一）变电站辅助设施巡视周期

（1）建筑物、设备构支架的基础一般每季至少全面巡视一次，阴雨季节每月至少全面巡视两次，遇有高温天气、大雨、连阴雨、地震等特殊天气或自然灾害时，应进行特殊巡视，并增加巡视次数。

（2）电缆沟的外观检查随设备正常巡视时检查，电缆沟是否积水每季至少全面巡视一次，阴雨季节每月至少全面巡视两次，遇有大雨、大风、连阴雨、地震等特殊天气或自然灾害时，应进行特殊巡视，并增加巡视次数。

（3）电缆隧道一般每季至少全面巡视一次，夏季高温季节每月全面巡视一次。

（4）排水设施每年汛期前全面检查一次，汛期每月至少全面巡视两次，遇有大雨、连阴雨等特殊天气时，应进行特殊巡视，并增加巡视次数。

（5）消防设施随设备正常巡视同时检查，消防专责人每月全面检查一次。

（6）设备明设接地体随设备正常巡视时检查。每年雷雨季节前应对全站接地系统进行全面检查一次。

（二）辅助设施系统巡视内容

1. 建筑物巡视

（1）厂房地基无下沉、墙体无倾斜。

（2）房屋无渗漏，屋面排水畅通。

（3）建筑物基础应散水良好，排水系统畅通。

（4）房屋的门窗完好、关闭精密，铁质纱窗完整，且其网小于 $1cm^2$。

（5）配电室通风道入口的防止小动物金属网完整，且网孔小于 $10mm \times 10mm$。

（6）所有通向户外的沟道、管道、孔洞应堵塞严密，与户外连通的电缆沟（隧）道、电缆竖井防火隔墙完好，符合规定。

（7）生产厂房内无存放的易燃易爆物品。

（8）主控制室、值班室、高压配电室的门口应有防止小动物进入的挡板，其高度不得低于 30cm。

（9）生产厂房内应按规定布置鼠药、鼠械。

（10）生产厂房照明完好。

（11）围墙、道路完好，场地排水畅通，无开裂、下沉。

2. 设备构支架巡视

（1）设备构支架无倾斜、变形，基础无积水和下沉等现象。

（2）设备构支架完好，无倾斜，铁件无锈蚀。钢筋混凝土杆无露筋，裂纹在允许范围之内。

3. 电缆沟（隧）道巡视

（1）电缆沟道应排水畅通，支架应牢固、无变形，接地良好，电缆沟盖板摆放整齐、无破损。

（2）电缆隧道无积水，通风、照明良好，温度、湿度在允许范围之内。

4. 给排水设施巡视

（1）排水设备和设施完好，无运行缺陷。

（2）排水沟（管、渠）道完好、畅通，无杂物堵塞。

5. 通风、采暖系统巡视

（1）通风机、排风扇等通风设备完好，无运行缺陷。

（2）空调、加热器等降温和采暖设备和设施完好，满足设备运行对环境温度的要求。

6. 消防系统巡视

（1）消防设施、器材充足、完好，在检验合格期限之内。

（2）消防报警装置及回路和附属装置完好，动作正确，装置运行显示信息正常，电源工作可靠。

7. 防误闭锁装置的巡视

（1）机械闭锁的巡视。主要检查机械闭锁的拐臂、连杆连接是否可靠，有无变形、松动现象，销子有无脱落等。

（2）电磁闭锁的巡视。主要检查闭锁电源是否完好，电缆接线是否可靠，电磁锁销位置是否合适、锁具防水和防锈措施有无漏洞等。

（3）电气闭锁的巡视。主要检查闭锁电源是否完好，电缆接线是否可靠等。

（4）机械程序锁的巡视。主要检查锁具是否完好，钥匙是否到位，有无生锈现象等。

（5）微机闭锁装置的巡视。

1）检查微机防误闭锁模拟屏幕是否完好。

2）检查模拟屏交、直流电源是否正常。

3）检查模拟屏主接线运行方式和参数显示是否与实际相符。

4）检查模拟屏紧急解锁功能是否完好。

5）检查模拟屏是否可以进行正常模拟操作。

6）检查电脑钥匙充电是否正常、完好。

7）检查解锁钥匙封存是否完好、使用记录是否符合规定。

8）检查跳步钥匙、断路器就地操作闭锁钥匙保存是否符合规定。

9）检查机械编码锁编号是否完好、正确。

10）检查屏柜电编码锁是否完好，背板接线是否紧固。

11）检查各电压互感器二次侧验电装置接线是否正确，插孔是否完好。

（三）辅助设施系统维护

1. 建筑物的维护

（1）每年雨季前后应对高压配电室、继电保护室、控制室等主厂房的沉降观测标志各进行一次测量。每季应进行一次检查，遇有大暴雨、连阴雨天气或地震等自然灾害时，应增加对其检查次数。

（2）每年汛期前应全面检查建筑物、围墙基础排水是否畅通。对基础地面下沉、散水破损等缺陷应在汛期到来之前进行处理，及时清理垃圾杂物。

（3）每年雷雨季节前应对建筑物的防雷接地进行一次全面检查，发现缺陷时，应及时进行处理。

（4）非工作需要，建筑物的屋面不得上人踩踏，防止造成屋面损坏漏水。当屋面出现渗水时，应及时处理。

（5）高压配电室、继电保护室、控制室等生产厂房通向户外和相邻建筑物的沟道、竖井、孔洞等应封堵严密。当封堵被破坏时应及时封堵修复。

（6）控制室等生产厂房与户外连通的电缆沟（隧）道、电缆竖井的防火墙应完好，如果敷设电缆等工作需要临时打开时，应及时封堵。

（7）生产厂房门窗不得长期开启，进出主控室及配电室等生产场所时，要随手关门。

2. 设备构支架的维护

（1）每次全面巡视设备时，应详细检查构支架有无倾斜、变形，基础应无积水、下沉现象。遇有大暴雨、连阴雨天气或地震等自然灾害时，应增加对其检查次数。当发现缺陷时应及时处理。

（2）设备构支架的金属件、接地引下线等应定期进行防腐处理。

3. 电缆沟（隧）道的维护

（1）每年汛期前应全面检查电缆沟道、隧道的排水设施应完好。大雨时应及时进行检查沟道、隧道的排水是否畅通，及时清理积水和杂物。

（2）每季度至少检查一次电缆隧道的照明、通风和防火设施是否完好。高温每月至少检查一次电缆隧道的通风情况，防止电缆运行的环境温度超过允许值。

（3）每年应对锈蚀金属部件进行防锈处理。

（4）连阴雨后的晴好天气或必要时，应对电缆沟进行通风晾晒，减小沟道的空气湿度。

4. 给排水设施的维护

（1）每年冬季到来前，应全面检查上下水管道的防冻保温工作，防止低温季节水管冻裂。

（2）消防水系统的水泵、管路和消防栓、水龙带等消防设施应始终保持完好。对消防泵应按照《现场运行规程》规定的周期进行启动试验，检查其完好性，防止大型水泵转轴变形。

（3）每年汛期前应全面检查排洪沟道、潜水泵等防洪设施的完好情况，及时清理排洪沟道垃圾，处理潜水泵等排洪设施缺陷。

5. 通风、采暖系统的维护

变电站的通风设备应每月至少进行一次检查，重点检查通风设备运转是否正常，电气回路是否完好，断路器（熔断器）、电缆等元件和触点有无发热现象。

（1）安装在 SF_6 设备的配电室的通风换气设备，应在每次进入配电室前应开启运转15～20min（根据现场安装的通风设备换风量计算确定，未经校核计算时按 20min），并检查其运转是否正常，发现缺陷时应立即安排处理。

（2）安装在变压器室、蓄电池室及其他配电室的通风设备，应在每次正常（全面）巡视时进行一次投切试验，检查运转是否良好，声音是否正常。

（3）安装有锅炉采暖的变电站，每年在采暖季节来临前，对锅炉及采暖系统进行全面检查，消除影响系统运行的缺陷。在采暖季节结束后，应对锅炉及系统进行一次检修保养。纳入压力容器管理的锅炉设备，还应按照压力容器管理规定进行审验。

（4）变电站的空调在每年使用前，应对空调滤网和户外主机进行清洗，对电源回路进行全面检查维护。空调在运行期间应每月进行一次断电检查维护，清洗空调滤网和户外机的壳体等。

6. 消防系统的运行维护

（1）变电站的消防报警系统应定期检查试验，保证其检测、报警、通信等功能正确完好。当发现缺陷时，应尽快处理。

（2）变压器充氮、干粉、泡沫、水喷雾等各类灭火装置应按照《现场运行规程》定期进行检查和维护。需要定期更换灭火介质的装置，应严格按照规定周期更换介质。有压力或其他运行参数监视的装置，在每次进行正常设备巡视时，应检查其压力等运行参数是否正常。当发现装置压力降低，干粉受潮、结块等缺陷时，应按重大缺陷管理流程汇报和监督处理。

（3）变电站的消防报警系统、火灾探测系统、自动或手动灭火系统的电源必须可靠，在每次进行正常设备巡视时，应检查其供电回路是否完好，装置电源指示是否正常。当该回路存在缺陷时，应及时安排处理。

（4）安装有消防水泵的变电站应定期进行启动试验，利用消防水系统的试验回路，检查水泵的电气回路和机械系统是运转否正常，检查消防泵出口水压是否达到要求。

（5）变电站的其他灭火装置应有专人管理，到期检查，及时更换到期和不合格的灭火装置。在每次进行正常设备巡视时，应检查灭火装置的定置管理、数量是否符合规定。

五、变电站设备的定期试验与轮换

（一）设备定期试验与轮换的目的

设备定期试验与轮换是变电站日常重要运行维护工作之一。定期试验的主要目的是将长期备用的设备定期投入运行，检验其设备功能的完好性和正确性；定期轮换的主要目的是将长期备用的装置投入运行，长期运行的设备转为备用，通过轮换，减少磨损、发热等缺陷的发生，从而提高设备的健康状况。

（二）定期轮换试验工作内容

变电站设备除按有关专业规程的规定进行试验和检修外，运维人员还应按照各站《现场运行规程》的规定对设备进行定期维护工作。设备定期试验、轮换包括以下内容：

（1）备品、备件的检查、补充。

（2）消防器材及设施的检查。

（3）汛期前全面检查防汛设施及设备应完好。

（4）通风设备、照明检查更换。

（5）主变压器（电抗器）冷却器控制电源及站用系统备自投切换试验检查。

（6）电缆夹层、电缆室的定期清扫。

（7）端子箱及二次线检查、清扫、排潮。

（8）蓄电池检查及定期充放电。

（9）防小动物措施的检查和完善。

（10）设备导流接头的定期温度监测。

（11）"五防"闭锁装置检查、维护。

（12）备用主变压器、站用变压器、无功补偿装置的切换试验检查。

（13）安全工器具及常用携带型仪表的定期检查、维护、试验。

（14）开关气动机构应定期进行放水，并检查空气压缩机润滑油的油位及计时器的定值。

（15）检查设备的保暖装置，并在气温降低时投入保暖装置。

（16）雷雨季节前，应检查防雷设施的完好性。

（17）夏季高温季节，应检查防暑降温工作，并做好设备的迎峰度夏检查。

（18）做好设备防污工作检查。

（19）保护压板的定期核对检查。

（20）微机闭锁机械锁、户外锁具和端子箱、机构箱门轴定期检查加油。

（三）维护周期及要求

为做好定期维护工作，变电站可制定年、季、月、周、日固定工作安排表，按期进行设备定期试验、轮换工作。工作安排表应包括以下内容。

（1）变电站应每日对监控系统的各种信息进行切换、对事故及预告音响报警进行试验。

（2）每月普测一次单体蓄电池的电压。蓄电池电压测量值应保留小数点后两位，每次测后应审查测试结果。当电池电压超限时，应分析原因及时采取措施，设法使其恢复正常值，将检查处理结果写入蓄电池记录。对解决不了的问题，及时上报，由专业人员处理。

（3）变电站事故照明系统每个交接班试验检查一次。

（4）设备的取暖装置应在每年入冬前全面检查一次。对装有温控器的加热装置应进行带电试验或用测量回路电阻的方法验证有无断线，当气温低于 0℃时应复查电热装置是否正常投入。

（5）电气设备的驱潮电热装置应在每年4月份检查一次，可用钳型电流表测量回路电流的方法进行验证。

（6）装有微机防误闭锁装置的变电站，运行人员每季应对防误闭锁装置的闭锁关系、编码、锁具等进行全面检查一次。

（7）每季度应对主变压器（电抗器）两段通风电源进行切换试验，对各组冷却器的工作状态进行切换，完成各组在"工作""辅助""备用"状态的轮换运行，并对主变压器冷却器进行全面检查。电抗器通风应进行"自动"启动试验，试验时应短接温度触点进行。以上试验方法及步骤应写入《现场运行规程》。

（8）对于变电站内长期不调压或有一部分分接头位置长期不用的有载分接开关，在一年内有停电机会时，应在最高和最低分接间操作几个循环，试验后将分接头调整到原运行位置。

（9）对于变电站内不经常运行的通风装置，运行人员每半年应进行一次投入运行试验。

（10）变电站内的备用站用变压器（一次不带电）每年应进行一次启动试验，并试验站用备投装置是否切换正确。试验操作方法列入《现场运行规程》；长期不运行的站用变压器每年应带电运行4～6h。

（11）变电站内的漏电保安器每月应进行一次试验。

（12）备用变压器与运行变压器应半年轮换运行一次。半年内已带负荷运行过的变压器不再进行轮换，停运时间超过半年的备用变压器，变电站应申请调度进行轮换运行。

（13）一条母线上有多组无功补偿装置时，各组无功补偿装置的投切次数应尽量趋于平衡，以满足无功补偿装置轮换运行要求。

（14）因系统原因长期不投入运行的无功补偿装置，每季度应在保证电压合格的情况下，投入一定时间，对设备状况进行试验。变电站应申请调度进行此项工作，并根据调度要求确定运行的时间。电容器应在负荷高峰时间段进行；电抗器应在负荷低谷时间段进行。

（四）定期轮换、试验注意事项

设备定期轮换、试验时，应保证人身、设备的安全。设备定期轮换、试验工作应不影响运行设备的安全连续运行。工作中的注意事项有：

（1）设备定期轮换、试验应至少两人进行，互为监护。

（2）工作前应做好人员分工、危险点分析并制定预控措施。

（3）按要求办理工作票，履行工作许可手续。

（4）根据现场作业指导书的要求逐步进行，发现危急运行设备异常时应立即停止，恢复原状。

（5）试验、轮换过程仔细观察，做好记录，发现异常深入分析并制定防范措施。

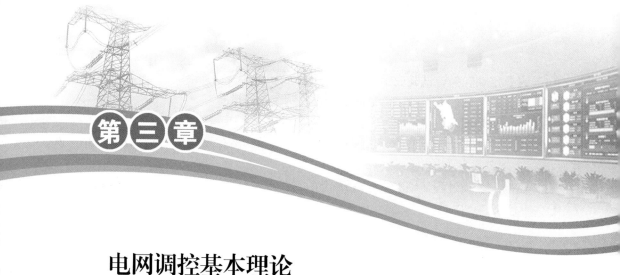

电网调控基本理论

第一节　电力系统基本概念

一、电力系统介绍

1. 电力系统结构

电力系统（electric power system）是指由发电厂、升压和降压变电站、电力线路及电能用户所组成的整体。电力系统是电能生产、输送、分配、消费的过程，由发电厂把各种形式的能量转化成电能，电能经过变压器和不同电压等级的输电线路输送并分配给用户，再通过各种用电设备转换成适合用户需要的能量。

电力系统主要包含发电厂、输配电网络和用户三个部分。

发电厂指利用煤、石油、天然气作为燃料发电的火力发电厂、利用水能发电的水力发电厂和利用核能发电的原子能发电厂，以及利用风能、太阳能、地下热能和潮汐发电的各类新能源发电厂。

输配电网络就是将许多电源点与供电点连接起来的网络体系。输配电网络按电压等级划分层次，组成网络结构。按照输配电网络的拓扑结构，一般可将其分为放射状、环状、网状和链状等基本结构形式。输配电网络分为输电网和配电网，配电网与输电网原则上是按照其发展阶段的功能来划分的，而具体到一个电力系统中，则是按其电压等级来确定的。一般来说，110kV 及以下为配电网，110kV 以上为输电网。输电网络主要用于电能的远距离、大容量输送，配电网络是指电力系统中直接与用户相连并向用户分配电能的网络环节。

电力系统用电负荷一般分为工业负荷、城市民用负荷、商业负荷、农村负荷及其他负荷等，各个行业负荷的电力系统中的比例如图 3−1 所示，不同类型的负荷具有不同的特点和规律。

（1）工业负荷是指用于工业生产的用电负荷，工业负荷的比重在用电负荷构成中居于首位，它不仅取决于工业用户的工作方式（包括设备利用情况、企业的工作班制等），而且与工业各行业的特点、季节变化和经济运行情况等因素都有紧密的联系。工业负荷一般比较恒定，是电力系统的基础负荷。

（2）城市民用负荷主要是城市居民的家用电器，它具有逐年增长的趋势，以及明显的季节性波动特点，民用负荷与居民的日常生活和工作的规律紧密相关。

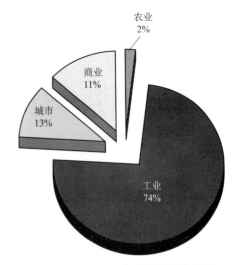

图 3-1　全国主要行业用电量比例图

（3）商业负荷主要是指商业部门的照明、空调、动力等用电负荷，覆盖面积大，且用电增长平稳，商业负荷同样具有季节性波动的特性。虽然商业负荷在电力负荷中所占比重不及工业负荷和民用负荷，但商业负荷中的照明类负荷是电力系统高峰时段的重要负荷。此外，商业部门由于商业行为在节假日会增加营业时间，从而成为节假日中影响电力负荷的重要因素。

（4）农村负荷则是指农村居民用电和农业生产用电。此类负荷与工业负荷相比，受气候、季节等自然条件的影响很大，这是由农业生产的特点所决定的。农业用电负荷也受农作物种类、耕作灌溉习惯等影响。

电力负荷的特点是经常变化的，不但按小时变、按日变，而且按周变、按年变，同时负荷又是以天为单位不断起伏的，具有较大的周期性。负荷变化是连续的过程，一般不会出现大的跃变。电力负荷对季节、温度、天气等是敏感的，不同的季节，不同地区的气候，以及温度的变化都会对负荷造成明显的影响。

通常采用两种接线图来表示表示电力系统中各个元件互相之间的连接关系。一种是电气接线图，一种是地理接线图。电气接线图用来表示系统中各个发电机、变压器、母线、线路等元件之间的电气连接关系，如图 3-2 所示，而地理接线图主要是反映系统中各个发电厂、变电站的真实的地理位置（相对准确）、电力线路的路径以及它们之间的互联关系。

2. 电力系统电压等级

在电能传输中，当传送的功率固定时，采用的电压等级越高，流过线路的电流越小，功率损耗和压降就越小。但高电压等级对输变电一次设备绝缘的要求较高，相应的一次设备的造价就比较高。对于一定的功率，有一个最佳电压等级来传输最经济。在实际的电力系统中，不可能让每条线路都用它的最佳电压传输功率，这样不利于设备制造和运行维护。

因此，各国都规定了电力系统的标准电压，这些标准电压通常称为电压等级，目前我国常用的电压等级包括 220、380V 和 6、10、35、66、110、220、330、500、750、1000、±400、±500、±660、±800kV 等。需要注意的是，所有的电压等级（网络额定电压、用电设备额定电压）都是指线电压而不是相电压。

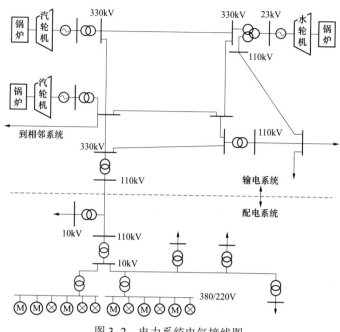

图 3-2   电力系统电气接线图

输电工程电压等级的确定主要取决于传输容量和输电距离。与各额定电压等级相适应的输送距离和输送功率见表 3-1。

表 3-1   与额定电压等级相适应的输送距离和输送功率

	额定电压（kV）	输送功率（MW）	输送距离（km）
交流输电	0.38	<0.1	<0.6
	3	0.1~1.0	1~3
	6	0.1~1.2	4~15
	10	0.2~2.0	6~20
	35	2.0~10	20~50
	110	10~50	50~150
	220	100~500	100~300
	330	200~800	200~600
	500	1000~1500	150~850
	750	2000~2500	500 以上
	1000	4000~6000	1000~1500
直流输电	±500kV	3000	700~1000
	±660kV	4000	1000~1500
	±800kV	6400 或 7200	1500~2500
	±1000kV	9000	2500~3000

二、电力发展史

（一）世界电力发展现状

1. 主要国家电力消费

2012 年世界经济复苏乏力，能源需求增长动力不足，2012 年发达国家的电力消费总体保持下降趋势。据 IEA 快报统计，2012 年 OECD（经济合作与发展组织）国家电力消费总量为 10.223 万亿 kWh，同比下降 0.4%。其中，美国电力消费总量为 41 118 亿 kWh，同比下降 1.4%；日本为 9897 亿 kWh，同比下降 1.7%；加拿大为 5823 亿 kWh，同比增长 0.4%；德国为 5775 亿 kWh，同比增长 0.9%；韩国为 5057 亿 kWh，同比增长 1.6%；法国为 4902 亿 kWh，同比增长 1.9%。世界主要国家电力消费量见表 3–2，世界主要国家人均用电量见表 3–3，1980 年以来世界电力消费大国年均用电量增速见表 3–4。

表 3–2   世界主要国家电力消费量   亿 kWh

排序	国家	电力消费量	
		2011 年	2012 年
1	中国	47 026	49 591
2	美国	41 687	41 118
3	日本	10 064	9897
4	俄罗斯	8698	9034
5	印度	6944	7726
6	加拿大	5799	5823
7	德国	5725	5775
8	法国	4810	4902
9	巴西	4263	4647
10	意大利	3349	3316

资料来源：《2013 年世界能源与电力发展状况分析报告》国网能源研究院。

表 3–3   世界主要国家人均用电量   kWh

排序	国家	人均用电量
1	加拿大	15 474
2	美国	13 156
3	日本	7945
4	法国	7240
5	德国	7189
6	俄罗斯	6460
7	意大利	5402
8	中国	3490
9	巴西	2384
10	印度	644

资料来源：《2013 年世界能源与电力发展状况分析报告》国网能源研究院。

表 3–4		1980 年以来世界电力消费大国年均用电量增速		%
国家	1980～1990 年	1990～2000 年	2000～2010 年	2011～2012 年
美国	2.7	2.8	0.7	−1.4
中国	7.7	8.0	11.8	5.5
日本	3.8	2.4	0.6	−1.7
俄罗斯	—	−2.6	1.9	—
德国	1.5	0.3	0.8	0.9
印度	9.1	5.7	6.3	—
加拿大	3.6	1.6	−.0.1	0.4
法国	3.6	2.4	1.3	1.9
巴西	5.9	4.2	3.5	—
韩国	11.3	10.6	5.7	1.6

资料来源：《2013 年世界能源与电力发展状况分析报告》国网能源研究院。

由于发展阶段和经济结构不同，各主要国家电力消费结构差异较大。依据 2010 年主要国家电力消费结构数据，中国、俄罗斯、韩国、巴西、印度、德国电力消费以工业为主，其中中国工业用电比例最大，超过 70%，俄罗斯工业用电比例约为 57%，韩国、印度、巴西接近 50%，德国工业用电比例约为 44%；加拿大、日本、法国用电比例为 30%～38%；美国工业用电比例仅为 26%。美国、法国电力消费结构以居民用电为主，比例超过 34%；日本电力消费结构以商业服务业用电为主，比例超过 33%；印度的农业依然在国民经济中占有相当的比例，农业用电约占电力消费量的 17%。

2. 世界电力消费

2012 年，世界电力消费同比增长 2.4%。2012 年，在中国、印度等发展中国家用电增长的带动下，世界电力消费继续保持正增长。初步估算，全年电力消费量约为 21.0 万亿 kWh，同比增长 2.40%。2012 年，中国继续保持世界最大电力消费国地位。2012 年中国全社会电量为 49 591 亿 kWh，高于美国，继续保持世界最大电力消费国地位。

3. 世界电力生产

（1）装机容量。截止 2012 年底，世界发电装机容量约为 55 亿 kW，其中，火电装机容量约为 36.1 亿 kW，占 65.6%；水电装机容量约为 10.99 亿 kW，占 20.0%；核电装机容量为 4.16 亿 kW，占 7.6%；风电、太阳能发电等非水电可再生能源发电装机容量约为 3.76 亿 kW，占 6.8%。2012 年，世界主要国家发电装机持续增长。根据各国发布的快报数据，2012 年，美国、中国、法国、印度、意大利等国发电装机容量均有所增长，中国新增装机容量最多，超过 8000 万 kW，同比增长 7.75%；美国新建扩建装机容量 2638.7 万 kW；日本、俄罗斯、印度发电装机容量超过 2 亿 kW；德国、加拿大、法国、意大利、巴西装机容量超过 1 亿 kW。2011～2012 年主要国家发电装机容量见表 3–5。

表 3–5

排序	国家	装机容量	
		2011 年	2012 年
1	美国	114 918	115 784
2	中国	10 625	114 491
3	日本	28 232	28 573
4	俄罗斯	22 521	22 911
5	印度	—	21 095
6	德国	16 782	17 844
7	加拿大	13 854	13 695
8	法国	12 646	12 868
9	意大利	11 844	11 869
10	巴西	10 621	11 373

2011～2012 年主要国家装机容量 　　　　　　万 kW

根据美国联邦能源管理委员会（FERC）的统计数据，2012 年美国装机容量为 115 784 万 kW，位居全球第一。2012 年，中国发电装机容量达 114 491 万 kW，接近美国发电装机容量。从电源结构看，美国核电装机比例约为 9.24%，远大于中国；中国水电、风电装机比例分别为 21.74% 和 5.31%，均高于美国的 8.47% 和 4.97%。美国火电比例为 75.21%，略高于中国的 71.55%，但美国气电比例约为 42.48%，远高于中国，煤电比例约为 29.17%，远低于中国。总体来看，美国核电、气电、水电、风电等清洁能源比例约为 70%，远高于中国。

从主要国家发电装机结构看，美国、中国、印度、俄罗斯、意大利、日本发电装机均以火电为主，除日本水电装机比例约为 64% 外，其他五个国家均超过 68%。巴西、加拿大电源结构以水电为主，水电装机比例分别达到 71.0% 和 54.8%。法国电源结构以核电为主，核电装机比例达到 50.8%。

欧美发电国家抽水蓄能装机占总装机的比例为 2%～9%，且气电比例大，调峰电源比例远高于中国。欧美国家水电资源开发较早，20 世纪 50 年代以来，随着核电站和大容量火电机组的大批投产，为了提高系统调峰能力和减少调峰费用，建设了大批抽水蓄能电站。2010 年，美国、英国、德国、意大利、日本抽水蓄能电站装机占总装机的比例分别为 2.1%、2.9%、4.3%、7.1%、8.8%。中国 2011 年抽水蓄能电站装机比例为 1.7%，与欧美发达国家相比差距明显。抽水蓄能电站装机比例相对较低的美国和英国，2012 年气电装机比例分别为 43% 和 37%，调峰电源比例远高于中国。

随着风电、光伏等新能源大规模接入，世界火电、核电、水电装机比例略有下降，风电等非水电可再生能源装机快速增长。2000 年及 2012 年世界装机结构变化情况如图 3–3 所示。

（2）发电量。2012 年世界总发电量约为 22.4 万亿 kWh，其中，煤电占 40.2%，气电占 22.5%，油电占 4.3%，核电占 12.9%，水电占 16.1%，非水电可再生能源发电占 4.1%。2012

年世界发电量构成如图 3-4 所示。

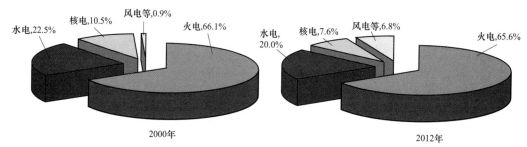

图 3-3　2000 年及 2012 年世界装机结构变化情况

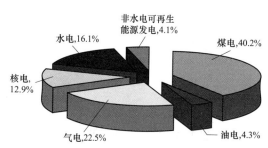

图 3-4　2012 年世界发电量构成

2012 年中国全社会发电量达到 4.9774 万亿 kWh，同比增长 5.22%，继 2011 年超过美国后，继续保持全球第一地位。

世界多数国家发电量构成以火电为主。日本、印度、中国、意大利、美国、韩国、俄罗斯、德国的发电量以火电为主。福岛核事故后，日本火电发电比例大幅上升，2012 年高达 88.7%，位居第一；印度位居第二，约占 83.4%；中国火电比例下降到 78.6%；意大利、美国、韩国、俄罗斯和德国火电比例为 66.9%~70.4%。

俄罗斯发电量构成以气电为主。2010 年俄罗斯天然气发电量比例为 50.4%，超过全国总发电量的 50%，煤电比例为 16.0%。

挪威、巴西、加拿大发电量构成以水电为主。2012 年挪威、加拿大水电发电量比例分别达到 96.7% 和 59.9%，2010 年巴西水电发电量比例为 78.2%。

法国发电量构成以核电为主。2012 年法国核电发电量为 4049 亿 kWh，在总发电量中的占比下降到 75.8%。

4. 世界互联电网

电网互联符合电力工业发展的客观规律，是世界各国电网的发展趋势。目前，世界范围内的互联电网主要包括北美互联电网、欧洲电网（ENTSO-E）、巴西电网、南部非洲电网。

（1）北美互联电网。北美互联电网是美洲最大的互联电网，服务人口 4.4 亿、装机规模 10.32 亿 kW。由美国东部电网、西部电网、德州电网和加拿大的魁北克电网四个同步电网组成，覆盖美国、加拿大和墨西哥境内的下加利福尼亚州。

东部电网覆盖美国东北大部，东部电网装机超过 7 亿 kW，覆盖面积 520 万 km²，通过六条直流联络线与西部电网相连，通过两条直流联络线与德州电网相连，通过四条联络线和一套变频变压器与魁北克电网相连。

西部电网从加拿大西部经美国西部延伸到墨西哥的下加利福尼亚州，装机 2 亿 kW，覆盖面积 380 万 km²。

德州电网覆盖德州大部，与东部电网通过两条直流联络线互联，与墨西哥电网（非北美互联电网）通过一条直流线路和一套变频变压器互联。

加拿大魁北克电网覆盖魁北克大部，与东部电网通过四条直流联络线和一套变频变压器互联。

（2）欧洲电网。欧洲电网主要由欧洲大陆、北欧、波罗的海、英国、爱尔兰电网5个跨国互联同步电网，以及冰岛、塞浦路斯2个独立电力系统构成，截至2012年底，欧洲电网220kV及以上输电线路总长度约为30.89万km，电网总装机容量约为9.52亿kW，发电量为3.37万亿kWh，用电量约为3.32万亿kWh，服务用户5.32亿。各成员国交换电量约为3984亿kWh，达到用电量的12%。

（3）巴西电网。巴西电网由南部电网(含中西部)、东南部电网、北部电网和东北部电网组成，区域电网之间通过500kV和345kV联络线形成全国互联电网。覆盖面积500万km²，装机规模超过1亿kW。

（4）南部非洲电网。南部非洲电力联盟共有博茨瓦纳、莫桑比克、马拉维、安哥拉、南非、莱索托、纳米比亚、民主刚果、斯威士兰、坦桑尼亚、赞比亚、津巴布韦12个成员国，除马拉维、安哥拉和坦桑尼亚外，其余9个国家已实现电网互联。南部非洲电网中，南非装机约占电网总装机的82%，以煤电为主，长期出口电力，与周边国家电量交换大。

截至2012年，南部非洲电网总装机容量为5655.8万kW，其中，煤电占73%，水电占17%，核电占4%，联合循环占1%，油电占5%，最高负荷为4339万kW。

（二）我国电力发展史

中国的电力工业开始于1882年英商在上海设立了电光公司，以后外国资本相继在天津、武汉、广州等地开办了一些电力企业。为配合新工业地区的建设，中国资本1905年才开始投资于电力工业，以后虽有一定程度的发展，但增长速度缓慢。中国发电量最高年份的1941年只有59.6亿kWh，到1949年全国发电设备容量为185万kW，发电量只有43.1亿kWh。

新中国成立以来，全国发电装机总容量增长迅速：1987年突破1亿kW，1995年达到2亿kW，2000年突破3亿kW，2004年达到4亿kW，2006年超过6亿kW，2007年达到7.13亿kW，2008年达到7.92亿kW，2009年达到8.74亿kW，2010年达到9.62亿kW，2011年达到10.55亿kW，2012年达到11.44亿kW，2013年达到12.5亿kW。1987～2012年全国发电总装机容量趋势如图3-5所示，可以看出随着经济增长，发电装机容量迅猛增长，电力为经济增长提供强大的动力和支撑。

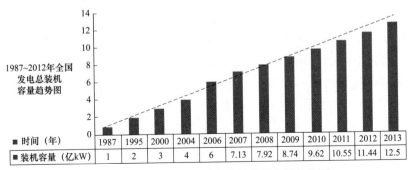

1987~2012年全国发电总装机容量趋势图											
时间（年）	1987	1995	2000	2004	2006	2007	2008	2009	2010	2011	2012	2013
装机容量（亿kW）	1	2	3	4	6	7.13	7.92	8.74	9.62	10.55	11.44	12.5

图3-5　1987～2012全国发电总装机容量趋势图

改革开放 30 年以来，我国全社会用电量快速增长（如图 3-6 所示）。1978 年，全社会用电量为 2498 亿 kWh，到 2013 年达到 53 223kWh，是 1978 年的 21 倍，年均增长 10.45%。

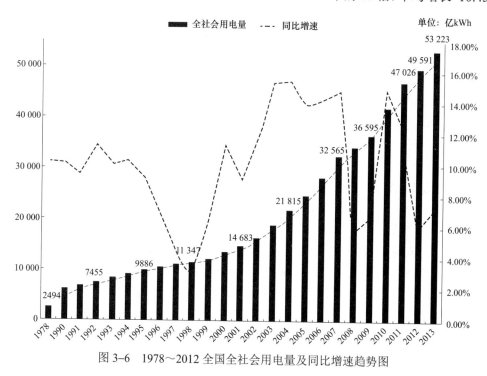

图 3-6　1978～2012 全国全社会用电量及同比增速趋势图

改革开放之初，我国逐步扭转了单纯发展重化工业的思路，轻工业得以快速发展，用电增速呈现先降后升的态势，"六五""七五"期间年均增长分别达到 6.52%、8.62%，其间，在经济体制改革的带动下，我国用电增速曾连续 6 年（1982～1987 年）逐年上升，是改革开放以来最长的增速上升周期。1990 年以来，在小平南巡讲话带动下，我国经济掀起了新的一轮发展高潮。"八五"期间，全社会用电增长明显加快，年均增长 10.05%。"九五"期间，受经济结构调整和亚洲金融危机影响，用电增速明显放缓，年均增长 6.44%，尤其是 1998 年，增速仅为 2.8%，为改革开放以来的最低水平。进入"十五"以来，受积极的财政货币政策和扩大内需政策拉动，我国经济驶入快速增长轨道，经济结构出现重型化，用电需求持续高速增长，年均增长 12.96%，尤其是 2003、2004 年达到了改革开放以来用电增长高峰，增速分别为 15.3% 和 15.46%。"十一五"前两年，我国用电继续保持快速增长势头，增速均高于 14%。2008 年，受冰灾、地震、全球金融危机等因素影响，我国用电增速明显回落，2009～2011 年经济回暖，消费需求旺盛，用电量稳步增长。2012 年，受全球经济复苏缓慢、国内需求减弱、各项成本上升等因素影响，企业盈利水平下滑、产能过剩等问题突出，中国经济增长明显放缓，2012 年我国用电量增速 5.45%，创 1999 年以来最低值，2013 年是落实"十二五"规划目标的关键之年，在经济企温回升的带动下，电力需求稳步回升。

我国电力系统是随着电力工业的发展而逐步形成的，新中国成立以后，随着国民经济的迅速发展，逐步形成以大型发电厂和中心城市为核心，以不同电压等级的输电线路为骨架的各大区、省级和地区的电力系统，表 3-6 给出了我国电网发展典型事件。

表 3-6	我国电网发展典型事件
时间节点	电网典型事件和电网发展情况
1949 年前	1949 年，全国发电装机容量为 184.6 万 kW，年发电量约 43.1 亿 kWh，居世界第 25 位。当时中国已形成东北中部电力系统、东北南部电力系统、东北东部电力系统及冀北电力系统等系统。 ● 1908 年，建成 22kV 石龙坝水电站—昆明线路； ● 1921 年，建成 33kV 石景山电厂—北京城线路； ● 1933 年，建成抚顺电厂的 44kV 出线； ● 1934 年，建成 66kV 延边—老头沟线路； ● 1935 年，建成抚顺电厂—鞍山的 154kV 线路； ● 1943 年，建成 110kV 镜泊湖—延边线路，同年建成水丰水电厂至大连的 220kV 输电线路
1952 年	配合官厅水电站，建设投运 110kV 京官线，全长 106km，逐渐形成京津唐 110kV 输电网
1954 年	东北电网 220kV 丰满—李石寨输电线路投运，以后相继建设辽宁电厂—李石寨、阜新电厂—青堆子等 220kV 线路，逐步形成东北电网 220kV 骨干网架
1972 年	西北电网 330kV 刘（家峡）—天（水）—关（中）输变电工程投运，陕甘电网开始互联，并逐步形成以 330kV 电网为主网架结构
1981 年	华中电网 500kV 河南平顶山—湖北武汉输变电工程建成投运，拉开了我国 500kV 电网建设的序幕，也标志着省级电网互联形成大区电网的开始
1989 年	葛洲坝—上海±500kV 直流输电工程的投运，实现了华中—华东两大电网的互联，揭开了我国跨大区联网的序幕
2005 年	750kV 官亭—兰州东输变电示范工程正式投产，全国电网最高电压等级提高为 750kV
2009 年	1000kV 长治—南阳—荆门特高压交流线路建成投运，标志着我国率先实现了交流特高压技术在电网实际运行中的成功应用
2010 年	±800kV 复龙—奉贤特高压直流输电工程投运，标志着我国率先掌握了直流特高压输电技术
2010 年	新疆与西北 750kV 联网工程结束了新疆电网孤网运行历史，使新疆电网最高电压等级从 220kV 直接跃升到 750kV
2011 年	青海—西藏 750kV/±400kV 交直流联网工程结束了西藏电网长期孤网运行的历史，从根本上解决了制约西藏发展的缺电问题

三、全国互联电网介绍

2011 年 11 月，随着±400kV 柴达木—拉萨拉直流投运，西藏电网与西北电网互联，实现了除台湾地区外全国联网，实现了全国范围内的电力资源优化配置。我国电网互联情况见表 3-7。

表 3-7	我 国 电 网 互 联 情 况	
时间节点	互联电网	联网工程
1989 年 9 月	华中电网、华东电网	±500kV 葛洲坝至上海直流
2001 年 5 月	华北电网、东北电网	500kV 高姜线交流
2001 年 10 月	福建电网、华东主网	500kV 宁德—双龙交流线路
2002 年 5 月	川渝电网、华中主网	500kV 三峡—万县交流线路
2005 年 3 月	山东电网、华北主网	500kV 辛安—聊城交流线路

时间节点	互联电网	联网工程
2004 年 6 月	华中电网、南方电网	±500kV 江陵—鹅城直流
2004 年 9 月	华北电网、华中电网	500kV 辛安—获嘉交流线路
2005 年 6 月	西北电网、华中电网	±500kV 灵宝背靠背直流
2008 年 11 月	东北电网、华北电网	±500kV 高岭背靠背直流
2009 年 1 月	华北电网、华中电网	1000kV 长治—南阳—荆门交流线路
2010 年 10 月	新疆电网、西北主网	750kV 哈密—敦煌交流线路
2011 年 11 月	西藏电网、西北主网	±400kV 柴达木—拉萨直流
2011 年 12 月	东北电网、俄罗斯电网	±500kV 黑河背靠背直流

四、电力系统运行特点

电力系统运行特点见表 3-8。

表 3-8 电 力 系 统 运 行 特 点

特　点	说　　　　明
同时性	发电、输电、用电必须同时完成，不能大量储存
整体性	发电厂、变压器、高压输电线路、配电线路和用电设备等在电网中是一个统一的整体，不可分割，缺少任何一个环节，电力运行都不可能完成
快速性	电能输送过程非常迅速，其传输速度与光速（$3×10^8$m/s）相同
连续性	电能质量需要实时、连续的监视与调整
实时性	电网事故发展迅速，涉及面很广，需要时刻进行安全监视
随机性	在电网运行时负荷变化随机性较大，异常情况及事故的出现具有随机性

五、电网负荷特性指标和负荷预测

1. 负荷特性指标

电力负荷特性指标是负荷特性的数量表现，也就是负荷变化的特征值。负荷特性指标的计算与分析对于描述电力系统的负荷变化特性非常必要。依据 1989 年能源部颁发了《电力工业生产统计指标解释》和 2001 年国家电力公司对其进行的补充修改，电力负荷特性指标见表 3-9。

表 3-9 电 力 负 荷 特 性 指 标

电力负荷特性指标		含　　义
负荷率	日负荷率	日平均负荷与日最大负荷的比值，日最小负荷率是日最小负荷与日最大负荷的比值，这两个指标是用于描述日负荷曲线特性，表征一天中负荷的不均衡性，较高的负荷率有利于电力系统的经济运行
	月负荷率（月不均衡系数）	月平均日负荷与月最大负荷日的日平均负荷的比值，由用电部门在月、周内的停工休息、设备检修、生产作业顺序以及有无新用户投入生产等所引起，同时，该指标也反映了用户因设备小修、生产作业顺序不协调或因停电而引起的停工休息等的影响

电力负荷特性指标		含　义
负荷率	季负荷率（季不均衡系数）	全年各月最大负荷之和的平均值与年最大负荷的比值，反映用电负荷的季节性变化，包括用电设备的季节性配置、设备的年度大修及负荷的年增长等因素造成的影响
	年平均日负荷率	一年内日负荷的平均反映，即主要反映了第三产业负荷的影响，但它并不是所有日负荷率的平均值，而是全年各月最大负荷日的平均负荷之和与各月最大负荷之和的比值
	年负荷率	年平均负荷和年最大负荷的比值，与三类产业的用电结构变化有关。通常情况下随着第二产业用电所占比重的增加而增大，随着第三产业用电和居民生活用电所占比重增加而降低
峰谷差		最高负荷与最低负荷之差。在日有功负荷曲线图上最高负荷称高峰，最低负荷称低谷；平均负荷至最高负荷之间的负荷，称尖峰负荷即峰荷；平均负荷至最低负荷之间的负荷，称腰荷；最低负荷以下部分，称为基本负荷。峰谷差与用电结构变化和季节变化有关，其大小直接反映了电网所需要的调峰能力。峰谷差主要作为安排调峰措施、调整电网运行方式及电源规划的基础数据
年最大负荷利用小时数		年用电量与年最大负荷的比值，主要用于衡量负荷的时间利用效率。从定义可知年最大负荷利用小时数是一个综合性的指标，与各产业用电所占的比重有关。一般来讲，电力系统中重工业用电占较大比重地区，年最大负荷利用小时数较高，保持在 6000～6500h；而第三产业用电和居民生活用电占较大比重地区，年最大负荷利用小时数较低
负荷曲线	日负荷曲线	描述一天内负荷随时间（以小时为单位）变化的曲线，反映了一天内负荷随时间而变化的规律。日负荷曲线是构成周（月）负荷曲线的基础。其主要作用是为电力系统调度部门用于安排发电计划、进行电力系统的电力电量平衡和确定运行方式（如调峰容量、调压和无功补偿方式等），以及进行安全分析
	年最大负荷曲线	表示从年初到年末逐日（或旬或月）的电力系统综合最大负荷的变化情况。可用它来安排全年的机组检修计划。如果一年四季中每季取一个典型的日负荷曲线，由年最大负荷曲线也可以计算出全年需要的电量。由预测的逐年的年最大负荷曲线可以有计划地安排扩建或新建发电厂来满足负荷增长的需要
	年持续负荷曲线	按一年中系统负荷的数值大小及其持续小时数顺序排列而绘制成的。年持续负荷曲线主要与拉闸限电、新的大工业负荷投入、新设备机组的投入运行以及电网改造等有关。它不同于一般的负荷曲线，不能反映负荷在年内的变化，但却能反映年内各种负荷水平的持续时间，表明负荷大小与时间的函数关系。主要作用为安排发电计划、可靠性估算等
同时率		指地区电网最大负荷同各构成分区电网最大负荷之和的比值。在电网规划设计中，同时率是一个非常重要的指标，它可以帮助规划人员进行更准确的负荷预测。具体来讲，在空间负荷预测中，把各个分地块负荷值最后要合并叠加起来得到分区总的远期负荷值，由于存在一个负荷同时率的问题，对于不同类型的负荷不能直接把它们简单相加，因此需要将不同类型的负荷按负荷特性曲线相加

2. 负荷预测

负荷预测工作是根据电力负荷的发展规律，充分考虑系统运行特性、增容决策、自然条件和社会影响的条件下，研究或利用一套能系统地处理过去与未来负荷的数学方法，在满足一定精度要求的前提下，预计或判断电力负荷未来发展趋势和状况的活动。

电力系统负荷预测包括最大负荷功率、负荷电量及负荷曲线的预测。最大负荷功率预测对于确定电力系统发电设备及输变电设备的容量是非常重要的；为了选择适当的机组类型和合理的电源结构以及确定燃料计划等，还必须预测负荷电量；负荷曲线的预测可为电力系统的峰值、抽水蓄能电站的容量以及发输电设备的协调运行提供数据支持。

负荷预测根据目的的不同可以分为超短期、短期、中期和长期：

（1）超短期负荷预测是指未来 1h 以内的负荷预测。安全监视需要 5～10s 或 1～5min 的预测值，预防性控制和紧急状态处理需要 10min～1h 的预测值。

（2）短期负荷预测是指日负荷预测和周负荷预测，分别用于安排日调度计划和周调度计划，包括确定机组启停、水火电协调、联络线交换功率、负荷经济分配、水库调度和设备检修等。对于短期预测，需充分研究电网负荷变化规律，分析负荷变化相关因子，特别是天气因素、日类型等和短期负荷变化的关系。

（3）中期负荷预测是指月至年的负荷预测，主要是确定机组运行方式和设备大修计划等。

（4）长期负荷预测是指未来 3～5 年甚至更长时间段内的负荷预测，主要是电网规划部门根据国民经济的发展和对电力负荷的需求所作的电网改造和扩建工作的远景规划。

第二节　火力发电基础知识

一、全国火力发电发电总体概况

（一）火力发电基本原理

火力发电的过程从本质上说就是燃料化学能→蒸汽热能→机械能→电的过程，简单地说就是利用燃料（煤、油、气等）发热，加热水，形成高温高压过热蒸汽，蒸汽沿管道进入汽轮机中不断膨胀做功，推动汽轮机高速旋转，带动发电机转子（电磁场）旋转，定子绕组切割磁力线，发出电能，再利用升压变压器升到系统电压，与系统并网，向电网输送电能。

（二）火力发电分类

1. 按燃料构成

火力发电厂按燃料构成可分为燃用固体燃料（包括煤炭、生物质燃料、垃圾）、液体燃料（包括石油及石油制品、水煤浆）、气体燃料（包括天然气、煤层气、合成煤气及未来的氢气）的发电厂。

火力发电厂的燃料构成随各国资源情况、能源供应水平、能源政策及燃料价格的不同而异，在一定程度上也受国际能源市场变化影响。根据我国资源的具体情况，当前火电厂的燃料主要是煤炭。

2. 按设备类型

火力发电厂按设备类型可分为蒸汽动力、内燃机、燃气轮机，以及未来的燃料电池发电厂。

3. 按终端产品

火力发电厂按终端产品可分为纯发电、热电联产或热电冷联产，以及电、化工产品等多联产发电厂，相应汽轮机有凝汽式、背压式、抽汽凝汽式及发电供汽两用式等多种。

4. 按功能性质

火力发电厂按功能性质可分为公用事业电厂、自备电厂。自备电厂一般规模较小。在设计时要充分考虑负荷的性质、运行安全的保证、检修时的备用等。

5. 按冷却方式

火力发电厂按冷却方式可分为湿冷和空冷（干冷）发电厂。湿冷发电系统中冷却方式又分为一次循环冷却、二次循环冷却两种；空冷（干冷）系统中冷却方式又分为直接空气冷却、间接空气冷却两种；还有湿冷与空冷联合循环方式。不同冷却方式有不同的设计背压和全年背压运行范围。

（三）火力发电基本组成

根据火力发电的生产流程，其基本组成包括燃烧系统、汽水系统（燃气轮机、柴油机发电无汽水系统）、电气系统、控制系统等四个部分。

1. 燃烧系统

燃烧系统主要由锅炉的燃烧室（即炉膛）、送风装置、送煤（或油、天然气）装置、灰渣排放装置等组成。燃烧系统的主要功能是完成燃料的燃烧过程，将燃料所含能量以热能形式释放出来，用于加热锅炉里的水。主要流程有烟气流程、通风流程、排灰出渣流程等。对燃烧系统的基本要求是尽量做到完全燃烧，使锅炉效率不低于90%，排灰符合标准规定。

2. 汽水系统

汽水系统主要由给水泵、循环泵、给水加热器、凝汽器、除氧器、水冷壁及管道系统等组成。其功能是利用燃料的燃烧使水变成高温高压蒸汽，并使水进行循环。主要流程有汽水流程、补给水流程、冷却水流程等。对汽水系统的基本要求是汽水损失尽量少，尽可能利用抽汽加热凝结水，提高给水温度。

3. 电气系统

电气系统主要由电厂主接线、汽轮发电机、主变压器、配电设备、开关设备、发电机引出线、厂用变压器和电抗器、厂用电动机、保安电源、蓄电池直流系统及通信设备、照明设备等组成。其基本功能是保证机组按电能质量要求向负荷或电网供电。主要流程包括供电用流程、厂用电流程。对电气系统的基本要求是供电安全、可靠，调度灵活，具有良好的调整和操作功能，保证供电质量，能迅速切除故障，避免事故扩大。

4. 控制系统

控制系统主要由锅炉及其辅机系统、汽轮机及其辅机系统、发电机及附属系统组成。其基本功能是对火电厂各生产环节实行自动化的调节、控制，以协调各部分的工况，使整个火电厂安全、合理、经济运行，降低劳动强度，提高生产率，遇到故障时能迅速、正确处理，以避免酿成事故。主要工作流程包括汽轮机的自启停流程、自动升速控制流程、锅炉的燃烧控制流程、灭火保护系统控制流程、热工测控流程、自动切除电气故障流程、排灰除渣自动化流程等。

二、常规燃煤机组

（一）能量转换过程

锅炉将燃料燃烧释放的化学能通过受热面给水加热、蒸发、过热，转变为蒸汽的热能，再由汽轮机将蒸汽的热能转变为高速旋转的机械能，然后由汽轮机带动发电机将机械能转变为源源不断的向外界输送的电能。火电机组能量转换过程如图3-7所示。

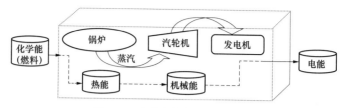

图 3–7　火电机组能量转换过程

（二）生产过程

储存在储煤场（或储煤罐）中的原煤由输煤设备从储煤场送到锅炉的原煤斗中，再由给煤机送到磨煤机中磨成煤粉，煤粉送至分离器进行分离，合格的煤粉由一次风通过喷燃器喷到炉膛内燃烧，燃烧的煤粉放出大量的热能将炉膛四周水冷壁管内的水加热成汽水混合物，汽水混合物经汽包内的汽水分离器分离出蒸汽和水，分离出的水经下降管送到水冷壁管继续加热，分离出的蒸汽送到过热器，加热成符合规定温度和压力的过热蒸汽，经管道送到汽轮机做功，生产过程如图 3–8 所示。

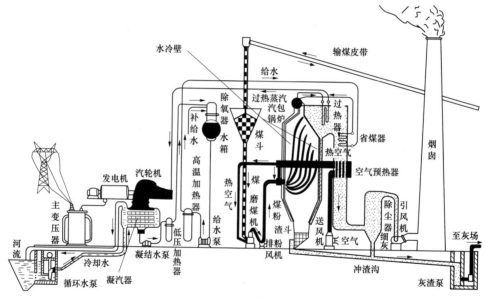

图 3–8　自然循环锅炉生产过程图

直流锅炉没有汽包，是依靠给水泵压力使工质锅炉受热面管子中的水依次经过省煤器、蒸发受热面和过热器一次将水全部加热成为过热蒸汽。

过热蒸汽在汽轮机内做功推动汽轮机旋转，汽轮机带动发电机发电。在汽轮机内做完功的过热蒸汽被凝汽器冷却成凝结水，凝结水经凝结泵送到低压加热器加热，然后送到除氧器除氧，再经给水泵送到高压加热器加热后，送到锅炉继续进行热力循环。再热式机组采用中间再热过程，即把在汽轮机高压缸做功之后的蒸汽，送到锅炉的再热器重新加热，使汽温提高到一定（或初蒸汽）温度后，送到汽轮机中压缸继续做功。

发电机发出的三相交流电通过发电机端部的引线经变压器升压后引出送到电网。火力发电基本过程及主要组成如图 3–9 所示。

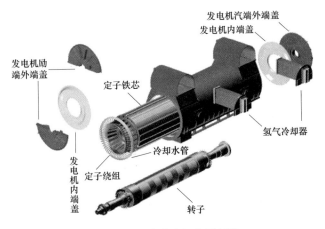

图 3-9 火力发电机主要部件

1. 燃烧过程

燃煤用输煤皮带从煤场运至煤斗,大型火电厂为提高燃煤效率都是燃烧煤粉,因此,煤斗中的原煤要先送至磨煤机内磨成煤粉。磨碎的煤粉由热空气携带送入锅炉炉膛内燃烧。煤粉燃烧后形成的热烟气沿锅炉的水平烟道和尾部烟道流动,放出热量,最后进入除尘器,将燃烧后的煤灰分离出来,洁净的烟气在引风机的作用下通过烟囱排入大气。锅炉助燃用的空气由送风机送入装设在尾部烟道上的空气预热器内,利用热烟气加热即将送入锅炉炉膛助燃用的空气。这样,一方面使进入锅炉助燃的空气温度提高,易于煤粉的着火和燃烧;另一方面也可以降低排烟温度,提高热能的利用率。从空气预热器排出的热空气分为两股:一股用于磨煤机干燥和输送煤粉,另一股直接送入炉膛助燃。燃煤燃尽的灰渣落入炉膛下面的渣斗内,与从除尘器分离出的细灰一起用水冲至灰浆泵房内,再由灰浆泵送至灰场。

2. 汽水过程

除氧器水箱内的水经过给水泵升压后通过高压加热器送入省煤器。在省煤器内,水受到热烟气的加热,然后进入锅炉顶部的汽包内。在锅炉炉膛四周密布着水管,称为水冷壁。水冷壁水管的上下两端均通过联箱与汽包连通,汽包内的水经由水冷壁不断循环,吸收着煤燃烧过程中放出的热量。部分水在水冷壁中被加热沸腾后汽化成水蒸气,这些饱和蒸汽由汽包上部流出进入过热器中,饱和蒸汽在过热器中继续吸热,成为过热蒸汽。过热蒸汽有很高的压力和温度,因此有很大的热势能。具有热势能的过热蒸汽经管道引入汽轮机后,便将热势能转变成动能,高速流动的蒸汽推动汽轮机转子转动,形成机械能。

释放出热势能的蒸汽从汽轮机下部的排汽口排出,称为乏汽。乏汽在凝汽器内被循环水泵送入凝汽器的冷却水冷却,重新凝结成水,此水成为凝结水。凝结水由凝结水泵送入低压加热器并最终回到除氧器内,完成一个循环。在循环过程中难免有汽水的泄漏,即汽水损失,因此要适量地向循环系统内补给一些水,以保证循环的正常进行。高、低压加热器是为提高循环的热效率所采用的装置,除氧器是为了除去水中含的氧气,以减少对设备及管道的腐蚀。

3. 发电过程

汽轮机的转子与发电机的转子通过联轴器连在一起,当汽轮机转子转动时便带动发电机转子转动。在发电机转子的另一端带着一小直流发电机,称为励磁机。励磁机发出的直流电送至发电机的转子绕组中，使转子成为电磁铁，周围产生磁场。当发电机转子旋转时，磁场也是旋转的，发电机定子内的导线就会切割磁力线感应产生电流。这样，发电机便把汽轮机的机械能转变为电能。电能经变压器将电压升压后，由输电线送至用电用户。

（三）主要设备简介

1. 锅炉

锅炉是主要热力设备之一。它使燃料通过燃烧将化学能转变为热能，并以此加热水，使其成为一定数量和质量（压力和温度）的蒸汽。锅炉是由炉膛、烟道、汽水系统（其中包括受热面、汽包、联箱和连接管道）及炉墙和构架等部分组成的整体。

锅炉由"锅"和"炉"两大部分组成。"锅"是以汽包、下降管、下联箱、上升管（水冷壁）、上联箱、过热器和省煤器组成的汽水系统，主要任务是吸收燃料放出的热量，使水蒸发并最后变成具有一定参数的过热蒸汽，供汽轮机使用。"炉"即燃烧系统，由炉膛、烟道、燃烧器、空气预热器等组成，主要任务是使燃料在炉内良好地燃烧，放出热量。

2. 汽轮机

完成蒸汽热能转换为机械能的汽轮机组的基本部分，即汽轮机本身。它与回热加热系统、调节保安系统、油系统、凝汽系统及其他辅助设备共同组成汽轮机组。汽轮机本体由固定部分和转动部分组成。固定部分包括汽缸、隔板、喷嘴、汽封、紧固件和轴承等。转动部分包括主轴、叶轮或轮毂、叶片和联轴器等。固定部分的喷嘴、隔板与转动部分的叶轮、叶片组成蒸汽热能转换为机械能的通流部分。汽缸是约束高压蒸汽不得外泄的外壳。

汽轮机是用具有一定温度和压力的过热蒸汽（工质）为动力，并将蒸汽的热能转换为转子旋转的机械能的动力机械，是现代火力发电厂中应用最广泛的原动机。汽轮机具有单机功率大、热效率高、运转平稳、事故率低、寿命长等优点。

3. 发电机

同步发电机是将机械能转变成电能的唯一电气设备。三相交流同步发电机由定子（固定部分）和转子（转动部分）两部分组成。定子由定子铁芯、定子绕组、机座、端盖、风道等组成。定子铁芯和定子绕组是磁和电通过的部分，其他部分起着固定、支持和冷却的作用。转子由转子本体、护环、心环、转子绕组、集电环、同轴励磁机电枢组成。

交流同步发电机电枢静止，磁极由原动机拖动旋转。其励磁方式为发电机的转子绕组由同轴的并励直流励磁机经电刷及集电环来供电。转子的励磁电流建立励磁磁场，汽轮机转子带动发电机转子旋转，从而在发电机内建立旋转磁场，发电机定子绕组切割磁力线（由电磁感应定律可知，导体在交变的磁场中感应出电动势），在定子绕组上感应出三相对称交流电动势，接入负载，形成回路，在回路中便有交流电通过。

三、热力发电厂

1. 热力发电厂功能特点

一般发电厂都采用凝汽式机组，只生产电能向用户供电，工业生产和人们生活用热则由特设的工业锅炉及采暖锅炉房单独供应，这种能量生产方式称为热、电分产。在热力发电厂中则采用供热式机组，除供应电能以外，还利用做过功（即发了电）的汽轮机抽汽或排汽来供热，这种能量生产方式称为热电联产。

热力发电厂装机容量受热负荷大小、性质等制约，机组规模要比目前火电厂的主力机组小很多。热力发电厂由于既发电又供热，锅炉容量大于同规模火电厂。热力发电厂必须靠近热负荷中心，往往又是人口密集区的城镇中心，其用水、征地、拆迁、环保要求等均大大高于同容量火电厂，同时还需建设热力管网。

从能源利用效果考虑，热电分产对能源使用很不合理：一方面热功转换过程（凝汽式机组发电）必然产生低品位热能损失（汽轮机排汽在冷源中放热）；另一方面让高品位热能（锅炉提供的蒸汽热量）贬值地用于低品位，转换效率低，不经济。在热电联产中燃料化学能则转变为高位热能先用来发电（高品位热能），然后使用做过功的低品位热能向用户供热，这符合按质用能和综合用能的原则。所以热电厂的特点是，一次能源利用得比较合理，做到按质供能，梯级用能，能尽其用，使地区的整个能量供应系统能源利用效率大幅提升。热电厂能量传输过程如图 3-10 所示。

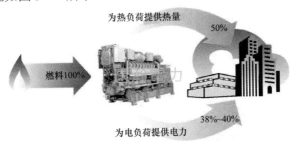

图 3-10　热电厂能量传输过程

2. **热力发电厂运行特性**

以热电联产为基础的热力发电厂，其运行特点与许多因素有关，如热负荷特性、供热机组形式、连接电网的特性等。

（1）背压式供热机组的热力发电厂的运行特点是：

1）生产的热量与电量之间相互制约，不能独立调节。一般按热负荷要求来调节电负荷。

2）热负荷变化时，电功率随之变化，难以同时满足热负荷和电负荷的要求。当满足不了电负荷时，就要依靠电力系统的补偿容量来承担热力发电厂发电不足的电量。

（2）抽汽式、凝汽式供热机组的热力发电厂中，由于机组相当于背压式和凝汽式机组的组合，所以它的运行特点是：

1）热、电生产有一定的自由度，在规定范围内热、电负荷可以各自独立调节，所以它对热、电负荷变化的适应性较好。

2）双抽式供热机组对工业用热、采暖及电负荷之间的独立调节范围更大，所以它对热、电负荷变化的适应性更强。

（3）在装有背压式和抽汽式供热机组的热力发电厂中，其运行特点是：在冬季采暖期间，使背压式机组投入运行，而在夏季时期则投入抽汽式机组运行，并停用背压式机组，这样可以提高热力发电厂的运行经济性。

（4）在装有抽汽式供热机组和工业锅炉的热力发电厂中，其运行特点除具有抽汽式供热机组的运行特点外，还可以把工业锅炉投入运行，以应付尖峰热负荷的需要，这样就能增加热电联产和集中供热的效益。

（5）在工厂自备热力发电厂中，一般采用背压式供热机组和工业锅炉，其运行特点是：在一年中长时间使用背压式机组来满足本厂的热负荷和电负荷，而在尖峰热负荷出现时，则投入工业锅炉运行。若此时满足不了电负荷需要，则由电力系统的补偿容量来弥补。

四、流化床机组

1. 流化床燃烧技术及流化床锅炉

把 8mm 以下的煤粒和脱硫剂石灰石加入燃烧室床层上，在通过布置在炉底的布风板送出的高速气流作用下，形成流态化翻滚的悬浮层，进行流化燃烧，同时完成脱硫过程，这种燃烧技术称为流化床燃烧技术。

燃料的经典燃烧方式有固定床燃烧和悬浮燃烧两种。固定床燃烧时将燃料均匀地分布在炉排上，空气以较低的速度自下而上通过燃烧层使其燃烧。悬浮燃烧是燃料以粉状、雾状或气态随同空气经燃烧器喷入锅炉炉膛，在悬浮状态下进行燃烧。流化床燃烧是介于两者之间的一种燃烧方式，它既不是固定在炉排上进行燃烧，也不是在炉膛内随着气流悬浮燃烧，而是燃料被粉碎到一定程度以后，燃烧所需的空气从布置在炉膛底部的布风板下送入，在流化床内进行一种剧烈的杂乱无章的类似于沸腾状态的燃烧。

20 世纪 60 年代初，出现了流化床锅炉。流化床锅炉是指燃料在流化状态下进行燃烧的锅炉。早期的流化床锅炉，燃料颗粒大，流化风速低，床层中有明显的气泡，气固两相类似沸腾的水，所以被称为鼓泡床锅炉或者沸腾炉。鼓泡床燃烧燃料适应性广，燃烧较为清洁，减少了氮氧化物的排放，而且负荷调节性能和灰渣综合利用性能好，但是鼓泡床锅炉也有明显的缺点，即燃料损失大、埋管磨损严重、大型化受到限制、脱硫剂利用效率低。

为了解决鼓泡床锅炉的这些问题，20 世纪 80 年代初，国外研制出第二代流化床锅炉，即循环流化床锅炉。循环是指飞出炉膛的物料被气固分离器收集，返回炉膛循环燃烧和利用。循环流化床锅炉在保留沸腾床锅炉优点的基础上，克服其不足，从而显示出了强大的生命力。

2. 循环流化床锅炉系统

流化床燃烧是床料在流化状态下进行的一种燃烧，其燃料可以为化石燃料、工农业废弃物和各种劣质燃料。一般粗重的粒子在燃烧室下部燃烧，细粒子在燃烧室上部燃烧。被吹出燃烧室的细粒子采用各种分离器收集下来之后，送回床内循环燃烧。循环流化床锅炉的工作过程如图 3-11 所示。

煤和脱硫剂送入炉膛后，迅速被大量惰性高温物料包围，着火燃烧，同时进行脱硫反应，并在上升烟气流的作用下向炉膛上部运动，对水冷壁和炉内布置的其他受热面放热。粗大粒子进入悬浮区域后在重力及外力作用下偏离主气流，从而贴壁下流。气固混合物离开炉膛后进入高温旋风分离器，大量固体颗粒（煤粒、脱硫剂）被分离出来回送炉膛，进行循环燃烧。未被分离出来的细粒子随烟气进入尾部烟道，经过加热过热器、省煤器和空气预热器，经除尘器排至大气。

锅炉生成的过热蒸汽引入汽轮机做功，将热能转化为汽轮机的机械能。一般 125MW 及以上机组锅炉将布置再热器，这些机组中的汽轮机高压缸排汽将进入锅炉再热器进行加热，再热后的蒸汽进入汽轮机中、低压缸继续做功。

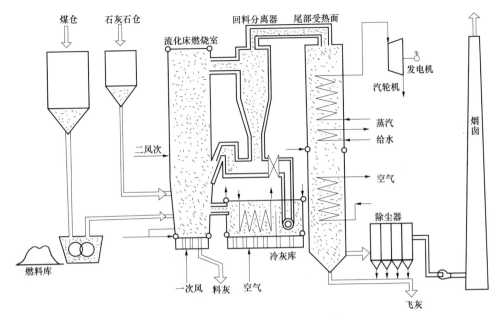

图 3-11　循环流化床锅炉的工作过程

3. 循环流化床锅炉系统的优缺点

循环流化床燃烧是一种很有前途和竞争力的燃烧方式，循环流化床锅炉与常规锅炉相比有以下优点：

（1）燃料适应性广。由于流化床层中有大量的高温惰性床料，床层的热容量大，它既可燃烧优质煤，也可燃烧劣质燃料，如高灰煤、高硫煤、高硫高灰煤、高水分煤、煤矸石、煤泥，以及油页岩、泥煤、炉渣、树皮、垃圾等。

（2）燃烧效率高。循环流化床燃烧稳定，炉内温度场均匀，加到流化床的固体废物，可以瞬间分散均匀，炉内的气体与固体、固体与固体混合强烈，使各种燃料与灼热的床料直接接触，增大了热解率。

（3）高效脱硫，氮氧化物排放低。由于循环燃烧过程中，床料中未发生脱硫反应而被吹出燃烧室的石灰石、石灰能送回至床内再利用。另外，已发生脱硫反应，生成了硫酸钙的大粒子，在循环燃烧过程中发生碰撞破裂，使新的氧化钙粒子表面又暴露于硫化反应中。这样循环流化床燃烧脱硫性能大大改善。同时，流化床焚烧炉采用低温燃烧和分级燃烧，限制了热力型氮氧化物的形成：一是低温燃烧时空气中的氮一般不会生成 NO_x；二是分段燃烧抑制燃料中的氮转化为 NO_x，并使部分已生成的 NO_x 得到还原。

（4）燃烧强度高，炉膛截面积小，炉膛单位截面的热负荷高是循环流化床锅炉的另一主要优点，其截面热负荷约为 $3.5\sim4.5MW/m^2$，接近或高于煤粉炉。

（5）负荷调节范围大，负荷调节快。当负荷变化时，只需调节给煤量、空气量和物料循环量，不像煤粉锅炉那样，低负荷时要用油助燃，维持稳定燃烧。一般而言，循环流化床锅炉的负荷调节比可达（3～4）:1，且负荷调节速率也很快，一般可达每分钟 4%。

循环流化床锅炉与常规锅炉相比有以下缺点：

（1）炉膛结焦。炉内温度超过灰渣的灰熔点，操作不当时，易造成床温超温结焦；一次风量小于最小流化风量时，易造成床温超温结焦；物料不均匀，燃料级配过大，粗颗粒份额较大时，易造成超温结焦。

（2）循环流化床锅炉部件磨损。由于循环流化床锅炉内的高颗粒浓度和高运行风速，引起锅炉部件的磨损比较严重。

（3）循环流化床锅炉实现自动化控制难度大。循环流化床锅炉的燃烧系统比煤粉炉复杂得多，对床压、床温、返料系统风量的控制，都是煤粉锅炉所没有的，加之炉内磨损严重，压力、温度测点连续投运可靠性无法保证，自动化控制难度非常大。

（4）循环流化床锅炉风机电耗大、烟风道阻力高。循环流化床锅炉风机流化床独有的布风板装置和飞灰再循环燃烧系统使送风系统的阻力远大于煤粉锅炉送风的阻力，煤粉锅炉送风机风压一般在 2kPa 以下，而流化床锅炉的送风机风压一般在 10kPa 以上，电耗大，噪声高，震动大。一般循环流化床锅炉用电比率比煤粉炉至少高 4%～5%。

（5）点火启动时间长。循环流化床锅炉点火启动时间除受汽包升温速率的影响外，还受到耐火防磨层内衬材料温升和能承受的热应力限制。温升过快，耐火防磨层内衬材料热应力将超过允许热应力出现开裂。所以，对循环流化床锅炉点火启动时间和升温速率有严格要求。循环流化床锅炉从冷态启动到带满负荷的时间一般控制在 6～8h。而煤粉锅炉因无大面积的耐火防磨内衬材料，点火启动只考虑汽包升温速率，点火时间相对较短，冷态在 5～6h 就可达到设计负荷。

（6）循环流化床锅炉对燃料适应性广，但对燃煤粒径要求严格。循环流化床锅炉燃煤粒径一般在 0～10mm 之间，平均粒径在 2.5～3.5mm 之间，如果达不到这个要求，将带来运行中的不良后果：锅炉达不到设计蒸发量，主汽温度难以保证，灰渣含碳量高，受热面磨损严重。

（7）运行维护费用较高，运行周期短。循环流化床锅炉本体，包括耐火防磨层、金属受热面和风帽磨损严重，导致流化床日常维修费比煤粉锅炉高。由于本体及辅机事故比煤粉锅炉多，循环流化床锅炉连续累计运行时间比煤粉锅炉短。

五、燃气机组（9E 燃机）

（一）燃气机组原理

燃气机组结构如图 3-12 所示，燃气轮机主要由压气机、燃烧室、透平（涡轮）三大主机组成。

旋转的压气机就像一把风扇，将进气加压并驱动其进入燃烧系统。流体工质在燃烧室中被燃烧、加热。透平则可看成是一个风车，借助加热的流体（燃气）驱动旋转来带动压气机，并通过旋转轴带动发电机发电。

1. 压气机

压气机最主要的目的是对常温常压的进气流加压升温。每一组动叶及其后的一组静叶组成压气机的一个级。一个级包括进口可转导叶（IGV）和两级固定式排气导叶（EGV1，EGV2）。

IGV 的作用是在启、停过程中，低转速时，控制进气角度（降低进气功角，功角过大，易引起叶背面进气气流旋转脱离，压气机喘振），防止压气机喘振。正常运行时，通过关小 IGV 角度，减小进气流量，提高燃机排气温度，从而提高整体联合循环的热效率。

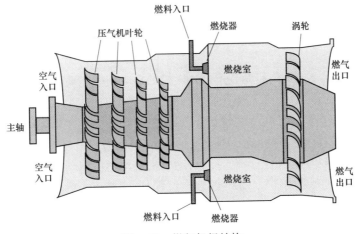

图 3-12　燃气机组结构

EGV 的作用是将旋转的压气机排气气流导向为径向的排气，保持燃烧的稳定。

气流流速（动能）的增加主要在动叶中完成，气流压力的增加（增压）主要在静叶中完成。

2. 燃烧室（加热系统）

燃烧室的作用是为压气机压缩后的高温（350℃左右）高压（11BARG 左右）空气提供一个稳定燃烧的场所，燃烧后，增加工质的焓，提高工质的做功能力。

3. 透平（涡轮）

透平的主要作用是通过膨胀做功，将燃气的热能转变为对燃机大轴转动的机械能。

透平有三个膨胀级，每一组喷嘴及其后的一组动叶组成透平的一个级。在喷嘴中主要完成工质的膨胀过程（热能向动能的转换过程），温度降低，压力降低，流速增加，完成焓降的过程，工质的动能增加，在透平动叶中主要完成由动能向机械能的转换过程，速度下降，压力、温度有小幅的下降。

9E 燃机系统结构如图 3-13 所示。

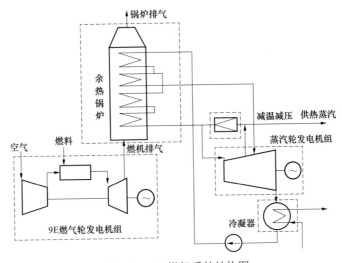

图 3-13　9E 燃机系统结构图

（二）运行特点（含启停、事故处理）

9E 燃机的运行可分为启动、并网、带负荷、停机及冷机五部分。

1. 启动

燃机的启动涉及一些相关启动装置，9E 燃机的启动装置主要包括启动电机、盘车电机、液力变扭器、液力变扭器导叶调整电机、辅助齿轮箱、充油式半柔性联轴器等辅机。盘车电机与启动电机之间通过柔性联轴器相连，启动电机与液力变扭器之间、液力变扭器与辅助齿轮箱之间通过靠背轮螺栓相连（刚性联轴器），辅助齿轮箱与燃机大轴（压气机）通过充油式半柔性联轴器相连。机组启动时，启动电机带动燃机启动，当燃机的进气流量达到点火需求后，燃机点火完成（经 1min 的轻吹过程），燃机点火后继续升速，当燃机转速达到自持转速后，启动电机停运，其间，液力变扭器导叶角度也按要求不断调整（通过液力变扭器导叶调整电机实现）。燃机转速在透平的带动下不断上升，直至工作转速。

2. 并网

为了实现机械能向电能的转化，燃机必须通过所带发电机并网发电来实现，为了实现并网，发电机转速（频率）需与网频一致，机端电压及相位皆与电网一致，通过出口开关的合闸操作（手动或自动）完成同期工作。

3. 带负荷

基本负荷：燃机透平叶片材料所决定的燃机连续运行所能承受的最高燃烧温度（按燃机温控线运行）及最高燃机负荷。

预选负荷：预选负荷的可调范围为旋转备用负荷至基本负荷之间，一般燃机预选负荷常在低于基本负荷的某一负荷，选取预选负荷后，燃机的出力就将被控制在这一点上运行。

尖峰负荷：尖峰负荷为燃机在相对长的一段时间（而非长期连续）里，燃机透平叶片等热部件所能承受的最大出力，尖峰负荷运行会降低机组的使用寿命。对于考虑燃用重油的机组，因受燃烧温度的限制，已取消带尖峰负荷的功能。

4. 停机

停机分为正常停机和紧急停机两种情况。

正常停机：由运行人员手动发出停机命令或由于机械或调节问题而不需紧急停机，由保护装置发出自动停机命令。9E 燃机自动停机可能出现在下面几种情况中：燃机大轴启动故障、液力变扭器故障、顶轴油泵故障、雾化空气温度高、发电机温度高或故障、轻油温度低、某一组振动传感器故障、发电机电器故障、负荷通道温度高等。

紧急停机：又称为跳闸。它通过运行人员按下紧急停机按钮或在某些较为严重的故障情况下，由保护装置动作来实现机组跳闸。燃机故障跳闸的情况较多，主要由振动保护、燃烧检测（分散度、排气温度）、超温、超速、熄火、滑油压力、滑油温度、进气压降、燃油截止阀前压力等因素决定。

5. 冷机

低速盘车是燃机在停机后的一种正常冷机方式，燃机的正常冷机可防止燃机大轴的弯曲、搁止及不平衡。燃机在冷机的任何时候皆可以启动及带负荷。

一般来说，燃机停机后（正常或紧急），未进行正常冷机时间在 15min（最大）内，燃机可按正常方式启动而不需进行冷机；若未进行正常冷机在 15min 以上、48h 以内，燃机的再次启动需再进行 1～2h 的低速冷机后方可。如果燃机停机后完全未进行冷机，则应使燃机在静置转态保持 48h 以上，方可再次启动燃机而不会对燃机造成损坏。

第三节 水力发电基础知识

一、全国水力发电总体概况

1. 水力发电原理

水力发电是利用河流、湖泊等位于高处具有势能的水流至低处，将其中所含势能转换成水轮机的动能，再借水轮机为原动力，推动发电机产生电能。水力发电在某种意义上讲是水的位能转变成机械能，再转变成电能的过程。因水力发电厂所发出的电力电压较低，要输送给距离较远的用户，就必须将电压经过变压器升高，再由架空输电线路输送到用户集中区的变电站，最后降低为适合用户用电设备的电压，并由配电线输送到用户。

2. 水力发电分类

（1）按照水源的性质，可分为常规水电站和抽水蓄能电站。常规水电站是利用天然河流、湖泊等水源发电的水电站。抽水蓄能电站是利用电网负荷低谷时多余的电力，将低处下水库的水抽到高处上水库存蓄，待电网负荷高峰时放水发电，尾水收集于下水库的水电站。

（2）按水电站的开发水头手段，可分为坝式水电站、引水式水电站和混合式水电站三种基本类型。

（3）按照径流的调节程度，可分为无调节水电站和有调节水电站。无调节水电站取水口上游没有大的水库，不能对径流进行调节以适应用水要求；有调节水电站取水口上游有大的水库，能对径流进行调节以适应用水要求，此类电站还可分为日调节、年调节和多年调节水电站等类型。

（4）按水电站利用水头的大小，可分为高水头（70m 以上）、中水头（15～70m）和低水头（低于 15m）水电站。

（5）按水电站装机容量的大小，可分为大型、中型和小型水电站。一般装机容量在 5000kW 以下的为小水电站，在 5000kW～10 万 kW 之间的为中型水电站，在 10 万 kW 及以上的为大型水电站。

3. 我国水能资源分布

我国水资源总量为 2.8 万亿 m^3，其中地表水 2.7 万亿 m^3，地下水 0.83 万亿 m^3，由于地表水与地下水相互转换、互为补给，扣除两者重复计算量 0.73 万亿 m^3，与河川径流不重复的地下水资源量约为 0.1 万亿 m^3。

按照国际公认的标准，人均水资源低于 $3000m^3$ 为轻度缺水；人均水资源低于 $2000m^3$ 为中度缺水；人均水资源低于 $1000m^3$ 为重度缺水；人均水资源低于 $500m^3$ 为极度缺水。中国目前有 16 个省（区、市）人均水资源量（不包括过境水）低于严重缺水线，有 6 个省、区（宁夏、河北、山东、河南、山西、江苏）人均水资源量低于 $500m^3$，为极度缺水地区。

中国水资源分布的主要特点是：

（1）总量并不丰富，人均占有量更低。中国水资源总量居世界第六位，人均占有量为2240m³，约为世界人均的1/4。

（2）地区分布不均，水土资源不相匹配。长江流域及其以南地区国土面积只占全国的36.5%，其水资源量占全国的81%；淮河流域及其以北地区的国土面积占全国的63.5%，其水资源量仅占全国水资源总量的19%。

（3）年内年际分配不匀，旱涝灾害频繁。大部分地区年内连续四个月降水量占全年的70%以上，连续丰水或连续枯水较为常见。

我国水能资源的理论储量为694GW，经济开发容量为402GW。分布极其不均匀：西北地区占总储量的81.46%，而中部地区占13.66%，东部地区仅占4.88%。

4. 我国水力发电现状

水力发电行业作为电力行业中最重要的清洁能源和可再生能源类型，占有极为重要的地位，发展空间非常巨大。2004年，以公伯峡1号机组投产为标志，中国水电装机容量突破1亿kW，超过美国成为世界水电第一大国。2010年，以小湾4号机组投产为标志，我国水电装机容量已突破2亿kW。目前，中国不但是世界水电装机第一大国，也是世界上在建规模最大、发展速度最快的国家。截至2012年底，我国电力总装机容量已达1144GW，其中水电装机容量为249GW，占总装机容量的21.76%。

二、常规水电机组

水电站是将水能转换为电能的综合工程设施。一般包括由挡水、泄水建筑物形成的水库和水电站引水系统、发电厂房、机电设备等。水库的高水位水经引水系统流入厂房，推动水轮发电机组发出电能，再经升压变压器、开关站和输电线路输送至电网。水力发电过程如图3-14所示。

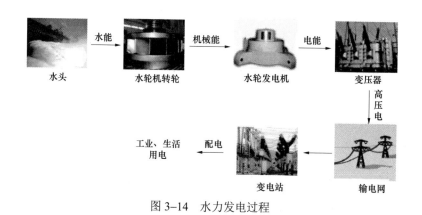

图3-14　水力发电过程

（一）水轮机

水电站的拦河坝将水流集中，将水通过压力水管引至水轮机，冲击水轮机转动，并由水轮机带动与其连接的发电机产生电能。

1. 水轮机的作用

水轮机是把水流的能量转换为旋转机械能的动力机械,它属于流体机械中的透平机械。早在公元前 100 年前后,中国就出现了水轮机的雏形——水轮,用于提灌和驱动粮食加工器械。现代水轮机则大多数安装在水电站内,用来驱动发电机发电。在水电站中,上游水库中的水经引水管引向水轮机,推动水轮机转轮旋转,带动发电机发电。做完功的水则通过尾水管道排向下游。水头越高、流量越大,水轮机的输出功率也就越大。

2. 水轮机的分类

水轮机按工作原理可分为冲击式水轮机和反击式水轮机两大类,如图 3-15 所示。

冲击式水轮机的转轮受到水流的冲击而旋转,工作过程中水流的压力不变,主要是动能的转换。冲击式水轮机按水流的流向可分为切击式(又称水斗式)和斜击式两类。斜击式水轮机的结构与水斗式水轮机基本相同,只是射流方向有一个倾角,只用于小型机组。冲击式水轮机在负荷发生变化时,转轮的进水速度方向不变,这类水轮机都用于高水头电站,水头变化相对较小,速度变化不大,因而效率受负荷变化的影响较小,效率曲线比较平缓,最高效率超过91%。

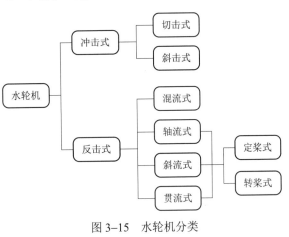

图 3-15　水轮机分类

反击式水轮机的转轮在水中受到水流的反作用力而旋转,工作过程中水流的压力能和动能均有改变,但主要是压力能的转换。反击式水轮机可分为混流式、轴流式、斜流式和贯流式。

在混流式水轮机中,水流径向进入导水机构,轴向流出转轮。在轴流式水轮机中,水流径向进入导叶,轴向进入和流出转轮。在斜流式水轮机中,水流径向进入导叶而以倾斜于主轴某一角度的方向流进转轮,或以倾斜于主轴的方向流进导叶和转轮。在贯流式水轮机中,水流沿轴向流进出导叶和转轮。

轴流式、贯流式和斜流式水轮机按其结构还可分为定桨式和转桨式。定桨式的转轮叶片是固定的。转桨式的转轮叶片可以在运行中绕叶片轴转动,以适应水头和负荷的变化,提高运行效率。

3. 反击式水轮机工作过程

反击式水轮机结构如图 3-16 所示。在反击式水轮机中,水流充满整个转轮流道,全部叶片同时受到水流的作用,所以在同样的水头下,其转轮直径小于冲击式水轮机的转轮直径。它们的最高效率也高于冲击式水轮机,但当负荷变化时,水轮机的效率受到不同程度的影响。

反击式水轮机都设有尾水管,其作用是回收转轮出口处水流的动能,把水流排向下游,当转轮的安装位置高于下游水位时,将此位能转化为压力能予以回收。对于低水头大流量的水轮机,转轮的出口动能相对较大,尾水管的回收性能对水轮机的效率有显著影响。

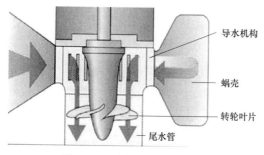

图 3-16 反击式水轮机结构

导水机构

蜗壳

转轮叶片

尾水管

（二）发电机

1. 工作原理

水轮发电机是指以水轮机为原动机将水能转化为电能的发电机。水流经过水轮机时，将水能转换成机械能，水轮机的转轴又带动发电机转子，将机械能转换成电能而输出。水轮发电机发电的过程为：转子转动→转子中由励磁电流产生的按正弦分布的旋转磁场切割定子三相对称绕组→定子三相绕组中产生三相正弦交变电动势→定子三相绕组与负荷连通后，电路在电动势的作用下有电流通过→向负荷输出电能。

2. 机组布置形式

水轮发电机按轴线位置可分为立式与卧式两类，如图 3-17 和图 3-18 所示。

图 3-17 立式水轮发电机

图 3-18 卧式水轮发电机

大中型机组一般采用立式布置，卧式布置通常用于小型发电机组和贯流式机组。

立式水轮发电机按导轴承支持方式又分为悬式和伞式两种。伞式水轮发电机按导轴承位于上下机架的不同位置又分为普通伞式、半伞式和全伞式。悬式水轮发电机比伞式水轮发电机稳定性好、推力轴承小、损耗小、安装维护方便，但钢材耗量多。

3. 水轮发电机的构成

水轮发电机由转子、定子、机架、推力轴承、导轴承、冷却器、制动器等主要部件组成。定子主要由机座、铁芯和绕组等部件组成。定子铁芯用冷轧硅钢片叠成，按制造和运输条件可做成整体和分瓣结构。

（三）水工建筑物

水工建筑物就是在水的静力或动力的作用下工作，并与水发生相互影响的各种建筑物。它的主要作用是控制和调节水流，防治水害，开发利用水资源。

1. 水工建筑物的分类

水工建筑物可按使用期限和功能进行分类。

按使用期限可分为永久性水工建筑物和临时性水工建筑物，后者是指在施工期短时间内发挥作用的建筑物，如围堰、导流隧洞、导流明渠等。

按功能可分为通用性水工建筑物和专门性水工建筑物两大类，具体见表 3-10。

表 3-10	通用性水工建筑物和专门性水工建筑物
通用性水工建筑物	挡水建筑物，如各种坝、水闸、堤和海塘
	泄水建筑物，如各种溢流坝、岸边溢洪道、泄水隧洞、分洪闸
	进水建筑物，也称取水建筑物，如进水闸、深式进水口、泵站
	输水建筑物，如引（供）水隧洞、渡槽、输水管道、渠道
	河道整治建筑物，如丁坝、顺坝、潜坝、护岸、导流堤
专门性水工建筑物	水电站建筑物，如前池、调压室、压力水管、水电站厂房
	渠系建筑物，如节制闸、分水闸、渡槽、沉沙池、冲沙闸
	港口水工建筑物，如防波堤、码头、船坞、船台和滑道
	过坝设施，如船闸、升船机、放木道、筏道及鱼道等

有些水工建筑物的功能并不单一，难以严格区分其类型，如各种溢流坝，既是挡水建筑物，又是泄水建筑物，闸门既能挡水和泄水，又是水力发电、灌溉、供水和航运等工程的重要组成部分。有时施工导流隧洞可以与泄水或引水隧洞等结合。

2. 水工建筑物的主要特点

水工建筑物的主要特点如下：

（1）受自然条件制约多，地形、地质、水文、气象等对工程选址、建筑物选型、施工、枢纽布置和工程投资影响很大。

（2）工作条件复杂，如挡水建筑物要承受相当大的水压力，泄水建筑物泄水时，对河床和岸坡具有强烈的冲刷作用等。

（3）施工难度大，在江河中兴建水利工程，需要妥善解决施工导流、截流和施工期度汛，此外，复杂地基的处理以及地下工程、水下工程等的施工技术都较复杂。

（4）大型水利工程的挡水建筑物失事，将会给下游带来巨大损失和灾难。

3. 大坝

水电站大坝如图 3-19 所示，是水工建筑物中十分重要的部分，是堤坝式水电站中的主要壅水建筑物，又称拦河坝。其作用是抬高河流水位，形成上游调节水库。坝的高度取决于枢纽地形、地质条件、淹没范围、人口迁移、上下游梯级水电站的关系及动能指标等。大坝的安全极其重要，所以应加强对大坝安全的监测。

图 3-19　水电站大坝

大坝可分为混凝土坝和土石坝两大类，大坝的类型根据坝址的自然条件、建筑材料、施工场地、导流、工期、造价等综合比较选定。

混凝土坝又分为重力坝、拱坝、支墩坝、土石坝四种类型。

（1）重力坝。重力坝如图 3—20 所示，它依靠坝体自重与基础间产生的摩擦力来承受水的推力而维持稳定。重力坝的优点是结构简单、施工容易、耐久性好，适宜于在岩基上进行高坝建筑，便于设置泄水建筑物。但重力坝也存在体积大、水泥用量多、材料强度未能充分利用等缺点。

（2）拱坝。拱坝为一空间壳体结构，平面上呈拱形，凸向上游，利用拱的作用将所承受的水平载荷变为轴向压力传至两岸基岩，两岸拱座支撑坝体，保持坝体稳定，如图 3—21 所示，拱坝具有较高的超载能力，拱坝对地基和两岸岩石要求较高，施工上比重力坝难度大。在两岸岩基坚硬完整的狭窄河谷坝址，特别适于建造拱坝。一般把坝底厚度 T 与最大坝高 H 的比值（T/H）小于 0.1 的称为薄拱坝；在 0.1～0.3 之间的称为拱坝；在 0.4～0.6 之间的称为重力拱坝。若 T/H 值更大时，拱的作用已很小，即接近于重力坝。

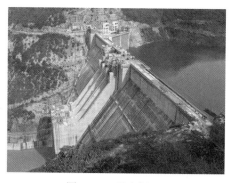
图 3—20　重力坝

图 3—21　拱坝

（3）支墩坝。支墩坝由倾斜的盖面和支墩组成，支墩支撑着盖面，水压力由盖面传给支墩，再由支墩传给地基。支墩坝是经济可靠的坝型之一，与重力坝相比具有体积小、造价低、适应地基能力较强等优点。按盖面形式，支墩坝分为三种：盖面为平板状的称为平板坝；盖面为拱形的称为连拱坝；盖面由支墩上游端加厚形成的称为大头坝。支墩坝一般为混凝土或钢筋混凝土结构，如图 3—22 所示。与重力坝比较，支墩坝具有如下特点：上游盖面常做成倾斜状，盖面上的水重可帮助稳定坝体；支墩坝构件单薄，内部应力均匀，能充分发挥材料的强度；支墩的侧向刚度较小，设计时应对侧向地震时支墩的工作条件进行验算；支墩坝对地基条件的要求比重力坝高。

（4）土石坝。土石坝包括土坝、堆石坝、土石混合坝等，又统称为当地材料坝，如图 3—23 所示。它具有就地取材、节约水泥、对坝址地基条件要求较低等优点。土石坝主要由坝体、防渗体、排水体、护坡等四部分组成。

1）坝体：坝的主要组成部分。坝体是重要的挡水建筑物，主要依靠自重维持稳定。

2）防渗体：主要作用是减少自上游向下游的渗透水量，一般有心墙、斜墙、铺盖等。

3）排水体：主要作用是引走由上游渗向下游的渗透水，增强下游护坡的稳定性。

4）护坡：主要作用是防止波浪、冰层、温度变化和雨水径流等对坝体的破坏。

（a）

（b）

（c）

图 3-22　支墩坝

（a）平板坝；（b）连拱坝；（c）大头坝

图 3-23　土石坝

三、抽水蓄能机组

1. 抽水蓄能机组运行原理

电力的生产、输送和使用是同时发生的，电力负荷的需求瞬息万变。一天之内，白天和前半夜的电力需求较高（其中最高时段称为高峰）；后半夜大幅度地下跌（其中最低时段称为低谷），低谷时负荷只及高峰的一半甚至更少。发电设备在负荷高峰时段要满发，而在低谷时段要压低出力，甚至暂时停机。抽水蓄能电站就是为了解决电网高峰、低谷之间的供需矛盾而产生的，是间接储存电能的一种方式。它利用下半夜过剩的电力驱动水泵抽水，将水从下水库抽到上水库储存起来，然后在次日白天和前半夜将水放出发电，并流入下水库，如图 3-24 所示。在整个运作过程中，虽然部分能量会在转化间流失，但相比之下，使用抽水蓄能电站仍然比增建煤电发电设备来满足高峰用电而在低谷时压荷、停机这种情况经济。除此以外，抽水蓄能电站还具有担负调频、调相和事故备用等动态功能。抽水蓄能电站实景如图 3-25 所示。

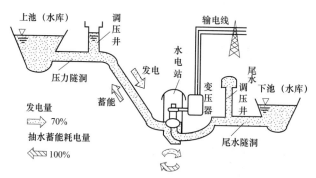

图 3-24　抽水蓄能电站原理图

图 3-25　抽水蓄能电站实景图

2. 抽水蓄能机组功能介绍

抽水蓄能机组具有以下功能：

（1）发电功能。常规水电站最主要的功能是发电，即向电力系统提供电能，通常年利用时数较高，一般情况下为 3000～5000h。蓄能电站本身不能向电力系统供应电能，它只是将系统中其他电站的低谷电能和多余电能，通过抽水将水流的机械能变为势能，存蓄于上水库中，待到电网需要时放水发电。蓄能机组发电的年利用时数一般在 800～1000h 之间。蓄能电站的作用是实现电能在时间上的转换。经过抽水和发电两种环节，它的综合效率为 75%左右。

（2）调峰功能。具有日调节以上功能的抽水蓄能电站，在夜间负荷低谷时抽水，将水量储存于水库中，蓄能电站抽水时相当于一个用电大户，其作用是把日负荷曲线的低谷填平了，即实现"填谷"，待尖峰负荷时集中发电，即通常所谓带尖峰运行。

（3）调频功能。调频功能又称旋转备用或负荷自动跟随功能。常规水电站和蓄能电站都有调频功能，但在负荷跟踪速度（爬坡速度）和调频容量变化幅度上蓄能电站更为有利。

常规水电站自启动到满负荷一般需数分钟。而抽水蓄能机组在设计上就考虑了快速启动和快速负荷跟踪的能力。现代大型蓄能机组可以在一两分钟之内从静止达到满负荷，增加出力的速度可达 1 万 kW/s，并能频繁转换工况。最突出的例子是英国的迪诺威克蓄能电站，其 6 台 300MW 机组设计能力为每天启动 3～6 次，每天工况转换 40 次，6 台机处于旋转备用时可在 10s 达到全厂出力 1320MW。

（4）调相功能。调相运行的目的是为稳定电网电压，包括发出无功的调相运行方式和吸收无功的进相运行方式。

抽水蓄能机组具有很强的调相能力，无论在发电工况或在抽水工况，都可以实现调相和进相运行，并且可以在水轮机和水泵两种旋转方向上进行，故其灵活性更大。另外，蓄能电站通常比常规水电站更靠近负荷中心，故其对稳定系统电压的作用要比常规水电机组更好。

（5）事故备用功能。抽水蓄能电站具有抽水和发电双向功能，同时兼有正备用和负备用。

（6）黑启动功能。黑启动是指出现系统解列事故后，抽水蓄能机组在无电源的情况下迅速启动。

3. 羊湖电站

羊湖电站是典型的抽水蓄能电站。它的上池是位于浪卡子县境内的大型高原封闭湖泊——羊卓雍湖（简称羊湖），下池是西藏高原最大的河流——雅鲁藏布江。羊湖流域面积为 610 万 m²，水面面积为 62 万 m²，相应蓄水量约 150 亿 m³；雅鲁藏布江水量充沛，多年最小流量为 127m³/s，江水位变化较小。羊湖与雅鲁藏布江相距 9.5km，高差 843m，羊湖电站正是利用这一天然的落差进行发电的。羊湖电站全景如图 3–26 所示。

图 3–26　羊湖电站全景图

羊湖电站始建于 1989 年，1997 年竣工投产，总装机容量为 11.25 万 kW，其中四台 2.25 万 kW 为三机式抽水蓄能机组（如图 3–27 所示），一台 2.25 万 kW 常规发电机组，是西藏规模最大的水电站，对藏中电网的安全稳定运行具有重要作用。

羊湖电站机组为三机式（发电/电动机、水轮机、蓄能泵），其运行方式独特，有发电运行方式、抽水运行方式、水泵回流运行方式和同步调相运行方式四种运行方式。

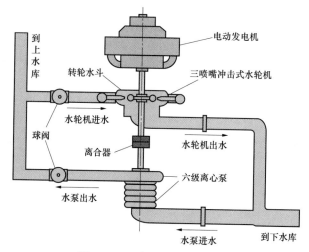

图 3-27 三机式抽水蓄能机组

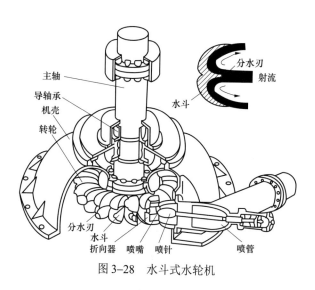

图 3-28 水斗式水轮机

羊湖电站的水轮机为水斗式水轮机，如图 3-28 所示。水斗式水轮机是借助于导水机构引出具有动能的自由射流，冲向转轮水斗，使转轮旋转做功，从而实现水能转换成机械能的一种水力原动机。

羊湖电站在夏季，利用系统多余电能抽水，只在系统峰荷时作短时发电；在冬季，主要承担系统峰荷和腰荷，只在系统低谷负荷时作短时抽水。电站全年发电用水量与抽水量平衡，总体上不动用羊湖水量。如果系统要求，羊湖电站也可调相运行，调相运行时向系统提供无功功率，稳定及调节系统电压。

四、梯级水电站调度

水库调度是根据水库所承担的水利水电任务的主次和规定的运行原则，凭借水库的调蓄能力，在保证大坝安全的前提下，对水库的入库流量过程进行调节，确保大坝及下游防洪安全、多发电能，提高综合利用效益的一种控制技术，是一个涉及学科门类广泛，牵涉利益和部门众多的复杂大系统管理和决策问题。

同一个电网内，往往有许多水电站形成水电站水库群，实行水电站水库群联合优化调度，可以起到库容补偿、水文补偿的作用，在几乎不增加任何额外投资的条件下，就可以获得比单库优化调度更显著的经济效益。几乎在所有的电力系统中，梯级水电站都占有大小不同的比重，只考虑单一水电站的经济运行可能不利于水能资源的充分利用和整体效益的提高。各梯级水电站之间存在着水力、电力联系，梯级水电站之间具有的补偿调节能力，使得梯级水电站的运行方式灵活多变，而且在电力系统的经济运行中发挥着非常重要的作用。只有以合理的、有效的、最大限度的利用水能为目标，以流域、滚动、梯级开发为原则，以安全可靠、连续优质的运行条件为前提，从整体上对流域的水电站进行优化调度，才能实现最大的发电效益。

同一流域上的水电站群根据它们之间的拓扑结构关系，一般可划分为串联、并联和混联三种形式。水电站群优化调度的研究是建立在单一水库优化调度的理论和方法基础之上的，按照其采用的基本理论划分，经历了常规调度（或传统方法）和优化调度两个阶段：

（1）常规调度是以经典水文学、水力学和径流调节为理论基础，以流域历史水文径流统计资料为数据依据，通过对典型来水过程调节计算来研究水库调度方式和调度规则，绘制常规调度图用于指导水库运行。常规调度方法简单、直观、易于操作，但由于未考虑预报来水情况而带有一定的风险性，并且由于缺乏优化思想而使水能资源不能得到充分利用。

（2）优化调度是在常规调度基础上发展起来，以运筹学为理论基础，以一定的最优准则为依据，利用系统工程理论和最优化方法，借助现代计算机高速计算能力，寻求满足水库调度原则的最优运行方式。优化调度能够在不增加额外投资的情况下提高水能资源利用率。

黄河干流龙羊峡至青铜峡河段共布置有 25 个水电站，是典型的梯级水电站，目前已建成了龙羊峡、拉西瓦、李家峡、公伯峡、积石峡、刘家峡、盐锅峡、八盘峡、青铜峡等 10余座大中型水电站。黄河干流中上游河段径流稳定、落差集中、水力资源丰富、淹没损失小、地质地形好。黄河水电青海段水电站以龙羊峡水电站为龙头，形成龙、拉、李、公、苏五级大型梯级水库群。龙羊峡水库为多年调节水库，拉西瓦、李家峡、公伯峡和苏只电站为日、周调节或径流式水库。

黄河上游梯级水电站发电优化调度的主要目的是根据天然来水、各水库所承担的综合利用任务以及电网、电力系统的要求，在保证水库安全的前提下，有计划的对天然入库径流进行蓄泄，寻求在满足综合利用要求和电力系统约束条件下的梯级水电站群最优联合运行方案和优化调度规律，开发利用该河段水力资源，将资源优势转变为经济优势，满足西北地区经济长远发展的需要。

第四节 风力发电基础知识

一、风力发电原理及分类

把风的动能转变成机械能，再把机械能转化为电能，这就是风力发电。风力发电的原理是利用风力带动风车叶片转子旋转，再通过升速装置将旋转的速度提升至满足电网频率要求，来促使发电机并网发电。风力发电装置结构图如图 3-29 所示。风力发电正在世界上形成一股热潮，因为风力发电不需要使用燃料，也不会产生辐射或空气污染，是清洁、低碳、环保的能源。

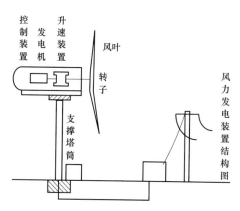

图 3-29　风力发电装置结构图

风力发电机组主要由风力机和发电机两大部分组成，前者将风能转化为机械能，后者将机械能转化为电能。根据风机这两大部分采用的不同结构类型及它们分别采用的技术方案的不同特征，再加上它们的不同组合，风力发电机组可以分成如下几类：

（1）按照风机旋转主轴的方向（即主轴与地面相对位置）分类，可以分为水平轴式风机和垂直轴式风机。前者转动轴与地面平行，叶轮需随风向变化而调整位置；后者转动轴与地面垂直，设计较简单，叶轮不必随风向改变而调整方向。

（2）按照桨叶受力方式可以分为升力型风机和阻力型风机。

（3）按照桨叶数量可以分为单叶片、双叶片、三叶片和多叶片型风机。叶片的数目由很多因素决定，其中包括空气动力效率、复杂度、成本、噪声、美学要求等。大型风力发电机可由 1、2 或 3 片叶片构成。叶片较少的风力发电机通常需要更高的转速以提取风中的能量，因此噪声比较大。而如果叶片太多，它们之间会相互作用而降低系统效率。目前三叶片风电机是主流，从美学角度上看，三叶片的风电机看上去较为平衡和美观。

（4）按照风机接受风的方向分类，可以分为上风向型—叶轮正面迎着风向（即在塔架的前面迎风旋转）和下风向型—叶轮背顺着风向两种类型。上风向风机一般需要有某种调向装置来保持叶轮迎风。而下风向风机则能够自动对准风向，从而免除了调向装置。但对于下风向风机，由于一部分空气通过塔架后再吹向叶轮，这样，塔架就干扰了流过叶片的气流而形成塔影效应，使其性能有所降低。

（5）按照功率传递的机械连接方式的不同，可以分为有齿轮箱型风机和无齿轮箱的直驱型风机。有齿轮箱型风机的桨叶通过齿轮箱及其高速轴和万能弹性联轴节将转矩传递到发电机的传动轴，联轴节具有良好的吸收阻尼和震动的特性，可吸收适量的径向、轴向和一定角度的偏移，并且联轴器可阻止机械装置的过载；直驱型风机桨叶的转矩可以不通过齿轮箱增速而直接传递到发电机的传动轴，发电机通过变频器和电网并网发电，这样的设计简化了装置的结构，减少了故障概率。

（6）按照桨叶接受风能的功率调节方式可以分为定桨距（失速型）机组和变桨距机组。前者桨叶与轮毂的连接是固定的，当风速变化时，桨叶的迎风角度不能随之变化。定桨距（失速型）机组结构简单、性能可靠。变桨距机组叶片可以绕叶片中心轴旋转，使叶片功角可在一定范围内调节变化，其性能比定桨距型提高很多，运行效率更高。

（7）按照叶轮转速是否恒定可以分为恒速风力发电机组和变速风力发电机组。前者设计简单可靠、造价低、维护量少、直接并网，但是气动效率低、结构载荷高，给电网造成波动，从电网吸收无功功率；后者气动效率高、机械应力小、功率波动小、成本效率高、支撑结构轻，但是功率对电压降敏感、电气设备的价格较高、维护量大，常用于大容量的主力机型。

（8）按照风力发电机组的发电机类型分类，可以分为异步发电机型和同步发电机型。异步发电机按其转子结构不同又可分为：笼型异步发电机——转子为笼型，笼型异步发电机结构简单可靠、廉价、易于接入电网，在小、中型机组中得到广泛的应用；绕线式双馈异步发电机——转子为线绕型，定子与电网直接连接输送电能，同时绕线式转子也经过变频器控制向电网输送有功或无功功率。同步发电机按其产生旋转磁场的磁极的类型又可分为：电励磁同步发电机——转子为线绕凸极式磁极，由外接直流电流励磁来产生磁场。永磁同步发电机——转子为铁氧体材料制造的永磁体磁极，通常为低速多极式，不用外界励磁，简化了发电机结构，运行可靠。

（9）按照风机的额定容量可分为微型机（10kW 以下）、小型机（10～100kW）、中型机（100～1000kW）、大型机（1000kW 以上，即兆瓦级风机）。

二、风力发电系统结构

风力发电机组由风轮、机舱、塔架和基础等部分组成。

叶片和轮毂是风轮获取风能量的关键部件。叶片具有空气动力外形，在气流作用下产生力矩驱动风轮转动，通过轮毂将扭矩输入到传动系统。

机舱内有风机的关键设备，如齿轮箱、发电机及风机传动轴等。

塔架用于支撑机舱达到所需要的高度。通常高的塔具有优势，因为离地面越高，风速越大。塔架上安置发电机和控制器之间的动力电缆、控制和通信电缆，还装有供操作人员上下机舱的扶梯。

基础为钢筋混凝土结构，根据当地的地质情况设计成不同的形式。其中心预置与塔架连接的基础部分，保证将风力发电机组牢牢的固定在基础上。

三、风机接入电网系统

图 3-30 所示为风力发电机组并网联络图，图中风力发电机组发出的电压为 690V 的交流电，它经过塔筒内的电缆线路输送至箱式变电站，在箱式变电站内通过变压器升压为 35kV，然后通过 35kV 线路送入电网。

四、全国风力发电总体概况

1. 我国风能资源分布

我国风能资源十分丰富。根据国家气象局的资料，我国离地 10m 高的风能资源总储量约 32.26 亿 kW，其中可开发和利用的陆地上的风能储量有 2.53 亿 kW，50m 高度的风能资源比 10m 高度的风能资源多 1 倍，约为 5 亿 kW。

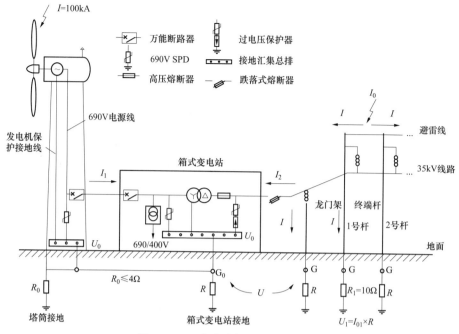

图 3-30　风力发电机组并网联络图

我国风能资源丰富的地区有如下三个区域：

（1）沿海地区。沿海地区是我国风能资源丰富的地区，有效风能密度大于或等于 200W/m² 的等值线平行于海岸线。沿海岛屿有效风能密度在 300W/m² 以上，全年中风速大于或等于 3m/s 的时数约为 7000～8000h，大于或等于 6m/s 的时数为 4000h。沿海岛屿风能功率密度在 500 W/m² 以上的有台山、平潭、东山、南鹿、大陈、嵊泗、南澳、马祖、马公、东沙等地区。东南沿海及其岛屿是我国风能最佳丰富区。我国有海岸线 18 000 多公里，岛屿 6000 多个，是风能大有开发利用前景的地区。

（2）新疆北部、内蒙古地区。这些地区也是我国风能资源丰富的地区，有效风能密度为 200～300W/m²，全年中风速大于或等于 3m/s 的时数为 5000h 以上，大于或等于 6m/s 的时数为 3000h 以上。

1）新疆地区。塔里木盆地和准噶尔盆地分别位于天山南北，三大山脉和两大盆地是形成风区的主要因素。此外，新疆处于中纬度地区，冷峰和低压槽过境较多，加大了南北向或东西向的气压差，因而在一些气流畅通的峡谷、山谷和山口等地使得气流线加密，风速增强，形成了风能资源丰富地区。新疆气象局根据各地的风能资源划出九大风能丰富区：额尔齐斯河西部风区（年平均风速 4m/s 以上）、准噶尔西部风区（年平均风速 4m/s 以上）、阿拉山口风区（年平均风速 6m/s 以上）、达坂城谷地风区（年平均风速 6m/s 以上）、吐鲁番西部风区、哈密北戈壁风区、百里风区（年平均风速 4.5～5.5m/s）、哈密南戈壁风区、罗布泊风区（年平均风速 5m/s 左右），全疆年风能蕴藏量达 9100 亿 kWh。

2）内蒙古地区。内蒙古风能资源是全国风能资源最丰富的地区之一，素有"一年两季风，从春刮到冬"的说法。多风的主要原因是这里地处西风带，春秋两季处于强大的蒙古高气压前缘，是高低气压的过渡带，因此风力较强。全区风能丰富区和较丰富区面积大，分布范围广,具有稳定度高、连续性好、无破坏性风速的特点。全区年平均风速在 3.3～5.7m/s。阿拉善盟和锡林郭勒盟及阴山山地属风力丰富区,年有效风能密度大于 200 W/m²,有效风能出现时间达 70%,3～20m/s 风速年积累 5000h 以上。内蒙古南部年平均有效风能密度在 50～200W/m²,3～20m/s 风速年积累 4000～5000h。全区风能总量约 54 亿 kW,占全国总量的 30% 以上,可开发利用的风能储量达 1.01 亿 kW,占全国可开发利用风能储量的 40%。

（3）三北（东北、华北、西北）地区。三北地区风能密度在 200～300 W/m² 以上,有的可达 500 W/m² 以上,如阿拉山口、酒泉、辉腾锡勒、锡林浩特的灰腾梁等地区可利用的小时数在 5000h 以上,有的可达 7000h 以上。这一风能丰富带的形成,主要是由于三北地区处于中高纬度的地理位置。黑龙江、吉林东部、河北北部、甘肃河西地区及辽东半岛的风能资源相对较好,有效风能密度在 200W/m² 以上,全年中风速大于和等于 3m/s 的时数为 5000h,全年中风速大于和等于 6m/s 的时数为 3000h。

2. 我国风电装机情况

截至 2012 年末,全国风电装机总容量为 6226 万 kW,年发电量约 1004 亿 kWh,中国风电装机总量占全球风电装机总量的 23%,位居世界第一。2012 年全国风电年发电量约 1004 亿 kWh,相当于节约燃煤 3286 万 t 标准煤,节水 1.67 亿 t,减少排放二氧化碳 8434 万 t,减少排放二氧化硫 22.8 万 t、减少排放烟尘 4 万 t、减少排放氮氧化物 24.2 万 t。风电为中国环境保护、经济可持续发展做出了不可磨灭的贡献。

第五节　太阳能基础知识

一、太阳能发电原理及分类

太阳能是人类取之不尽用之不竭的可再生能源,具有充分的清洁性、绝对的安全性、相对的广泛性、确实的长寿命和免维护性、资源的充足性及潜在的经济性等优点,在长期的能源战略中具有重要地位。太阳能发电方式主要有通过热过程的太阳能热发电和不通过热过程的光伏发电、光化学发电、光生物发电等方式。

1. 光伏发电

太阳能光伏发电的能量转换器是太阳能电池,又称光伏电池。光伏电池发电的原理是"光生伏打效应",当太阳光（或其他光）照射到太阳能电池上,太阳能电池吸收一定能量的光子后,半导体内产生电子—空穴对,称为光生载流子,在半导体 P—N 结产生的静电场作用下,电性相反的光生载流子被分离,并在 P—N 结两侧集聚形成电位差,即产生光生电压。当在电场的两侧引出电极并接上负载时,负载就有光生电流流过,从而获得功率输出。这个过程就是光能转换成电能的过程。

2. 光热发电

太阳能光热发电是指利用太阳集热器以聚焦的方式收集太阳热能,加热工质,产生高温高压蒸汽,驱动汽轮机发电。采用太阳能光热发电技术,避免了昂贵的硅晶光电转换工艺,可以大大降低太阳能发电的成本。而且,这种形式的太阳能利用还有一个其他形式的太阳能转换所无法比拟的优势,即太阳能所烧热的水可以储存在巨大的容器中,在太阳落山后几个小时仍然能够带动汽轮发电。

3. 光化学发电

浸泡电极的电解液受到光照后发生化学变化，在电极上有电流输出，实现发电。

4. 光生物发电

光生物发电也称叶绿素发电，指叶绿素在光照作用下能产生电流，实现发电。

这些方式中，太阳能光伏发电应用最为广泛，光热发电初具规模，其他方式处于研发阶段。

二、全国光伏发电总体概括

1. 我国太阳能资源分布

我国具有十分丰富的太阳能资源，年辐射总量为 3350～8400MJ/m²，全国总面积 2/3 以上地区年辐射量超过 5000MJ/m²，年日照时数大于 2200h。我国西藏、青海、新疆、甘肃、宁夏、内蒙古高原属于世界太阳能资源丰富地区，其中西藏太阳能年辐射总量仅次于撒哈拉大沙漠，居世界第二位。西北地区除陕西中南部以外，其他地区年日照时数均在 2500h 以上，年辐射总量均超过 5000MJ/m²。

我国太阳能资源分布的主要特点有：

（1）太阳能的高值中心和低值中心都处在北纬 22°～35° 这一带，青藏高原是高值中心，四川盆地是低值中心。

（2）太阳年辐射总量，西部地区高于东部地区，而且除西藏和新疆两个自治区外，基本上是南部低于北部。

2. 我国光伏装机情况

2012 年，我国新增光伏装机 450 万 kW，截至 2012 年末，全国光伏装机总容量接近 800 万 kW。2005～2013 年中国光伏装机容量增长情况如图 3-31 所示。

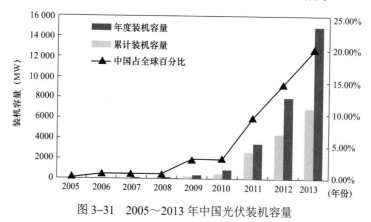

图 3-31　2005～2013 年中国光伏装机容量

三、光伏发电系统

（一）光伏发电系统结构

太阳能光伏发电系统主要由太阳能电池板（阵列）、控制器、蓄电池、DC/DC 变换器、逆变器等部分组成，如图 3-32 所示。

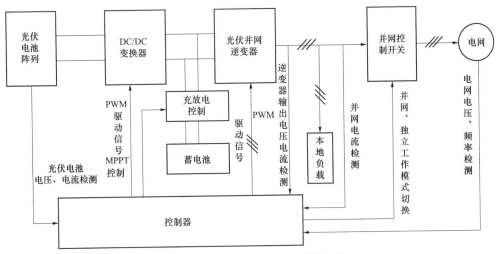

图 3-32　太阳能光伏发电系统组成

1. 太阳能电池板

太阳能电池板如图 3-33 所示，是太阳能发电系统中的核心部分，也是太阳能发电系统中价值最高的部件。其作用是将太阳的辐射转换为电能，或送往蓄电池中存储起来，或驱动负载工作。

太阳能电池单体是光电转换的最小单元，太阳能电池组件是可以单独作为电源使用的最小单元，具有一定的防腐、防风、防雹、防雨等能力，广泛应用于各个领域和系统。太阳能电池单体工作电压约为 0.45～0.5V，工作电流约为 $20～25mA/cm^2$，电压和电流远低于实际应用的要求，一般不能单独作为电源使用。为了满足实际应用，需把太阳能电池单体进行串并联并封装后成为太阳能电池组件，太阳能电池组件再经过串并联并装在支架上，就构成了太阳能电池板（阵列），它可以满足负载所要求的输出功率。

图 3-33　太阳能电池板

2. 太阳能控制器

太阳能控制器的作用是控制整个系统的工作状态，其主要功能是使太阳能发电系统始终处于发电的最大功率点附近，以获得最高效率；并对蓄电池起到过充电保护、过放电保护的作用。在温差较大的地方，合格的控制器还应具备温度补偿的功能。控制器还应配置光控开关、时控开关等附件配件。

3. 蓄电池

光伏发电系统中普遍应用的储能装置是蓄电池，它的主要功能是在有光照时将太阳能电池阵列所发出的直流电能储存起来，到需要时再释放出来。光伏发电系统对蓄电池的基本要求是：自放电率低、使用寿命长、深放电能力强、充电效率高、少维护或免维护、工作温度范围宽、价格低廉。

目前蓄电池一般采用铅酸蓄电池，小微型系统中也可采用碱性镍氢、镍镉蓄电池。

4. DC/DC 变换器

DC/DC 变换器的功能是通过控制回路中功率器件的导通与关断，将光伏电池阵列输出的低压直流电升压成高压直流电，为 DC-DC 逆变器的工作提供前提条件，能保证在直流输入电压大范围变化的情况下输出稳定的高压直流电，并同时实现最大功率跟踪控制功能。

5. 逆变器

逆变器的主要功能是将光伏电池阵列和蓄电池提供的直流电逆变成交流电。它通过全桥电路，采用正弦脉宽调制（SPWM）处理器进行调制、滤波、升压等，进而得到与电网或负载频率相同、额定电压匹配的正弦交流电，实现并网运行或供系统终端用户使用。

（二）光伏电站运行情况

1. 出力特点

太阳能具有能量密度低、稳定性差的弱点，并受到地理分布、季节变化、昼夜交替等影响，光伏发电出力的主要影响因素有：

（1）时间周期。由于光伏发电的条件是有日光时光伏发电设备才能正常工作发电。因此，白昼黑夜，一年当中春夏秋冬各个季节对光伏发电的负荷影响巨大。为了应付这种特点，电网不得不配备相应容量的发电机处于旋转备用状态。

（2）气象条件。采用光伏并网发电无蓄电池方案时，如果一个城市上空的气候大幅变化，将造成电力负荷的大幅波动。当一个城市上空的空气质量变差或遇到雾天、阴天等恶劣天气时都将使光伏发电出力下降。

图 3-34 和图 3-35 是某地区光伏电站的典型出力图，从图 3-34 中可以看出，晴朗天气下该地区光伏电站出力形状类似正弦半波，基本在上午 6 时至下午 20 时区间内。当云层遮挡阳光等非理想天气状况下，光伏电站出力发生波动，如图 3-35 所示。

由于各地的光伏资源、地理条件不尽相同，各个光伏电站的年利用小时数也有所差异。以西北地区为例：陕西地区光伏年可利用小时数为 1300h，5 月电量最大，12 月电量最小；甘肃地区光伏年可利用小时数为 1400h，5 月电量最大，12 月电量最小；青海地区光伏年可利用小时数为 1700h，5 月电量最大，12 月电量最小；宁夏地区光伏年可利用小时数为 1400h，5 月电量最大，12 月电量最小；新疆地区光伏年可利用小时数为 1400h，9 月电量最大，12 月电量最小（东疆、南疆最小为 1 月）。

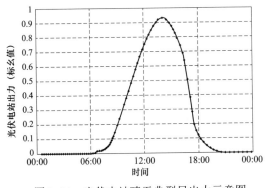

| 图 3-34　光伏电站晴天典型日出力示意图 | 图 3-35　光伏电站阴天典型日出力示意图 |

光伏电站的年利用小时数受天气、限电、设备状况等因素影响，地区、年份不同也会有一定差异。

2. 并网影响

光伏并网发电系统不具备调峰和调频能力，这将对电网的早峰负荷和晚峰负荷造成冲击。太阳能发出的电能随机性、波动性都很强，会引起相关线路的的潮流发生变化，影响系统稳态。

由于阳光和负荷出现的周期性及地理气象条件的大幅变化，同一区域的发电系统的输出功率会出现群起群落的情况。因此，光伏并网发电量的增加并不能减少对电网装机容量的需求。

由于目前光伏电站容量均很小，除西藏地区外其他各省均未对光伏电站进行限出力（西藏地区网架较弱，负荷也很小）。随着日后光伏电站并网容量的增加，电网网架及调峰等问题将可能对光伏出力有一定的制约。

3. 并网检测管理

目前国家电网公司及各省电力公司已建立起初步的检测要求。大致流程如下：

1）光伏电站业主向电网调度部门递交光伏电站并网检测申请，调度机构批准后，光伏电站业主委托具备相应资质的机构对光伏电站进行并网检测。

2）光伏电站业主向并网检测机构提供光伏电站并网检测报告所需的光伏电站基本资料。

3）并网检测机构选定光伏电站需要检测的功率单元输出模块，以及光伏电站并网点，进行光伏电站并网性能检测，并提交检测报告，业主向调度部门提交检测报告。

4）电网企业配合实现各种测试工况；依据检测报告确实是否审核批准光伏电站正式并网。

4. 调度及交易

由于光伏电站的特殊性会对电网带来一定的影响，根据各省实际，一般情况下容量为 10MW 及以上或通过 35kV 及以上系统并网的光伏电站由所属省的省调直接负责调管，其他由地调调管。光伏电站前一日中午（通常为 12:00 之前）向调度提交次日的光伏发电功率预测曲线，调度综合考虑后于下午（通常为 17:00 之前）向光伏电站下发运行模式及计划曲线。

现阶段光伏发电参与电力交易形式为：电网与光伏电站签订购电合同，合同中明确光伏电站的容量、上网电量、电费等情况，光伏电站根据合同及调度的要求向电网提供电能。

目前与光伏相关的调度、交易运行机制刚起步，为了更好的接纳光伏并网，在调度和交易方面还需进行进一步研究：一是要加强光伏功率预报模型和方法研究，提高光伏功率预测水平，大力推进光伏功率预测系统（包括光伏电站和调度机构）建设；二是要加大研发力度，开发研制光伏调度自动化系统，为光伏调度管理提供基本的技术支撑手段；三是深入研究大规模光伏并网的安全稳定特性和机理，研究跨大区可快速调节电源以及大规模光伏的互补特性和联合调度技术。

四、光热发电系统

光热发电利用镜面收集热能，通过换热装置提供蒸汽，驱动传统汽轮发电机从而达到发电的目的，这种发电方式无污染、能效高、成本低，最重要的是光热发电可以配备大规模储能，把白天的太阳能储存起来，到晚上或无光照时利用储存的热能进行发电，可实现持续稳定的运行。这是太阳能光热发电最大的优势。

在光热发电中，按照太阳能采集方式可分为塔式太阳能发电、槽式太阳能发电、碟式太阳能发电三种。太阳能槽式发电的发展速度最为迅猛，目前已经实现大规模的商业运行，塔式发电和碟式发电处于示范研究阶段。

典型的太阳能光热发电系统由集热子系统、热传输子系统、蓄热与热交换子系统、发电子系统四个子系统组成，如图3-36所示。

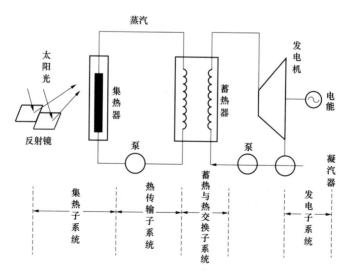

图3-36 典型的太阳能光热发电系统

集热子系统实现将低密度的太阳光收集起来，将太阳光转化成热能；热传输子系统用于将收集到的热能传输至蓄热器；蓄热与热交换子系统用于储存太阳场收集的多余热能，以提供夜间或阴雨天发电所需的能量；发电子系统实现将热能转换为电能。太阳能热动力有现代汽轮发电机组和燃气轮发电机组（槽式和塔式）、斯特林动力发电机（碟式）。

1. 塔式太阳能发电系统

塔式太阳能发电系统（如图 3–37 所示）是利用众多独立跟踪太阳光的定向反射镜（定日镜），将太阳热能反射到设置于高塔顶部的高温集热器（太阳锅炉）上，通过能力转换把热量传递给导热介质，再由蒸汽发生器产生过热蒸汽，或直接加热集热器中的水产生过热蒸汽，驱动蒸汽轮机发电机组发电。

图 3–37　塔式太阳能发电系统现场图

一个高温集热器一般可以收集 100MW 的辐射功率，产生 1100℃的高温，由于塔式太阳能发电系统中定日镜的数量众多，塔式太阳能发电系统的聚光比随之升高，最高可达 1500，运行温度达到 1000～1500℃，因其聚光倍数高、能量集中过程简便、热转化效率高等优点，塔式发电系统可实现大功率发电。

塔式太阳能发电系统包括定日镜、接收器、工质加热器、蓄热系统及汽轮机组等部分，如图 3–38 所示，收集装置由多面定日镜、跟踪装置、支持结构等构成，系统通过对收集装置的控制，实现对太阳的最佳跟踪，从而将太阳的反射光准确聚焦到中央接收器内的吸热器中，使传热介质受热升温，进入蒸汽发生器产生蒸汽，最终驱动汽轮机组进行发电。为了保证持续系统的供电，蓄热装置可以将高峰时段的热量进行存储，以备早晚、阴雨间隙或者调峰时使用。

2. 槽式太阳能发电系统

槽式太阳能发电系统如图 3–39 所示，利用槽式抛物面反射镜将太阳光聚焦到安装在抛物线形反光镜焦点上的线形接收器上，加热流过接收器的热传导液，热传导液在换热器内产生高压、高温蒸汽，最后将蒸汽送入常规的蒸汽涡轮发动机发电。将多个槽式抛物面集热器经过串、并联的排列组成槽式太阳能热发电系统。

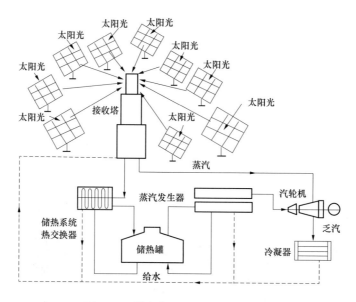

图 3-38　塔式太阳能发电系统示意图

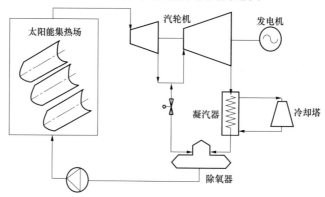

图 3-39　槽式太阳能发电系统示意图

　　槽式太阳能聚光集热器如图 3-40 所示，它是一种线聚焦集热器，槽式聚光集热器由抛物线沿轴线旋转形成旋转抛物面，与抛物镜面轴线平行的反射光线会聚到一条线（带）上，故集热器的接收器是长条形的，一般由管状的接收器安装在柱状抛物面的焦线上组成。槽式聚光集热器的聚光比范围约 20～80，聚热温度根据需要可以达到 550℃以上甚至更高。槽式太阳能聚光集热器的结构主要由槽式抛物面反光镜、集热管、跟踪机构组成，如图 3-41所示。反光镜一般由玻璃制造，背面镀银并涂保护层，也可用反光铝板制造反光镜，反光镜安装在反光镜支架上。槽式抛物面反射镜将入射太阳光聚焦到焦点的一条线上，在该条线上装有接收器的集热管，集热管内有吸热管，用来吸收太阳光加热内部的传热液体，一般用不锈钢制作，外有黑色吸热涂层。为了减小热量散发，集热管外层装有玻璃套管，在玻璃套管与吸热管间有空隙并抽真空。集热管通过接收器支架与反射镜固定在一起构成槽式集热器，反光镜托架上有与集热管平行的轴，集热器通该轴安装在集热器支架上，可绕轴旋转。许多槽式集热器串、并联组成槽式太阳能发电场，如图 3-42 所示。

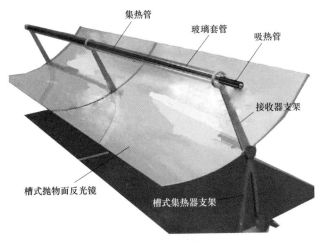

图 3-40　槽式太阳能聚光集热器结构图

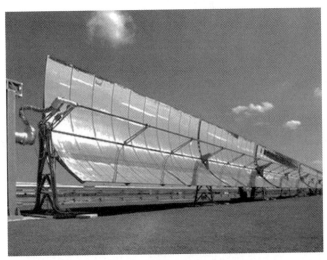

图 3-41　槽式太阳能聚光集热器现场图

图 3-42　槽式太阳能发电场现场图

槽式太阳能发电系统结构相对紧凑，占地面积较小，安装维护方便，因此槽式太阳能发电系统是太阳能光热发电中最适宜推广的一种发电系统。根据国际权威机构统计，截至2009年底，全世界运行的槽式光热发电站占整个光热发电站的88%，占在建项目的97.%。

3. 碟式太阳能发电系统

碟式太阳能发电系统利用曲面聚光反射镜，将入射阳光聚集到聚光集热器的焦点处，传热工质流经集热器吸收太阳光转换成的热能，然后驱动热机运转，并带动发电机发电，一般在焦点处安装斯特林发动机发电。碟式太阳能发电如图3-43和图3-44所示。

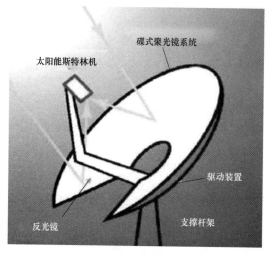 

图3-43 碟式太阳能发电系统示意图　　图3-44 碟式太阳能发电场现场图

碟式太阳能发电系统是世界上最早出现的太阳能动力系统，由于碟式太阳能发电系统聚光比可达到3000以上，使得接收器的吸热面积很小，减少能量损失，同时使接收器的接收温度达到800℃以上，因此碟式太阳能发电系统是目前效率最高的太阳能发电系统，发电效率最高达到29.4%，而且系统能够独立运行，应用灵活，无须消耗大量水资源，占地面积小，制造成本低。但是，碟式太阳能发电系统单机容量较小，一般在5～25kW，比较适合建立分布式能源系统。

碟式太阳能发电系统一般由旋转抛物面反射镜、高温吸热器、跟踪传动装置、热功转换装置和发电储能装置等组成。整个碟式发电系统安装于一个双轴跟踪支撑装置上，实现定日跟踪。碟式反射镜可以是一整块抛物面，也可由聚焦于同一点的多块反射镜组成。与塔式和槽式太阳能发电不同的是，碟式太阳能发电主要采用斯特林热力循环，完成热能到机械能的转化，但由于斯特林热机的技术开发尚未成熟，因而碟式太阳能发电尚在试验示范阶段。

上述三种太阳能发电技术都有其自身的特点、优势和缺点，列于表3-11中。

表3-11 三种聚光式太阳能电站的发展状况及其优缺点

发电方式	塔 式	槽 式	碟 式
电站规模（MW）	10～100	10～100	5～10
聚光方式	平、凹面反射镜	抛物面反射镜	旋转对称抛物面反射镜

发电方式	塔 式	槽 式	碟 式
跟踪方式	双轴跟踪	单轴跟踪	双轴跟踪
光热转换效率（%）	60	70	85
峰值效率（%）	23	20	29
年均效率（%）	7～20	11～16	12～25
能否储能	可以	有限制	蓄电池
单位面积造价（美元/m²）	200～475	275～600	320～3100
单位瓦数（美元/W）	2.7～4.0	2.5～4.4	1.3～12.6
发展状况	试验示范阶段。高温过程热，联网运行最高的单元容量为10MW	可商业化。中、高温过程热，联网发电运行最高的单元容量为80MW，总的装机容量为354 MW	试验示范阶段。独立的小型发电系统构成大型的联网电站（最高的单元容量为25 kW，2013 年设计的单元容量为 10 kW）
优点	（1）较高的转化效率，有较好的开发前景； （2）可混合发电； （3）可高温储能； （4）可通过改进定日镜和蓄热方式降低成本	（1）可商业化，投资成本较低； （2）3 种方式中占地最少； （3）可混合发电； （4）可中温储能	（1）最高的转化效率； （2）可模块化； （3）可混合发电
缺点	（1）聚光场和吸热场的优化配合还需研究； （2）初次投资和运营的费用高，商业化程度不够	（1）只能产生中等温度的蒸汽； （2）真空管技术有待提高	（1）造价高，无与之配套的商业化特斯林热机； （2）可靠性有待加强，大规模生产还需研究

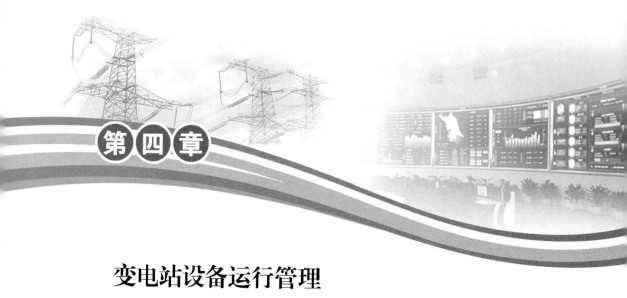

变电站设备运行管理

第一节 变电站主接线及运行方式

将变电站内的变压器、断路器、隔离开关、互感器、避雷器、母线等电气一次设备按一定顺序连接起来，用以表示产生、汇集和分配电能的电路，称为主接线图。电气主接线直接影响变电站的安全、稳定运行。

对电气主接线的基本要求是：

（1）根据系统和用户的要求，保证供电的可靠性和电能质量。

（2）接线简单、清晰。

（3）保证进行倒闸操作的工作人员的安全，并能保证维护和检修工作的安全进行。

（4）在满足技术要求的前提下，应使投资和运行的费用最经济。

（5）具有扩建的可能牲。

设备的运行方式是指系统中各电气设备的运行状态及其相互连接的方式。

设备的运行方式包括正常运行方式和特殊运行方式。正常运行方式是经常性的运行方式，是指系统在无故障的情况下，最合理、经济、可靠、灵活的运行方式。特殊运行方式是指在系统发生异常或设备损坏、设备试验检修时，为了减少对外停电而采取的一种运行方式。

由于电力系统的负荷经常发生变化、输变电设备停电检修、设备缺陷处理或系统故障等原因，在运行过程中要经常改变设备的运行方式。

一、单母线接线

单母线接线示例见表4-1。

表 4-1	**单 母 线 接 线 示 例**

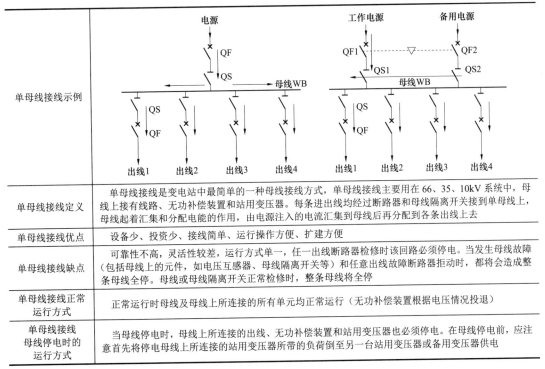

单母线接线示例	
单母线接线定义	单母线接线是变电站中最简单的一种母线接线方式,单母线接线主要用在 66、35、10kV 系统中,母线上接有线路、无功补偿装置和站用变压器。每条进出线均经过断路器和母线隔离开关接到单母线上,母线起着汇集和分配电能的作用,由电源注入的电流汇集到母线后再分配到各条出线上去
单母线接线优点	设备少、投资少、接线简单、运行操作方便、扩建方便
单母线接线缺点	可靠性不高,灵活性较差,运行方式单一,任一出线断路器检修时该回路必须停电。当发生母线故障(包括母线上的元件,如电压互感器、母线隔离开关等)和任意出线故障断路器拒动时,都将会造成整条母线全停。母线或母线隔离开关正常检修时,整条母线将全停
单母线接线正常运行方式	正常运行时母线及母线上所连接的所有单元均正常运行(无功补偿装置根据电压情况投退)
单母线接线母线停电时的运行方式	当母线停电时,母线上所连接的出线、无功补偿装置和站用变压器也必须停电。在母线停电前,应注意首先将停电母线上所连接的站用变压器所带的负荷倒至另一台站用变压器或备用变压器供电

二、单母线分段接线

单母线分段接线示例见表 4-2。

表 4-2	**单母线分段接线示例**

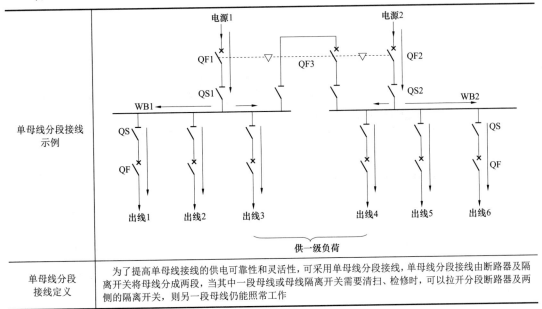

单母线分段接线示例	
单母线分段接线定义	为了提高单母线接线的供电可靠性和灵活性,可采用单母线分段接线,单母线分段接线由断路器及隔离开关将母线分成两段,当其中一段母线或母线隔离开关需要清扫、检修时,可以拉开分段断路器及两侧的隔离开关,则另一段母线仍能照常工作

单母线分段接线特点	（1）单母线分段后，可弥补单母线接线的不足，相对于单母线接线方式，提高了供电的可靠性和灵活性。 （2）双电源线路一路工作，另一路备用时，分段断路器接通运行。任一段母线故障，分段断路器可在继电保护装置作用下自动断开。 （3）双电源线路同时工作互为备用（又称暗备用）时，分段断路器则断开运行。任一电源故障，分段断路器可自动投入

单母线分段接线运行方式	
正常运行方式	正常运行时母线及母线上所连接的所有单元均正常运行（无功补偿装置根据电压情况投退）
任一母线停电时的运行方式	当任一母线停电时，母线分列运行，停电母线上所连接的出线、无功补偿装置和站用变压器也必须停电。在母线停电前，应注意首先将停电母线上所连接的站用变压器所带的负荷倒至另一台站用变压器或备用变压器供电

三、双母线接线

双母线接线示例见表 4–3。

表 4–3 双 母 线 接 线 示 例

双母线接线示例	
双母线接线特点	双母线接线共有两组母线，每一出线经一组断路器和两组隔离开关接到两组母线上，两组母线之间通过母线联络断路器（简称母联断路器）连接起来。根据需要，每一条出线可以通过母线隔离开关连接到任意一条母线上
双母线接线优点	（1）供电可靠性高，可以轮流检修母线而不使供电中断，当一条母线故障后，将非故障元件倒换至无故障母线上，就可以迅速恢复供电。 （2）检修母线隔离开关时，只需要停该隔离开关所对应的出线和母线，其余出线倒换至另一条母线，不影响其他元件供电。 （3）在母线检修时，可以在任何出线不停电的情况下轮流检修母线，不影响各元件正常运行。 （4）运行方式灵活。根据系统运行的需要，各元件可灵活的连接到任一母线上，实现系统运行方式灵活调整。 （5）配电装置布置清晰，扩建方便。 （6）任一回线运行中的断路器，如果拒绝动作或因故不允许操作时，可利用母联断路器代替来断开该回路
双母线接线缺点	（1）倒闸操作复杂，容易发生误操作。 （2）任一回路断路器停运时，该回路需要停电。 （3）母线隔离开关多，投资较大，配电装置结构复杂，占地面积大，经济性差。 （4）隔离开关操作闭锁接线复杂。 （5）二次电压回路接线复杂

双母线接线运行方式	
正常运行方式	正常运行时两条母线并列运行，每条线路安排一组固定的连接母线，满足系统运行或继电保护的要求，即固定连接方式
特殊运行方式	（1）双母线分列运行方式或变为单母线运行方式。 （2）一段母线上无电源点的运行方式。 （3）通过母联断路器串联其他断路器的运行方式

四、双母线双分段接线

双母线双分段接线示例见表4-4。

表 4-4   双母线双分段接线示例

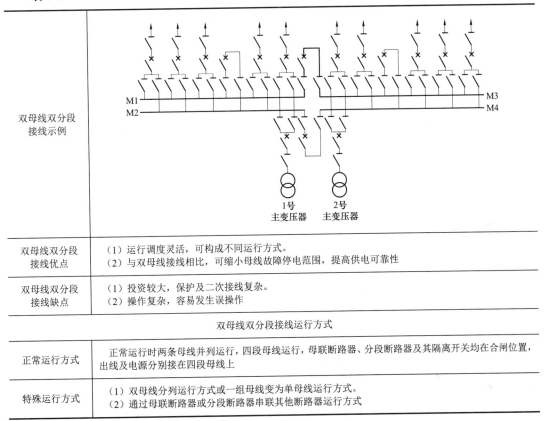

双母线双分段接线示例	
双母线双分段接线优点	(1) 运行调度灵活，可构成不同运行方式。 (2) 与双母线接线相比，可缩小母线故障停电范围，提高供电可靠性
双母线双分段接线缺点	(1) 投资较大，保护及二次接线复杂。 (2) 操作复杂，容易发生误操作
双母线双分段接线运行方式	
正常运行方式	正常运行时两条母线并列运行，四段母线运行，母联断路器、分段断路器及其隔离开关均在合闸位置，出线及电源分别接在四段母线上
特殊运行方式	(1) 双母线分列运行方式或一组母线变为单母线运行方式。 (2) 通过母联断路器或分段断路器串联其他断路器运行方式

五、单母线带旁路、单母线分段带旁路、双母线带旁路接线

单母线带旁路、单母线分段带旁路、双母线带旁路接线优缺点及运行方式见表4-5。

表 4-5   单母线带旁路、单母线分段带旁路、双母线带旁路接线优缺点及运行方式

优点	当出线回路断路器或隔离开关故障时，可通过旁路母线带出线断路器运行，提高了供电可靠性
缺点	增加旁路母线设备，配电装置结构复杂，倒闸操作复杂，易发生误操作；保护及二次接线复杂；在无人值班变电站应用受到限制
运行方式	旁路转带出线断路器或变压器断路器

六、3/2 断路器接线

3/2 断路器接线示例见表4-6。

3/2 断路器接线示例	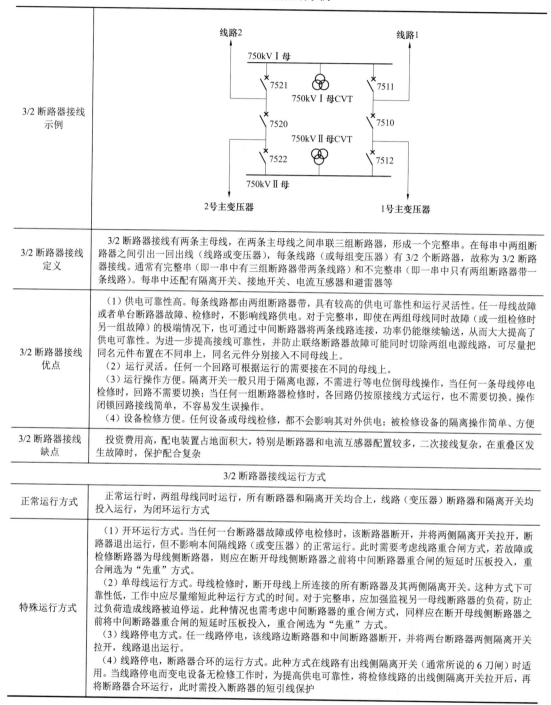
3/2 断路器接线定义	3/2 断路器接线有两条主母线,在两条主母线之间串联三组断路器,形成一个完整串。在每串中两组断路器之间引出一回出线(线路或变压器),每条线路(或每组变压器)有 3/2 个断路器接线。通常有完整串(即一串中有三组断路器带两条线路)和不完整串(即一串中只有两组断路器带一条线路)。每串中还配有隔离开关、接地开关、电流互感器和避雷器等

3/2 断路器接线优点	(1)供电可靠性高。每条线路都由两组断路器带,具有较高的供电可靠性和运行灵活性。任一母线故障或者单台断路器故障、检修时,不影响线路供电。对于完整串,即使在两组母线同时故障(或一组检修时另一组故障)的极端情况下,也可通过中间断路器将两条线路连接,功率仍能继续输送,从而大大提高了供电可靠性。为进一步提高接线可靠性,并防止联络断路器故障可能同时切除两组电源线路,可尽量把同名元件布置在不同串上,同名元件分别接入不同母线上。
	    (2)运行灵活。任何一个回路可根据运行的需要接在不同的母线上。
	    (3)运行操作方便。隔离开关一般只用于隔离电源,不需进行等电位倒母线操作,当任何一条母线停电检修时,回路不需要切换;当任何一组断路器检修时,各回路仍按原接线方式运行,也不需要切换。操作闭锁回路接线简单,不容易发生误操作。
	    (4)设备检修方便。任何设备或母线检修,都不会影响其对外供电;被检修设备的隔离操作简单、方便

3/2 断路器接线缺点	投资费用高,配电装置占地面积大,特别是断路器和电流互感器配置较多,二次接线复杂,在重叠区发生故障时,保护配合复杂
3/2 断路器接线运行方式	
正常运行方式	正常运行时,两组母线同时运行,所有断路器和隔离开关均合上,线路(变压器)断路器和隔离开关均投入运行,为闭环运行方式

特殊运行方式	(1)开环运行方式。当任何一台断路器故障或停电检修时,该断路器断开,并将两侧隔离开关拉开,断路器退出运行,但不影响本间隔线路(或变压器)的正常运行。此时需要考虑线路重合闸方式,若故障或检修断路器为母线侧断路器,则应在断开母线侧断路器之前将中间断路器重合闸的短延时压板投入,重合闸选为"先重"方式。
	    (2)单母线运行方式。母线检修时,断开母线上所连接的所有断路器及其两侧隔离开关。这种方式下可靠性低,工作中应尽量缩短此种运行方式的时间。对于完整串,应加强监视另一母线断路器的负荷,防止过负荷造成线路被迫停运。此种情况也需考虑中间断路器的重合闸方式,同样应在断开母线侧断路器之前将中间断路器重合闸的短延时压板投入,重合闸选为"先重"方式。
	    (3)线路停电方式。任一线路停电,该线路边断路器和中间断路器断开,并将两台断路器两侧隔离开关拉开,线路退出运行。
	    (4)线路停电,断路器合环的运行方式。此种方式在线路有出线侧隔离开关(通常所说的 6 刀闸)时适用。当线路停电而变电设备无检修工作时,为提高供电可靠性,将检修线路的出线侧隔离开关拉开后,再将断路器合环运行,此时需投入断路器的短引线保护

七、线路—变压器组单元接线

线路—变压器组单元接线示例见表 4–7。

表 4–7	线路—变压器组单元接线示例
线路—变压器组单元接线示例	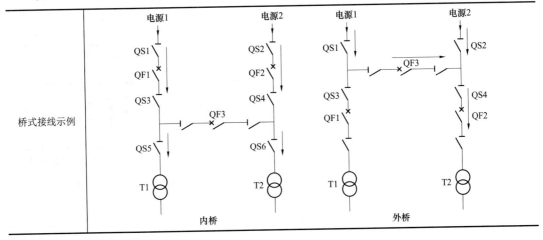
线路—变压器组单元接线特点	线路—变压器组接线就是线路和变压器通过断路器直接连接，中间无母线，断路器两侧安装有隔离开关。适于只有一台主变压器的小型变电站或超高压系统中 3/2 断路器接线的过渡接线
线路—变压器组单元接线优点	高压配电装置接线简单、设备少、投资少、经济性好、操作简便、宜于扩建
线路—变压器组单元接线缺点	灵活性和供电可靠性较差，线路、变压器、断路器等任何设备故障或检修时，中断对外供电
线路—变压器组接线运行方式	
正常运行方式	正常运行时，变压器和线路同时运行
线路或变压器故障时的运行方式	当线路或者线路电抗器发生故障时，线路保护或者电抗器保护动作，跳开线路两侧断路器，若在短时间内能恢复供电，可在变压器不停电的情况下尽快恢复线路运行。若短时间内不能恢复运行，为了减少变压器损耗，可将变压器转为热备用状态，拉开线路侧隔离开关，对线路或线路电抗器进行检修，待检修完毕后将变压器和线路恢复运行。同样，当主变压器故障时，变压器和相应保护动作，跳开主变压器三侧断路器，此时，线路对侧断路器在合闸位置，线路仍带电，若在短时间内主变压器能恢复供电，线路仍可带电运行，待变压器故障处理完毕后，用主变压器中压侧断路器给变压器充电正常后合上变压器高压侧断路器合环运行
线路或变压器检修时的运行方式	当线路或者变压器检修时，由于检修时间一般较长，为了避免变压器和线路长时间空载运行时不必要的损耗，将变压器或线路也停止运行。此方式下，一般由调度安排在年度检修工作时变压器和线路同时进行停电检修

八、桥式接线

桥式接线示例见表 4–8。

表 4–8	桥 式 接 线 示 例
桥式接线示例	

内桥   外桥

内桥形接线	
内桥形接线 特点	适用于较小容量的发电厂、变电站并且变压器不经常切换或线路较长、故障率较高的情况
内桥形接线 优点	（1）便于线路停送电操作。 （2）投资少，接线简单、清晰，高压断路器数量少，四个回路只需三台断路器。运行操作方便
内桥形接线 缺点	（1）变压器的切除和投入较复杂，需动作两台断路器，导致一回线路暂时停运。 （2）桥连断路器检修时，两个回路需解列运行；出线断路器检修时，线路需较长时期停运
外桥形接线	
外桥形接线 特点	适用于较小容量的发电厂、变电站并且变压器的切换较频繁或线路较短、故障率较少、穿越功率较大的情况
外桥形接线 优点	（1）便于变压器停送电操作。 （2）投资少，接线简单、清晰，高压断路器数量少，四个回路只需三台断路器
外桥形接线 缺点	线路的切除和投入较复杂，需动作两台断路器，导致一台变压器暂时停运。高压侧断路器检修时，变压器需较长时间停运

九、角形接线

角形接线示例见表 4-9。

表 4-9   **角 形 接 线 示 例**

角形接线示例	
角形接线定义	各断路器互相连接而成闭合的环形电路，并按回路数利用断路器分段，在每两台断路器之间引出一条回路即构成角形接线
角形接线优点	（1）角形接线既实现了双重连接的原则，使每一回路有两台断路器，具有双断路器的功能，又使断路器数量等于进、出线回路数，具有设备少、投资省的优点。在角数不多的情况下，具有较高的可靠性和灵活性。 （2）每个回路都与两台断路器相连接，检修任意一台断路器都不致中断供电，隔离开关只用于检修操作
角形接线缺点	（1）检修断路器时，将开环运行，此时，如恰好发生其余断路器事故跳闸，则会造成系统解列或分成两部分运行，甚至会造成停电事故。 （2）多角形接线在开环和闭环两种运行状态时，所通过的电流差别很大，使设备选择造成困难，并使继电保护复杂化。 （3）角形接线也不便于扩建

第二节 线圈类设备

一、变压器

变压器是电力网中的重要设备之一，变压器是利用法拉第电磁感应原理将一个电压等级的电能变换为另一个（或多个）不同电压等级电能的电功率传输转换设备，在变换电压的同时，还能变换电流。变压器在电力系统中的主要作用是变换电压，以利于功率的传输和分配。变压器在电力系统中的应用如图4-1所示。

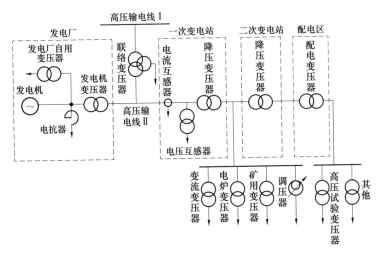

图4-1　变压器在电力系统中的应用

1. 变压器分类和主要技术参数

（1）在电力系统中，变压器的分类方式见表4-10。

表4-10　　　　　　　　　　　　变压器分类

按工作原理	普通交流变压器、换流变压器
按相数	三相变压器、单相变压器
按绕组数	双绕组变压器、三绕组变压器
按绕组形式	普通绕组变压器、自耦绕组变压器、分裂绕组变压器
按冷却方式	干式、油浸自冷式、油浸风冷式、强迫油循环风冷式、强油导向油循环风冷式、强迫油循环水冷式
按调压方式	无载调压变压器、有载调压变压器
按用途	电力变压器、特种变压器（电炉变压器、整流变压器、工频试验变压器、调压器、矿用变压器、中频变压器、高频变压器、冲击变压器、仪用变压器、电子变压器、电抗器、互感器等）
按中性点绝缘水平	全绝缘变压器、半绝缘（分级绝缘）变压器

（2）变压器主要技术参数见表 4-11。

表 4-11 变压器主要技术参数

技术参数	含　义
额定容量 S_N	变压器在铭牌条件下，以额定电压、额定电流连续运行时所输送的单相或三相总视在功率
容量比	变压器各侧额定容量之间的比值
额定电压 U_N	变压器在长时间运行时，设计条件所规定的电压值（线电压）。变压器一次侧额定电压是指规定的加到一次侧的线电压；变压器二次侧额定电压是指变压器空载而一次侧加上额定电压，二次侧的端电压（线电压）
电压比	变压器各侧额定电压之间的比值
空载电流 $I_0\%$	变压器在额定电压下空载运行时，一次侧通过的电流与额定电流比值的百分数
额定电流 I_N	变压器在额定容量、额定电压下运行时通过的线电流。三相变压器一次侧和二次侧的额定电流，等于变压器的额定容量或该侧的额定容量除以 $\sqrt{3}$ 倍的该侧额定电压
相数	单相或三相
接线组别	表明变压器两侧线电压的相位关系
阻抗电压百分数 $U_k\%$（短路电压）	变压器二次绕组短路，使一次侧绕组电压逐渐升高，当二次侧绕组的短路电流达到额定值时，一次侧电压与额定电压之比的百分数。变压器的容量越大，其短路电压越大
负载损耗 P_k（短路损耗或铜损耗）	当变压器一侧加电压而另一侧短接，使电流为额定电流时，变压器从电源吸收的有功功率。对三绕组变压器而言，有三个负载损耗，其中最大的值作为该变压器的额定负载损耗
空载损耗 P_0（铁损耗）	变压器一个绕组加额定电压，其余绕组开路时，在变压器中消耗的功率。变压器空载电流很小，它所产生的铜损耗可忽略不计，所以空载损耗可认为是变压器的铁损耗
额定温升（τ_N）	变压器内绕组或上层油面的温度与变压器外围空气的温度之差。当变压器安装地点的海拔不超过1000m时，绕组温升的限值为65℃，上层油面温升的限值为55℃，此时变压器周围空气的最高温度为40℃，最低温度为-30℃
额定频率	变压器设计所依据的运行频率，单位为 Hz

1）型号。变压器型号是由一组特定的表示变压器相数、绕组型式、冷却方式、容量等特征的字母和数字组成的组合。变压器型号表示方法如图 4-2 所示。变压器型号符号含义见表 4-12。

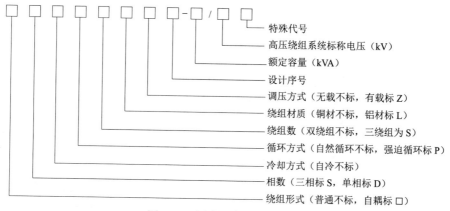

图 4-2　变压器型号表示方法

表 4-12 变压器型号符号含义

项目	分类	代表符号
绕组形式	普通 自耦	– O
相数	单相 三相	D S
冷却方式	干式 油浸自冷（ONAN） 油浸风冷（ONAF） 油浸水冷（ONWN） 强迫油循环风冷（OFAF/ODAF） 强迫油循环水冷（OFWF/ODWF）	G – F S FP SP
绕组数	双绕组 三绕组	– S
绕组导体材质	铜 铝	– L
调压方式	无载调压 有载调压	– Z

2）变压器损耗参数。变压器损耗是反映变压器运行效率的主要参数，主要包括空载损耗和负载损耗两部分。通过分析可知，当变压器负载损耗与空载损耗相同时变压器效率最高，一般在变压器负荷率为 52% 左右时，变压器效率最高。

3）变压器短路参数。变压器短路电压（短路阻抗）是一个反映变压器运行性能的主要参数，直接影响变压器电压变化率和变压器抗短路能力。

2. 变压器结构

变压器结构如图 4-3 所示，变压器主要部件构成见表 4-13。油浸式电力变压器的结构如图 4-4 所示。

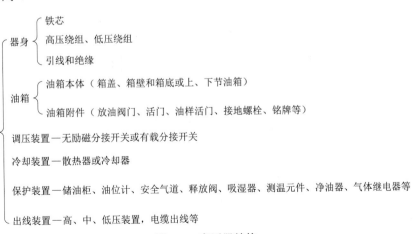

图 4-3 变压器结构

表 4–13 　　　　　　　　　　　　　　　　　　变压器主要部件构成

变压器部件名称	变压器部件组成
本体	绕组是变压器传递交流电能的电路部分，一般高压绕组匝数多、导线细，低压绕组匝数少、导线粗
	铁芯是变压器的磁路部分，是耦合磁通的主磁路，由涂有绝缘漆的硅钢片叠成。变压器铁芯和绕组如图 4-5 所示
储油柜	储油柜装在油箱上部，用联通管与油箱接通，储油柜容纳油箱中因温度升高而膨胀的变压器油，并限制变压器油与空气的接触面积，减少变压器油受潮和氧化的程度。通过储油柜注入变压器油，可以防止气泡进入变压器内。储油柜的呼吸器中装有吸湿器，使储油柜上部的空气通过吸湿器与外界空气相同。吸湿器中装有硅胶等吸附剂，用以过滤吸收储油柜内空气中的杂质和水分
压力释放阀	压力释放阀是一根钢质圆管，顶端出口装有玻璃，下部与油箱联通。当变压器内部发生故障时，油箱内压力升高，油和气体冲破玻璃向外喷出，保护变压器油箱以免破裂
气体继电器	气体继电器如图 4-6 所示，它是变压器内部故障的主要保护元件，对变压器匝间和层间短路、铁芯故障、套管内部故障、绕组内部断线及绝缘劣化和油面下降等故障均能灵敏动作。当油浸式变压器的内部发生故障时，由于电弧将使绝缘材料分解并产生大量的气体，其强烈程度随故障的严重程度不同而不同
套管	由瓷质的绝缘套筒和导电杆组成。穿过油箱盖后，其导电杆下端与绕组相连接，上端与线路相连接
冷却装置	主要有散热器、风扇电机、潜油泵、油流继电器等
调压装置	无励磁调压开关、有载调压开关

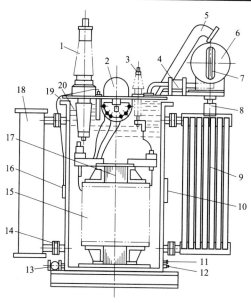

图 4-4　油浸式电力变压器的结构图

1—高压套管；2—分接开关；3—低压套管；4—气体继电器；5—安全气道（防爆管或释压阀）；6—储油柜；

7—油位计；8—吸湿器；9—散热器；10—铭牌；11—接地螺栓；12—油样活门；13—放油阀门；14—活门；

15—绕组；16—信号温度计；17、18—净油器；19—油箱；20—变压器油

图 4-5　变压器铁芯和绕组

图 4-6　变压器气体继电器

3. 变压器运行分析

（1）变压器电压变化率。变压器带上负荷后，端电压随负荷大小及负荷性质变化规律如图 4-7 所示。

由图 4-7 可见，变压器带容性负荷时，端电压将上升，往往要高于系统额定电压；带感性或纯阻性负荷时，端电压会下降。

（2）变压器热性能和温升。变压器在运行时，铁芯和绕组要产生损耗，这些损耗都转变为热，从而引起变压器发热和温度升高。变压器内部绝缘材料在热的作用下，都会分解老化，直至丧失其机械性能和绝缘性能，致使变压器在系统故障或长期运行状态下绝缘发生损坏，导致变压器发生各类内部短路故障。因此对变压器采取一定的冷却方式来降温。

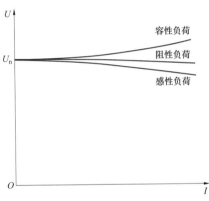

图 4-7　变压器电压变化率

（3）变压器运行条件。在不同的冷却条件下，由于变压器要满足各绝缘部位的温升限值，其运行电压和负载电流应满足相应的运行条件。

1）一般运行条件。变压器的运行电压一般不超过额定电压的 105%，且不得超过系统最高运行电压。对于特殊的使用情况（例如变压器的有功功率可以在任何方向流通），允许在不超过 110% 的额定电压下运行，对电流与电压的相互关系如无特殊要求，当负载电流为额定电流的 K（$K \leq 1$）倍时，按式（4-1）对电压加以限制

$$U(\%) = 105 - 5K^2 \tag{4-1}$$

油浸式变压器顶层油温在额定电压下一般不得超过表 4-14 的规定，当冷却介质温度较低时，顶层油温也相应较低。

表 4-14　　　　　油浸式变压器顶层油温在额定电压下的一般限值

冷却方式	冷却介质最高温度（℃）	最高顶层油温（℃）
自然循环自冷、风冷	40	95
强迫油循环风冷	40	85
强迫油循环水冷	30	70

2）变压器在不同负载状态下的运行条件。

a. 负载状态分类。

a）正常周期负载：在周期性负载中，某段时间环境温度较高，或超过额定电流，但可以由其他时间内环境温度较低，或低于额定电流所补偿。而从老化的观点出发，它与设计采用的环境温度下施加额定负载是等价的。

b）长期急救周期性负载：要求变压器长时间在环境温度较高，或超过额定电流下运行。这种运行方式可能连续几周或几个月，将导致变压器的老化加速，但不直接危及绝缘的安全。

c）短期急救负载：要求变压器短时间大幅度超额定电流运行。这种负载可能导致绕组热点温度达到危险的程度，致使绝缘强度暂时下降。

b. 变压器负载电流与温度的最大限值。变压器各类负载状态下负载电流与温度的最大限值见表4–15。

表4–15 变压器负载电流与温度的最大限值

负载类型		中型变压器（额定容量不超过100MVA）	大型变压器（额定容量超过100MVA）
正常周期负载	电流（负载电流/额定电流）	1.5	1.3
	热点温度及与绝缘材料接触的金属部件温度（℃）	140	120
	顶层油温（℃）	105	105
长期急救周期性负载	电流（负载电流/额定电流）	1.5	1.3
	热点温度及与绝缘材料接触的金属部件温度（℃）	140	130
	顶层油温（℃）	115	115
短期急救负载	电流（负载电流/额定电流）	1.8	1.5
	热点温度及与绝缘材料接触的金属部件温度（℃）	160	160
	顶层油温（℃）	115	115

二、互感器

互感器是一种介于高压设备与低压设备之间的中间设备，目的是将高压设备的大电流大电压变换为低压设备可控制和可接入的小电流（5A或1A）低电压（100V或/100/$\sqrt{3}$ V），供测量装置、计量装置、继电保护装置、安全自动装置使用。

1. 互感器分类

互感器分类见表4–16。

表4–16 互 感 器 分 类

按在系统中的作用	电流互感器、电压互感器
按工作原理	电磁感应式、电容分压式、光电式

按绝缘介质	干式（树脂浇注式）、油浸式、SF₆气体绝缘式
按绝缘水平	全绝缘、分级绝缘

2. 互感器工作原理

电磁感应式互感器工作原理与变压器工作原理相同，都是基于电磁感应原理工作的。电容分压式互感器是利用电容元件先进行分压，然后再通过中间变压器进行电磁变换。

3. 互感器主要参数及型号

（1）互感器主要参数有额定一次电流、电压等级、绝缘水平、抗短路能力、准确级和输出容量。

（2）互感器型号。互感器型号通常是由表示互感器作用、绝缘介质、结构形式、工作电压的一组特定符号和数字组成的组合。电流互感器型号表示法如图 4-8 所示，电压互感器型号表示法如图 4-9 所示。

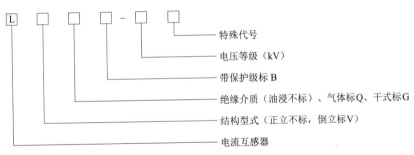

图 4-8　电流互感器型号表示法

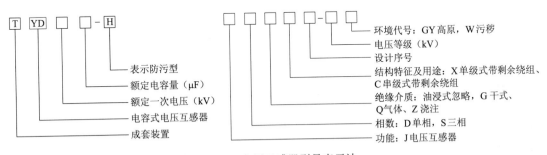

图 4-9　电压互感器型号表示法

4. 互感器结构

电磁感应式互感器的基本结构与变压器相同，包括铁芯、一次侧绕组、二次侧绕组三部分。其工作原理、等值电路也与变压器相似。电容分压式互感器由分压电容与中间变压器组成。

5. 互感器误差及准确级

（1）比差：指互感器电流（电压）测量值乘以变比后与一次电流（一次电压）实际值之比。

（2）角差：指电流（电压）二次向量旋转 180°后与一次电流（一次电压）向量之间的夹角。

（3）互感器准确级：

1）电流互感器准确级是指在规定的二次负荷范围内，一次电流为额定电流的最大误差极限。电流互感器准确级一般有 0.2、0.5、1.0、0.2S、0.5S、5P、10P 等。带 S 的是特殊电流互感器，而 5P、10P 的电流互感器一般用于接继电器保护用，即要求在短路电流下复合误差小于一定的值，5P 即小于 5%，10P 即小于 10%。

2）电压互感器分测量用互感器和保护用互感器，测量用互感器准确度等级分 0.1、0.2、0.5、1.0 和 3.0 五个等级，分别表示电压互感器的电压误差为±0.1、±0.2、±0.5、±3.0；保护用互感器准确度等级分 3P 和 6P 两个等级，分别表示电压互感器的电压误差为±3%和±6%。

6. 互感器运行特点

（1）电磁感应式互感器一次绕组 N（X）端必须可靠接地，电容分压式电压互感器的电容分压器低压端子（N、J）必须通过载波回路线圈接地或直接接地。

（2）互感器的各个二次绕组（包括备用）均必须有可靠的保护接地，且只允许有一个接地点，接地点的布置应满足有关二次回路设计的规定。

（3）电压互感器应有明显的接地符号标志，接地端子应与设备底座可靠连接，并从底座接地螺栓用两根接地引下线与地网不同点可靠连接。

（4）在使用中电压互感器二次绕组不得短路，电流互感器二次绕组不得开路，否则互感器将被烧毁。

三、补偿装置

补偿装置是用于补偿系统中无功功率的一种装置的总称，电力系统中无功功率是影响变压器传输功率、电压及频率的一个重要物理量。

由于各种原因，系统中无功功率不平衡将会导致系统电压和输送功率异常，为此可以通过补偿装置对系统中的无功功率进行补偿。

补偿装置主要有电容补偿装置和电感补偿装置两类。

1. 电容补偿装置

电容补偿装置用于对系统中感性无功功率进行补偿，具有改善电力系统电压质量和提高输电线路输电能力的作用，是提高系统稳定性的重要设备之一。

电容补偿装置有两种补偿方式，即串联补偿和并联补偿。

（1）并联补偿装置构成。典型并联补偿装置主要由以下设备构成：

1）开关设备：断路器、隔离开关。

2）其他设备：电流互感器、引线、熔断器。

（2）并联补偿装置型号。并联补偿装置型号表示法如图 4-10 所示。

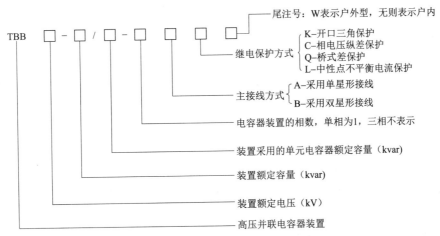

图 4–10　并联补偿装置型号表示法

如：TBB35–28056/334–AQW 表示：高压并联电容器装置，额定电压为 35kV；额定容量为 28056kvar；采用单元电容器额定容量为 334kvar；三相；接线方式为单星形接线；桥式差保护方式；户外。

（3）电容补偿装置主要参数。

1）运行最高工作电压（kV）；

2）额定容量（kvar）。

2. 电感补偿装置

电感补偿装置用于电抗器对系统中容性无功功率进行补偿，具有改善电力系统电压质量和提高输电线路输电能力的作用，是提高系统稳定性的重要设备之一。

（1）电抗器作用及分类。

1）电抗器在电力系统中是用作限流、稳流、无功补偿、移相等用途的一种电感元件。

2）电抗器按与系统连接方式分，有串联和并联两种方式；按绝缘介质和形式分，主要有油浸式电抗器、干式空心电抗器和干式铁芯电抗器三种。

（2）电抗器结构。

1）油浸式电抗器。油浸式电抗器结构与变压器相似。

2）干式空心电抗器。只有线圈，没有铁芯和外壳，实质上就是一个空心的电感线圈。

（3）电抗器主要参数有额定运行电压（kV）、额定工作电流（A）、额定电抗（Ω）、额定补偿容量（kvar）。

四、GIS 设备

1. 概述

空气绝缘的敞开式开关设备（air instulate switchgear，AIS）以瓷套作为设备外壳及外绝缘，设备外露部件多，易受气候环境条件的影响，不利于系统的安全及可靠运行。全封闭组合电器（gas insulated switchgear，GIS）是指把除变压器以外的各种电气元件组合在一封闭的接地金属壳体内，并充以 SF$_6$ 气体作为主绝缘的电气组合设备。

GIS 目前有两种形式：

1）GIS 包括断路器、隔离开关、接地开关、电压互感器、电流互感器、避雷器、母线、进出线套管等，经优化设计有机地组合成一个整体，并全部封闭在金属外壳中，壳内充有 SF_6 气体作为绝缘和灭弧介质。

2）混合式配电装置，简称半 GIS 或 HGIS，是 AIS 设备和 GIS 设备的综合，母线（电压互感器、避雷器）采用敞开式，不装于 SF_6 气室内，断路器、隔离开关、接地开关、快速接地开关、电流互感器、充气套管置于 SF_6 绝缘封闭金属套筒内。HGIS 绝缘部位少，环氧树脂浇注绝缘件比 GIS 减少约一半，壳体数量（及壳体内表面积）比 GIS 大大减少，价格约为 GIS 产品的 80%，而其占地面积仅为常规敞开式开关站的 45% 左右，具有极优异的经济性。另外，HGIS 的密封环节比 GIS 少，密封系统的泄漏概率小，维护更简单。

GIS 和 HGIS 现场布置如图 4-11、图 4-12 所示。

图 4-11　GIS 现场布置图

图 4-12　HGIS 现场布置图

GIS 具有如下优点：

1）GIS 所有带电体均置于接地金属箱内，不受外界环境（潮湿、雨水和污秽等）的影响，减少了设备事故的概率，运行可靠性高。

2）占地面积小。GIS 的占地面积只有常规设备的百分之几到 20%。一般 220kV GIS 设备的占地面积为常规设备的 37%，110kV GIS 设备的占地面积为常规设备的 46% 左右。

3）GIS 属于防爆耐震设备，适合在城市安装。GIS 设备的导电部分外壳屏蔽，接地良好，导电体产生的辐射、电场干扰、断路器开断的噪声均被外壳屏蔽了，而且 GIS 设备被牢固地安装在基础预埋件上，产品重心低、强度高，具有优良的耐震性能，尤其适合在城市中心或居民区使用。与常规设备相比，GIS 更容易满足城市环保的要求。

4）现场安装调试工作量小。GIS 设备的各个元件通用性强，采用积木式结构组装在一个运输单元中，运到施工现场就位固定。现场安装的工作量比常规设备减少了 80% 左右。

5）检修量小，维护工作量和年运行费用大为减少。SF_6 气体作为绝缘介质，气体本身不燃烧，防火性能好，并且具有优异的绝缘性能和灭弧性能，运行安全可靠，维护工作量少，运行费用低。

GIS 的缺点有：

1）GIS 设备对土建要求较高，施工工期长。GIS 设备大部分是刚性连接，为防止 SF_6 气体泄漏，必须严格保证 GIS 的水平度。

2）GIS 投资巨大。按一个半断路器结构分析，每串 GIS 比 HGIS 约多投资 3200 万元（进口设备价）。如果出线间隔排列不理想，GIS 需要延长管母线，费用会更昂贵。

3）需要解体检修或扩建时，停电时间长，工作量大。

AIS、GIS 和 HGIS 的技术经济比较见表 4-17。

表 4-17 AIS、GIS 和 HGIS 的技术经济比较表

序号	比较项目	AIS	GIS	HGIS
1	可靠性	可靠性较低	可靠性高。与敞开设备相比，设备全部密封在 SF₆ 气室内，大大改善了设备运行环境	可靠性高。与敞开设备相比，设备全部密封在 SF₆ 气室内，大大改善了设备运行环境
2	检修周期	定期进行检修维护	周期长（10～15 年），实现少（免）维护	周期长（10～15 年），实现少（免）维护
3	施工安装	设备分散供用，施工安装时间长	采用预安装技术，在工厂采用了预安装，整套设备在出厂前安装调试完毕，缩短了现场安装时间，但土建基础较复杂	采用预安装技术，整套设备在出厂前安装调试完毕，土建基础较为简单，安装方便，安装周期短
4	保护和监控系统接口	模拟量、开关节点输出	模拟量、开关节点输出	模拟量、开关节点输出
5	设备支架（户外布置）	多	节约大量设备支架和基础，节省土建费用	节约大量设备支架和基础，节省土建费用
6	扩建	扩建方便，设备不受供货商的限制，设备招标范围广	设备受供货商的限制，设备招标范围受限制	母线敞开便于扩建，设备不受供货商的限制，设备招标范围广
7	二次电缆	二次电缆最长	节约二次电缆，电缆最少	节约二次电缆，电缆较少
8	运行维护	平时工作量大	平时工作量少，检修时需解体，工作量大且复杂	平时工作量少，检修时需解体，工作量大且复杂
9	外绝缘部位耐污秽能力	最多（最弱）	最少（最强）	很少（很强）
10	内绝缘部位及密封部位	少	最多	较少
11	产品主要技术参数	相同	相同	相同
12	开关站计入地价总投资	低	高	较高

2. GIS 设备分类

按结构形式 GIS 分为分相式和三相共筒式。分相式 GIS 的三相设备在三套互不连通的金属圆筒中，不需要考虑相间绝缘。电压较高的产品，如 750kV GIS 采用分相式。三相共筒式 GIS 的三相设备在同一金属圆筒中，需要考虑相间绝缘。

3. GIS 设备主要结构

为了制造、运输、安装、运行、维护和检修方便，GIS 中的断路器、隔离开关、接地开关、电压互感器等元件在独立的气室中，气室之间用盆式绝缘子隔离。

GIS 和 HGIS 结构布置如图 4-13、图 4-14 所示。

（1）金属外壳。GIS 的金属外壳如图 4-15 所示，是 GIS 元件和 SF₆ 气体的容器。在通常情况下，断路器单元的额定气压为 0.6MPa，其他气室的额定气压为 0.5MPa。在异常压力情况下，如 GIS 内部产生电弧时，GIS 内部气体压力将迅速、大幅增长，GIS 的外壳应坚

持一定时间（750kV GIS 应大于 0.3s）。

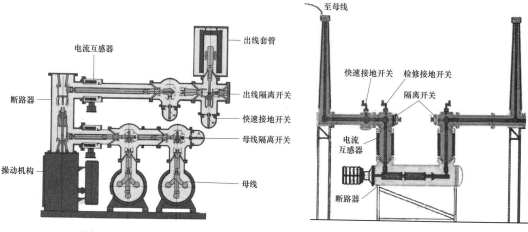

图 4-13　GIS 结构布置图

图 4-14　HGIS 结构布置图

（2）断路器。GIS 断路器如图 4-16 所示，目前广泛使用单压式断路器（灭弧室和整个气室一个压力），它主要由液压操动机构、支持绝缘子、盆式绝缘子、绝缘拉杆、灭弧室、连接触头、罐体组成，如图 4-17 所示，各部件的主要功能见表 4-18。

图 4-15　GIS 金属外壳

图 4-16　GIS 断路器

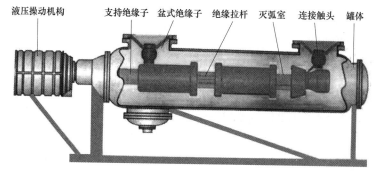

图 4-17　断路器结构示意图

表 4–18　　　　　　　　　　　　　　GIS 断路器各部件及其功能

液压操动机构	弹簧液压操动机构，为动触头运动提供动力，如图 4-18 所示
盆式绝缘子	由环氧树脂浇注制成，是气室间密封和支撑导电设备的主要部件
绝缘拉杆	连接液压操动机构和动触头的部件
支持绝缘子	为绝缘拉杆等操作部件提供支持
灭弧室	分闸时吹弧，熄灭电弧
连接触头	导体间的触头
罐体	由铝合金制成，罐内充满 SF$_6$ 气体，使导体与零电位保持绝缘

图 4-18　断路器操动机构

330kV 以上系统如果线路较长，开关合闸时将产生较高的合闸过电压。为降低长线路操作过电压，采取在开关灭弧室并联合闸电阻的措施，如图 4-19 所示。在断路器合闸时主触头闭合前投入合闸电阻，待主触头完全闭合后再退出合闸电阻，通过这个方式可以有效抑制操作过电压。

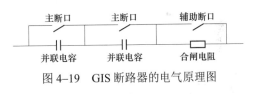

图 4-19　GIS 断路器的电气原理图

（3）隔离开关。隔离开关安装在积木式的外壳内，由盆式绝缘子支撑，动触头通过绝缘轴由安装在外壳上的电动操动机构进行单级或三级联动操作（也可手动），触头为直接运动，有位置指示器，还可以通过玻璃观察窗检查触头状态。

隔离开关的主要部件包括动触头、静触头、合分闸电阻、屏蔽罩、操动机构等。

1）触头。与敞开式隔离开关不同，GIS 中隔离开关采用动、静触头之间插入式连接。为了降低触头间的接触电阻，以免电流通过时发热，触头都进行了镀银处理，并且使用弹簧保持它们之间适当压紧。

2）合分闸电阻。在操作 GIS 中的隔离开关时，由于电弧重燃和操作波在低波阻抗封闭金属圆筒内的折返射，会产生波头很陡的快速暂态过电压（VFTO）。为了防止这种现象发生，750kV GIS 隔离开关断口上装有电阻，如图 4-19 所示。在隔离开关合或分之前，将电阻接入回路，以限制 VFTO 的产生。另外还可以从运行方式上避免产生 VFTO，即在操作隔离开关前，将与GIS连接的变压器的三侧断路器全部打开，彻底切断电源。

3）屏蔽罩。屏蔽罩的作用为均匀套管和绝缘子内外部电场。

4）操动机构。GIS中隔离开关通常采用电动弹簧操动机构，当操动机构门打开或机械闭锁时，不能在汇控柜或远方进行操作。当有操作电源且满足电气闭锁条件时，可对弹簧储能并进行操作。如没有操作电源，不论电气闭锁是否满足，都可手动对弹簧储能并进行操作。

（4）检修用接地开关。检修用接地开关的结构简单，其主要部件包括动触头、静触头、操动机构。除用作接地外，必要时还可直接把接地开关当作从导体内部引出的端子使用，进行主回路绝缘电阻、接触电阻等的测量。

（5）电流互感器。GIS中电流互感器如图4-20所示，其结构原理与传统罐式断路器中的电流互感器的结构原理没有区别，也位于断路器两侧，水平布置。互感器二次侧有0.2S级、0.5级、5P20和TPY绕组。

（6）电压互感器。GIS中电压互感器如图4-21所示，其结构原理与传统电压互感器的结构原理没有区别。电压互感器用于电力系统的电压测量和系统保护。

（7）SF_6-空气套管。GIS通过SF_6-空气套管与进出线（线路或变压器）连接，套管有瓷套管和复合套管两种，其内绝缘为SF_6气体。采用电容均压和屏蔽罩使套管内外部电场均匀。SF_6-空气套管的外形和结构如图4-22所示，其内部结构如图4-23所示。

图4-20　GIS中电流互感器

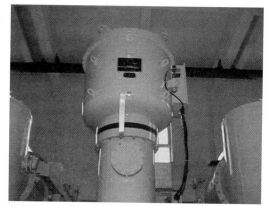

图4-21　GIS中电压互感器

（8）伸缩节。伸缩节又称为波纹管，是GIS中必不可少的元件，其作用与缓冲弹簧类似，主要包括：

1）吸收基础和GIS制造、安装过程中的误差；

2）吸收基础和GIS外壳的热伸缩；

3）电气检修时，易对GIS进行拆卸和重新组装；

4）减少传递到外壳的震动；

5）缓冲地震、下沉等地质变化。

GIS中伸缩节的现场图如图4-24所示。

图 4-22　SF$_6$-空气套管外形

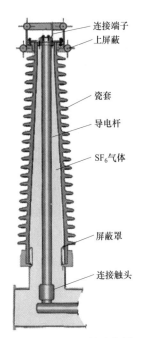

连接端子
上屏蔽
瓷套
导电杆
SF$_6$气体
屏蔽罩
连接触头

图 4-23　SF$_6$-空气套管结构图

图 4-24　GIS 中伸缩节的现场图

（9）出线、母线。GIS 中的出线和母线的结构相同，其外形和内部结构如图 4-25 和图 4-26 所示，外部为金属外壳，壳体中心为金属导体。为了制造、运行、安装、检修的方便，外壳或导体不是一个整体，而是进行了分段。分段外壳直接用螺栓连接，必要时需串接伸缩节。分段导体端头有凸头和凹头，以方便串接，并补偿因温度变化而引起的导体的伸缩。导体由支持绝缘子支撑。当出线或母线较长时，每隔一定距离用盆式绝缘子分隔。

（10）盆式绝缘子和支持绝缘子。盆式绝缘子和支持绝缘子如图 4-27 和图 4-28 所示，它们是 GIS 内部的绝缘件，用环氧树脂制成，内部不能有气隙。

在正常情况下，盆式绝缘子起气室隔离和电气绝缘作用。在事故情况下，盆式绝缘子能够承受相邻两气室可能出现的最大压力差：

1）能承受一侧因内部电弧而达到最大压力，而另一侧为正常状态时的压力差；

图 4-25 GIS 中母线的外形图

图 4-26 GIS 中母线的内部图

2）能承受一侧为正常状态，而另一侧气体完全泄防的压力差。

支持绝缘子仅作支持导体之用。为了增加爬距，支持绝缘子上有棱，以提高闪络电压。

图 4-27 GIS 中盆式绝缘子

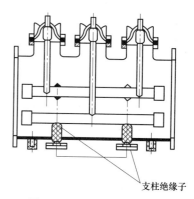

支柱绝缘子

图 4-28 GIS 中支持绝缘子

（11）接地系统。为了保证人身安全，电气设备的金属外壳都需要接地。GIS 的外壳接地方式有两种：一种是一点接地，另一种是多点接地。

1）一点接地。一点接地方式就是在 GIS 外壳每个分段中一端绝缘，另一端接地。串联的壳体之间在盆式绝缘子处绝缘，对地之间在壳体支座处绝缘。这种接地方式的优点是：因为外壳中没有电流通过，故即使导体中电流很大，外壳损耗也较小（但存在涡流损耗），温升较低；因为没有电流流入基础，故基础金属结构中没有温升。但一点接地方式外界环境中的磁场较强，当事故发生时不接地端外壳上感应电压较高。目前国内 GIS 一般不采用这种外壳接地方式。

2）多点接地。多点接地系统如图 4-29 所示，是在 GIS 的一个分段内，采用两点或以上接地。串联的壳体在盆式绝缘子处绝缘，但用铝排将其连为一体。设备的支座与外壳不绝缘，并与基础中的导体连接接地。另外，在 GIS 多处将三相外壳连接之后接地。多点接地的优点是：外壳和导体电流中电流大小几乎相等，方向相反，因此外部磁漏少；感应过电压低，安全性高。但由于外壳中有感应电流流过，因此外壳中的温升和损耗比一点接地方式大，但在工程中可以忽略。GIS 的所有不带电部件均需可靠接地，如汇控柜、接线盒、接地开关、金属支架。

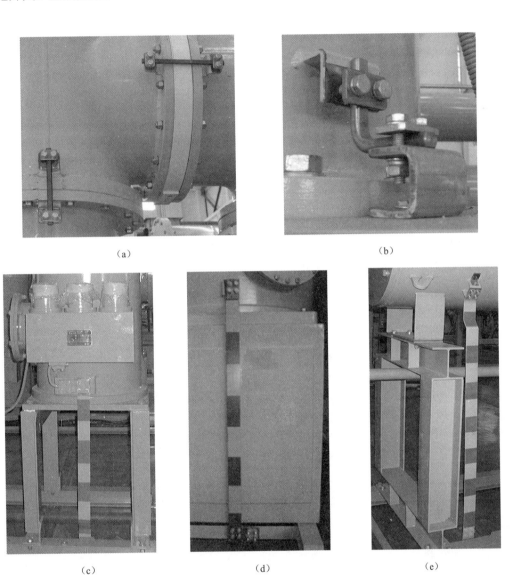

（a）   （b）

（c）   （d）   （e）

图 4-29   GIS 多点接地系统

（a）隔离开关/接地开关外壳接地；（b）母线外壳接地；
（c）避雷器外壳接地；（d）断路器外壳接地；（e）电压互感器外壳接地

（12）汇控柜。在变电站内，GIS 的操作、控制在操作箱、汇控柜、保护小室、主控制室四个不同的装置上进行。

在操作箱内可对单元件进行操作，如一组断路器。

在汇控柜上可对一个间隔的设备进行操作，如一组断路器、一组接地开关。汇控柜面板上有该间隔的主接线图，主接线图上的开关类元件（断路器、隔离开关、接地开关）不仅是一个电气符号，还是有位置指示的、可以操作的操作开关。除此之外，还有就地/远方操作转换开关、辅助继电器、报警装置等。

（13）SF$_6$气体含水的危害。在SF$_6$断路器中，SF$_6$气体中的水分会带来以下两个方面的危害：

1）SF$_6$气体中的水分对SF$_6$气体本身的绝缘强度影响不大，但固体绝缘件（盆式绝缘子、绝缘拉杆等）表面凝结水分时会大大降低沿面闪络电压。

2）SF$_6$气体中的水分还参与在电弧作用下SF$_6$气体的分解反应，生成氟化氢等分解物，它们对SF$_6$断路器内部的零部件有腐蚀作用，会降低绝缘件的绝缘电阻，破坏金属表面镀层，使产品受到严重损伤。运行经验表明，随着SF$_6$气体中的水分增加，在电弧作用下，生成有害分解物的量也会增加。因此，运行中要求SF$_6$气体的含水量足够少。

五、母线及接地

1. 母线的基本概念、作用及分类

（1）在变电站中输变电装置的连接，以及变压器等电气设备和相应输变电装置的连接，大都采用矩形或圆形截面的裸导线或绞线，这统称为母线。

（2）母线的作用是汇集、分配和传送电能。

由于母线在运行中有巨大的电能通过，短路时，承受着很大的发热和电动力效应。因此，必须合理地选用母线材料、截面形状和截面积，以符合安全经济运行的要求。

（3）母线按结构分为硬母线和软母线，硬母线又分为矩形母线和管形母线。

2. 接地的基本概念、作用及种类

（1）接地是为保证电力设备正常检修工作和人身安全而采取的一种安全措施接地，通过金属导体与接地装置实现。接地装置是埋设在地下的接地电极与该接地电极到设备之间的连接导线的总称。接地装置由接地体和接地线组成。直接与土壤接触的金属导体称为接地体。电工设备接地点与接地体连接的金属导体称为接地线。

（2）接地的作用。接地装置将电工设备和其他生产设备上可能产生的漏电流、静电荷及雷电电流引入地下，从而避免人身触电和可能发生的设备损坏、火灾、爆炸等事故。

（3）接地的种类。常用的接地有保护接地、工作接地、防雷接地、屏蔽接地、防静电接地等。

六、避雷器

避雷器是变电站中为了使电气设备免受雷电过电压或系统内部过电压影响的一种保护用电气装置。

（1）避雷器分类。避雷器分类见表4-19。

表4-19　　　　　　　　　　　　　避雷器分类

分　类	工作原理	特　点
保护间隙	最原始、最有效的避雷器	目前用于中性点接地
管形避雷器	拉长、冷却电弧灭弧	已淘汰
阀型避雷器	拉长电弧灭弧	已淘汰

分　类	工作原理	特　点
磁吹式避雷器	利用磁场产生电动力吹灭电弧	已淘汰
氧化锌避雷器	利用氧化锌电阻随电压增高急剧减小的特性释放电流	广泛应用

（2）避雷器主要参数。

1）型号。氧化锌避雷器型号说明如图 4-30 所示。

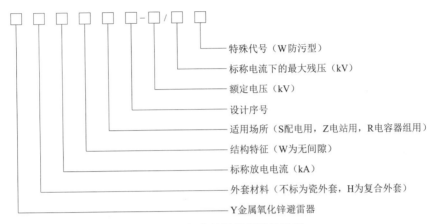

图 4-30　氧化锌避雷器型号说明

2）敞开式氧化锌避雷器现场图如图 4-31 所示，GIS 避雷器现场图和结构图如图 4-32 和图 4-33 所示。

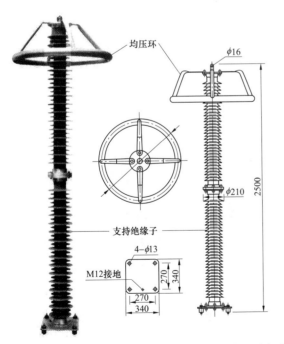

图 4-31　敞开式氧化锌避雷器现场图

图 4-32　GIS 避雷器现场图

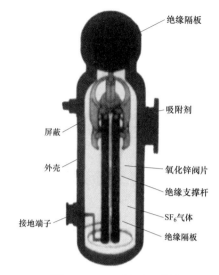

绝缘隔板

吸附剂

屏蔽

外壳

氧化锌阀片

绝缘支撑杆

接地端子

SF$_6$气体

绝缘隔板

图 4-33　GIS 避雷器结构图

第三节　高 压 开 关 设 备

　　高压开关设备是指额定电压在 1kV 及以上，主要用于开断和关合导电回路的电气设备。高压开关设备是高压开关与其相应的控制、测量、保护及附件、外壳和支持等部件及其电气连锁和机械闭锁的连接组成的总称，主要用于接通和断开回路、切除和隔离电力系统故障。

　　高压开关设备包括断路器、隔离开关、接地开关、负荷开关、熔断器、重合器、分段器、交流金属封闭开关设备（开关柜）、气体绝缘金属封闭开关设备（GIS）和组合电器等。本节主要介绍断路器和隔离开关的相关知识。

一、断路器

　　断路器是指能开断、关合和承载运行设备的正常电流，并能在规定时间内承接、关合和开断规定故障电流的电气设备，通常称为开关。它是电力系统中重要的电气设备之一，在电力生产、传输和分配的各个过程中，是非常重要的控制和保护设备。断路器外观如图 4-34 所示。

图 4-34　断路器外观

1. 原理功能

（1）基本原理。各种断路器的原理见表4-20。

表4-20 各种断路器的原理

序号	类别	原理
1	油断路器	用变压器油作为灭弧和绝缘介质的断路器。通常，油断路器分为少油断路器和多油断路器两类
2	磁吹断路器	利用磁场对电弧的作用，使电弧吹进灭弧栅内，电弧在固体介质即灭弧栅的狭沟内加快冷却和复合而熄灭的断路器。由于电弧在灭弧栅内是被逐渐拉长的，所以灭弧过电压不会太高，这是这种断路器的特点之一
3	真空断路器	触头在高真空中关合和开断的断路器。真空断路器具有很多优点，如开距短、体积小、重量轻、电气寿命和机械寿命长、维护少、无火灾和爆炸危险等，因此近年来发展很快，特别是在中等电压领域内使用广泛，是配电开关无油化的最好换代产品
4	SF_6断路器	采用SF_6气体作为灭弧和绝缘介质的断路器。SF_6断路器具有开断能力强、开断性能好、电气寿命长、单断口电压高、结构简单、维护少等优点，因此在各个电压等级尤其在高电压领域得到了越来越广泛的使用

（2）结构类别。断路器分类见表4-21。

表4-21 断路器分类

序号	分类方法	断路器的类型
1	按灭弧介质分	自动产气、少油、多油、磁吹、压缩空气、真空和六氟化硫等类型
2	按操动机构分	手动、电磁、弹簧、气动、液压和液压弹簧等多种类型
3	按断口数量分	单断口和多断口等类型
4	按安装形式分	小车式、悬挂式、支柱式、罐式、GIS、HGIS和PASS等类型
5	按安装地点分	户内式、户外式和防爆式等类型

（3）功能特点。各种断路器的特点见表4-22。

表4-22 各种断路器的特点

类型	优点	缺点
少油断路器	外形小、重量轻、内部充油量少，便于维护检修，也便于安装布置	利用少量的变压器油作为灭弧介质及触头间的绝缘，油不做对地绝缘。所以少油断路器外壳是带电的
真空断路器	（1）体积小、行程短、操作功率小、机械和电气寿命长。 （2）真空介质绝缘强度高，性能稳定，弧隙介质恢复速度快，不易发生弧隙重燃。 （3）结构简单、零部件少、造价低廉、运行可靠、维护方便。 （4）在开断电弧时不会产生对人体有害的物质，在运行和检修时不会造成人身伤害和环境污染。 （5）真空介质没有引起喷弧和火灾的危险，能频繁操作	（1）精度要求高，工艺复杂。 （2）多断口高压真空断路器技术复杂，成本昂贵

类　型	优　点	缺　点
SF$_6$断路器	（1）SF$_6$气体绝缘强度高，电气设备的绝缘距离可大幅度减小，同样电压等级下串联断口少，有利于断路器的小型化。 （2）灭弧能力强，触头烧损轻微，检修周期长。 （3）开断容量大，断开短路电流时灭弧快，不重燃。 （4）切除小电感电流和电容电流时，灭弧特性好，恢复电压低，过电压小，不易产生操作过电压。 （5）操动能量小，操动机构体积小，分合闸特性好。 （6）结构简单，体积小，重量轻，安装调试方便，适用于各种不同的环境。 （7）操作简单安全，无发生火灾的危险，巡视方便，维护量小。 （8）技术含量高，制造工艺精良，性能优良，使用寿命长	（1）造价昂贵，投资较大。 （2）检修时对SF$_6$气体的管理、回收和处理等要求严格，要求用专用的回收装置进行回收和处理。 （3）对SF$_6$气体水分含量要求特别严格，定期进行微水含量测试，处理方法复杂

（4）主要组成。

1）断路器由导电主回路、灭弧室、操动机构、绝缘支撑件、传动部分和底座六部分构成。

2）断路器的绝缘结构主要由导电部分对地、相间和断口间三部分绝缘组成。少油、空气和瓷柱式 SF$_6$ 断路器等的对地绝缘主要由支柱或支持瓷套、绝缘拉杆及相应的液体、气体介质所构成。多油断路器和落地罐式 SF$_6$ 断路器的对地绝缘包括套管、绝缘杆和液体、气体绝缘介质。

3）断口绝缘包括气体或液体介质以及相应的灭弧绝缘筒及瓷套等。

800kV 断路器的基本结构如图 4-35 所示，800kV 罐式断路器大罐内的元件如图 4-36 所示。

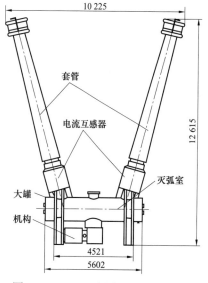

图 4-35　800kV 断路器的基本结构

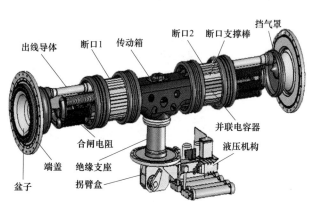

图 4-36　800kV 罐式断路器大罐内的元件

2. 运维项目

（1）SF_6断路器巡视检查应按表4-23的项目、标准要求进行。

表 4-23   **SF_6断路器巡视检查项目和标准**

序号	检 查 项 目	标 准
1	标志牌	名称、编号齐全、完好
2	套管、绝缘子	无断裂、裂纹、损伤、放电现象
3	分、合闸位置指示器	与实际运行方式相符
4	软连接及各导流压触点	压接良好，无过热变色、断股现象
5	控制、信号电源	正常，无异常信号发出
6	SF_6气体压力表或密度表	在正常范围内，并记录压力值
7	端子箱	电源开关完好、名称标志齐全、封堵良好、箱门关闭严密
8	各连杆、传动机构	无弯曲、变形、锈蚀，轴销齐全
9	接地	螺栓压接良好，无锈蚀
10	基础	无下沉、倾斜

（2）油断路器巡视检查应按表4-24的项目、标准要求进行。

表 4-24   **油断路器巡视检查项目和标准**

序号	检 查 项 目	标 准
1	标志牌	名称、编号齐全、完好
2	本体	无油迹、无锈蚀、无放电、无异音
3	套管、绝缘子	完好，无断裂、裂纹、损伤放电现象
4	引线连接部位	无发热变色现象
5	放油阀	关闭严密，无渗漏
6	绝缘油	油位在正常范围内，油色正常
7	位置指示器	与实际运行方式相符
8	连杆、转轴、拐臂	无裂纹、变形
9	端子箱	电源开关完好、名称标注齐全、封堵良好、箱门关闭严密
10	接地	螺栓压接良好，无锈蚀
11	基础	无下沉、倾斜

（3）真空断路器巡视检查应按表4-25的项目、标准要求进行。

表 4-25 **真空断路器巡视检查项目和标准**

序号	检 查 项 目	标 准
1	标志牌	名称、编号齐全、完好
2	灭弧室	无放电、无异音、无破损、无变色
3	绝缘子	无断裂、裂纹、损伤、放电等现象
4	绝缘拉杆	完好、无裂纹
5	各连杆、转轴、拐臂	无变形、裂纹，轴销齐全
6	引线连接部位	接触良好，无发热变色现象
7	位置指示器	与运行方式相符
8	端子箱	电源开关完好、名称标注齐全、封堵良好、箱门关闭严密
9	接地	螺栓压接良好，无锈蚀
10	基础	无下沉、倾斜

（4）开关柜设备巡视检查应按表 4-26 的项目、标准要求进行。

表 4-26　　　　　　　　　**高压开关柜巡视检查项目和标准**

序号	检 查 项 目	标 准
1	标志牌	名称、编号齐全、完好
2	外观检查	无异音、过热、变形等异常
3	表计	指示正常
4	操作方式切换开关	正常在"远控"位置
5	操作把手及闭锁	位置正确、无异常
6	高压带电显示装置	指示正确
7	位置指示器	指示正确
8	电源小开关	位置正确

（5）液压操动机构巡视检查应按表 4-27 的项目、标准要求进行。

表 4-27　　　　　　　　　**液压操动机构巡视检查项目和标准**

序号	检 查 项 目	标 准
1	机构箱	开启灵活，无变形，密封良好，无锈迹、异味、凝露等
2	计数器	动作正确并记录动作次数
3	储能电源开关	位置正确
4	机构压力	正常
5	油箱油位	在上下限之间，无渗（漏）油
6	油管及接头	无渗油
7	油泵	正常、无渗漏
8	行程开关	无卡涩、变形
9	活塞杆、工作缸	无渗漏
10	加热器（除潮器）	正常完好，投（停）正确

（6）弹簧机构巡视检查应按表 4-28 的项目、标准要求进行。

表 4-28　　　　　　　　　　弹簧机构巡视检查项目和标准

序号	检 查 项 目	标 准
1	机构箱	开启灵活，无变形，密封良好，无锈迹、异味、凝露等
2	储能电源开关	位置正确
3	储能电机	运转正常
4	行程开关	无卡涩、变形
5	分、合闸线圈	无冒烟、异味、变色
6	弹簧	完好，正常
7	二次接线	压接良好，无过热变色、断股现象
8	加热器（除潮器）	正常完好，投（停）正确
9	储能指示器	指示正确

（7）电磁操动机构巡视检查应按表 4-29 的项目、标准要求进行。

表 4-29　　　　　　　　　　电磁操动机构巡视检查项目和标准

序号	检 查 内 容	标 准
1	机构箱	开启灵活，无变形，密封良好，无锈迹、异味、凝露等
2	合闸电源开关	位置正确
3	合闸熔断器	检查完好，规格符合标准
4	分、合闸线圈	无冒烟、异味、变色
5	合闸接触器	无异味、变色
6	直流电源回路	端子无松动、锈蚀
7	二次接线	压接良好，无过热变色、断股现象
8	加热器（除潮器）	正常完好，投（停）正确

（8）气动机构巡视检查应按表 4-30 的项目、标准要求进行。

表 4-30　　　　　　　　　　气动机构巡视检查项目和标准

序号	检 查 项 目	标 准
1	机构箱	开启灵活，无变形，密封良好，无锈迹、异味
2	压力表	指示正常，并记录实际值
3	储气罐	无漏气，按规定放水
4	接头、管路、阀门	无漏气现象
5	空压机	运转正常，油位正常，计数器动作正常并记录次数
6	加热器（除潮器）	正常完好，投（停）正确

3. 注意事项

断路器操作时应注意以下事项：

（1）在正常运行中，确认断路器控制回路及储能回路正常，气体、液体压力正常，SF_6 气体回路的阀门位置正确。

（2）在断路器投运前，确认安全措施全部拆除，防误闭锁装置正常。

（3）断路器操作中应同时监视有关电压、电流、功率等的指示及红绿灯的变化是否正常。

（4）断路器（分）合闸动作后，应到现场确认本体和机构（分）合闸指示器及拐臂、传动杆位置，保证开关确已正确（分）合闸，同时检查开关本体有无异常。

（5）断路器的实际短路开断容量低于或接近于运行地点的短路容量时，在短路故障开断后禁止强送，并应停用重合闸。

（6）断路器的压力闭锁回路动作时，不准擅自解除闭锁进行操作。停运超过 6 个月的断路器，在正式执行操作前应进行试操作 2～3 次，无异常后方可正式操作。

（7）SF_6 断路器投入运行后每半年测量一次微水，无异常后每年测量一次微水。交接验收时微水值应不大于 150×10^{-6}，断路器运行时微水值应不大于 300×10^{-6}，测量时应注意温度对测量值的影响。

（8）机构箱、端子箱加热器的温控器应根据环境温度的变化进行投退。

二、隔离开关

隔离开关是在高压电气装置中保证工作安全的开关电器，结构简单，没有专门的灭弧装置，不能用来接通和断开有负荷电流的电路。其在分闸状态有明显可见的断口，在合闸状态能可靠地通过正常工作电流，并能在规定的时间内承受故障短路电流和相应电动力的冲击。隔离开关外观如图 4-37 所示。

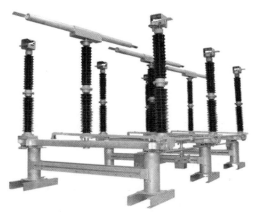

图 4-37　隔离开关外观

1. 结构和功能

（1）结构类别。隔离开关的分类见表 4-31。

表 4–31　　　　　　　　　　　　　　隔 离 开 关 的 分 类

序号	分类方法	隔离开关的类型
1	按绝缘支柱的数目分	单柱式、双柱式、三柱式等
2	按闸刀的运动方式分	水平旋转式、垂直旋转式、摆动式、剪刀式和插入式等
3	按有无接地开关分	无接地开关、有接地开关（单接地开关、双接地开关）等
4	按装设地点分	户内式、户外式
5	按操动机构分	手动式、电动式、气动式等
6	按级数分	单极式、三极式等

　　户外隔离开关工作条件比较恶劣，应保证在风、雪、雨、霾、水、灰尘、严寒和酷热条件下可靠地工作，因此在绝缘和机械强度方面均有比较高的要求。户外隔离开关按基本结构可分为单柱式、双柱式和三柱式三种。

　　1）单柱式隔离开关。单柱式隔离开关又称垂直断口伸缩式隔离开关，其绝缘支柱既起绝缘作用，又起支持导电隔离开关的作用。这类开关的静触头被独立地安装在架空母线上，导电部分固定在绝缘支柱顶的可伸缩折架上，借助折架的伸缩，动触头（即隔离开关）便能和悬挂在母线上的静触头接触或分开，以完成分、合闸动作。

　　图 4–38 所示为 GW6–330GD 型单柱式隔离开关（单极）的结构图。隔离开关为单柱垂直伸缩剪刀结构，三相由三个单极组成，每极具有两个瓷柱，即支持瓷柱和操作瓷柱。

　　2）双柱式隔离开关。双柱式隔离开关由两个绝缘接线端支柱组成，根据导电隔离开关的动作方式，分为水平回转式和水平伸缩式两种。水平回转式隔离开关由两根绝缘支柱同时起支撑和传动作用。

　　图 4–39 所示为 GW4–220D 型双柱式隔离开关的一极，它由底座、棒型瓷柱和导电部分组成，每极有两个瓷柱，分装在底座两端的轴承座上，并用交叉连杆相连，可以转动。导电闸刀分成相等的两段，分别固定在瓷柱的顶端，触头结构如图 4–40 所示，其上装有防护罩，用以防雨、冰雪及尘土。

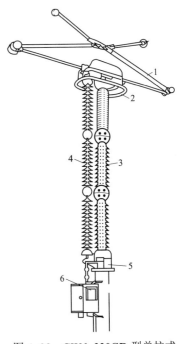

图 4–38　GW6–330GD 型单柱式
隔离开关结构图

1—双臂折架；2—均压环；3—支持瓷柱；
4—操作瓷柱；5—底座；6—操动机构

　　隔离开关的分、合闸操作，由传动轴通过连杆机构带动两侧棒型瓷柱沿相反方向各自回转 90°，使闸刀在水平面上转动，实现分、合闸。

　　在底座两端可以装设一把或两把接地闸刀，当主闸刀分开后，利用接地闸刀将待检修线路或设备接地，以保证安全。

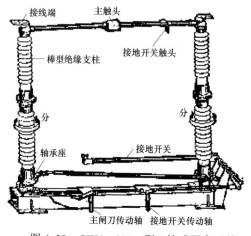

图 4—39　GW4—220D 型双柱式隔离开关

图 4—40　GW4—220D 型
隔离开关的触头结构

　　3）三柱式隔离开关。三柱式隔离开关的特点是两边的绝缘支柱都静止不动，中间绝缘支柱带动隔离开关回转，隔离开关对称地装在中间支柱顶上。分合闸时，隔离开关在水平方向旋转，分闸后形成两个串联断口。

　　图 4—41 为 GW7—330D 型三柱双断点水平转动式隔离开关结构，每相有三组支持瓷柱，为了改善电场分布情况，每相瓷柱顶部装有均压环，两端的瓷柱是固定不动的，顶部均装有静触头，中间瓷柱可转动 70°，由紫铜管制成的动闸刀固定在中间瓷柱的顶部。隔离开关的分、合是由操动机构带动中间瓷柱转动来实现的。三柱式隔离开关具有结构简单、运行可靠、维修工作量少、较高的机械强度和绝缘强度等优点。

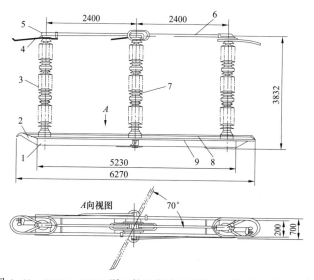

图 4—41　GW7—330D 型三柱双断点水平转动式隔离开关结构图

1—底座；2—接地开关支架；3—瓷柱；4—均压环；5—静触头；6—主隔离开关；7—操作瓷柱；8—接地开关；9—拉杆

　　（2）功能特点。

　　1）隔离开关的主要功能是保证高压电气装置检修工作的安全。用隔离开关将需要检修的部分与其他带电压的部分可靠的断开隔离，这样工作人员可以安全地检修电气设备，不致影响其余部分的工作。

2）隔离开关的触头全部敞露在空气中，这可使断开点明显可见。隔离开关的动触头和静触头断开后，两者之间的距离应大于被击穿时所需的距离，避免在电路中发生过电压时断电路发生闪络，以保证检修人员的安全。

3）隔离开关和断路器相配合进行倒闸操作。

4）隔离开关没有灭弧装置，因此仅能用来分、合只有电压没有负荷电流的电路，否则会在隔离开关的触头间形成强大的电弧，危及设备和人身安全，造成重大事故。因此在电路中，隔离开关一般只能在断路器已将电路断开的情况下，才能接通或断开。

5）在某些发电厂和变电站的电路中，隔离开关也用来进行电路的切换操作，例如双母线电路中的倒母线操作等。经验证明：隔离开关也可以用来断开或接通小电流电路，因为这时隔离开关触头上不会发生强大的电弧。例如分、合电压互感器和避雷器；分、合变压器的接地中性点；分、合有关规程规定的线路空载电流和空载变压器的励磁电流等，但这些操作均需经过试验验证后才可纳入常规操作。

6）隔离开关应有足够的动稳定和热稳定能力，并应保证在规定的接通和断开次数内不致发生任何故障。

（3）主要组成。隔离开关由绝缘结构、导电系统和操动机构三部分组成。

1）绝缘结构部分。隔离开关的绝缘结构见表4-32。

表4-32 隔离开关的绝缘结构

序号	隔离开关的绝缘结构	绝缘结构简要介绍
1	对地绝缘	对地绝缘一般由支柱绝缘子和操作绝缘子组成。通常采用实心棒形瓷质绝缘子，还有采用环氧树脂或环氧玻璃布板等作绝缘
2	相间绝缘	保证隔离开关相间在各种周围环境下均能正常运行而不致发生闪络、放电，通常以空气作为绝缘介质
3	导电部分	断口绝缘是具有明显可见的间隙断口，绝缘必须稳定可靠，通常以空气作为绝缘介质

2）导电系统部分。隔离开关的导电系统由触头、导电杆和接线座组成。

3）操动机构部分。隔离开关的操动机构，可分为手力式和动力式两类。

应用动力式操动机构操作的隔离开关，可以使操作方便、省力和安全，并便于在隔离开关和断路器间实现闭锁，以防止误操作。动力式操动机构操作的隔离开关可以对隔离开关实现远方控制和自动控制。操动机构分类见表4-33。

表4-33 操动机构分类

序号	操动机构分类	操动机构简要介绍
1	手力式操动机构	手力式操动机构结构简单，价格便宜，使用比较广泛。 手动杠杆式操动机构利用手柄通过传动杠杆，带动隔离开关运动，对隔离开关实现分、合闸操作，一般应用于额定电流3000A以下的户内或户外隔离开关。 手动蜗轮式操动机构利用摇把转动蜗杆和蜗轮，通过传动系统使隔离开关分闸或合闸，应用于额定电流大于3000A的户内式重型隔离开关
2	动力式操动机构	当需要对隔离开关进行远距离操作时，可采用动力式操动机构。动力式操动机构包括电动操动机构、压缩空气操动机构和电动液压操动机构

2. 运维项目

（1）隔离开关合闸后触头与触片接触良好，测量主回路电阻合格。

（2）隔离开关和接地开关分别手动操作 3～5 次，操作平稳，接触良好，分、合闸位置正确。

（3）配电动机构，在电动机额定电压下操作 5 次，在电动机 85%及 110%额定电压下操作 3～5 次，分、合闸正常。

（4）检查所有传动、转动部分是否润滑，所有轴销螺栓是否紧固可靠。

（5）检查隔离开关与接地开关间的机械连锁是否可靠。

（6）检查机构箱门密封良好，开关自如，箱内封堵良好，无异物。

隔离开关的巡视检查项目和标准（高压开关设备运行管理规范）见表 4-34。

表 4-34　　　　　　　　　隔离开关的巡视检查项目和标准

序号	检查内容	标　准
1	标志牌	名称、编号齐全、完好
2	绝缘子	清洁，无破裂、损伤、放电现象；防污闪措施完好
3	导电部分	触头接触良好，无过热、变色及移位等异常现象；动触头的偏斜不大于规定数值。触点压接良好，无过热现象；引线弧度适中
4	传动连杆、拐臂	连杆无弯曲，连接无松动、锈蚀，开口销齐全；轴销无变位脱落、无锈蚀，润滑良好；金属部件无锈蚀，无鸟巢
5	法兰连接	无裂痕，连接螺栓无松动、锈蚀、变形
6	接地开关	位置正确，弹簧无断股、闭锁良好，接地杆的高度不超过规定数值；接地引下线完整可靠接地
7	闭锁装置	机械闭锁装置完好、齐全，无锈蚀变形
8	操动机构	密封良好，无受潮
9	接地	应有明显的接地点，且标志色醒目。螺栓压接良好，无锈蚀

3. 注意事项

（1）注意清除导电部分及支柱绝缘子表面污秽，保证接线端子与母线连接平面及中间触头、触指接触面清理干净。

（2）检查所有紧固件如圆锥销螺栓是否有松动现象。

（3）检查各销孔连接、传动连接部分是否有卡滞现象，并在所有转动部位涂润滑脂。

（4）仔细检查支柱绝缘子不得有划伤及裂纹，如发现应予以更换。

（5）检查电动机构输出轴转动 180°时，辅助开关能否正确动作，接触是否良好。

（6）在分闸或合闸位置时，机构终点位置与辅助触点位置是否正确，是否正常切换。

第四节　继　电　保　护

一、线路保护

线路保护是对输电线路设置的保护，本节主要对距离保护、零序保护、高频保护、光纤保护的基本原理和组成进行介绍。

1. 线路距离保护

（1）距离保护的基本原理。电流增大、电压降低是电力系统短路的两个基本特征，也是用于区别正常运行和故障状态的重要依据。利用短路时电压、电流同时变化的特征，测量电压与电流的比值，反应故障点到保护安装处的距离而工作的保护，称为距离保护。用于测量故障点至保护装设点之间阻抗（或距离）的继电器，称为阻抗继电器。

距离保护是以距离测量元件为基础构成的保护装置，其动作和选择性取决于本地测量参数（阻抗、电抗、方向）与设定的被保护区段参数的比较结果，而阻抗又与输电线路的长度成正比。距离保护是主要用于输电线路的保护，一般是三段式或四段式。第 Ⅰ、Ⅱ 段带方向性，作为本线段的主保护，其中第 Ⅰ 段保护线路的 80%～90%，第 Ⅱ 段保护余下的 10%～20%并作为相邻母线的后备保护，第Ⅲ段带方向或不带方向，有的还设有不带方向的第四段作为本线段及相邻线段的后备保护。

（2）距离保护的组成。整套距离保护包括故障启动、故障距离测量、相应时间逻辑回路与电压回路断线闭锁，有的还配有振荡闭锁等基本环节及对整套保护的连续监视等装置。有的接地距离保护还配备单独的选相元件。

为使距离保护装置动作可靠，距离保护装置应由以下五部分组成：

1）测量部分，用于对短路点的距离测量和判别短路故障的方向。

2）启动部分，用来判别系统是否处在故障状态。当短路故障发生时，瞬时启动保护装置。有的距离保护装置的启动部分还兼有后备保护的作用。

3）振荡闭锁部分，用来防止系统振荡时距离保护误动作。

4）二次电压回路断线失压闭锁部分，用来防止电压互感器二次回路断线失压时，由于阻抗继电器动作而引起的保护误动作。

5）逻辑部分，用来实现保护装置应具有的性能和建立保护各段的时限。

2. 零序保护

（1）零序保护的基本原理。我国 110kV 及以上的电力系统均为大电流接地系统，单相接地短路将产生很大的故障相电流和零序电流，所以须装设接地短路的相应保护装置。尽管三相式电流保护，也能对接地短路起保护作用，但其保护动作电流必须大于最大负荷电流，灵敏度较低。接地短路时必有零序电流，而在正常负荷状态下，零序电流没有或很小，因此采用反应零序电流的接地保护能取得较高灵敏度，而且三相只需要一个电流继电器，使接地保护装置非常简单。

（2）零序电流和方向。系统发生单相接地短路时的零序电流与零序电压的相量决定零序保护的方向，一般规定，电压的正负以大地为基准，电流的正方向为由保护装设处的母线流向被保护线路。零序功率是由故障点流向电源，亦即由故障线路流向母线，通常以母线流向线路的功率为正，所以零序功率方向继电器是在负值零序功率下动作的。

在系统发生故障后，影响零序电流大小的因素有以下几点：

1）接地电流的故障类型，当同一故障点发生单相接地故障和两相接地故障时，保护安装处感受到的零序电流是不一致的，其与故障发生点的正序阻抗和零序阻抗的大小有关，与发电机组开启的多少有关，通常发电机组开启的越多，零序电流也就越大。

2）在系统发生单相断线（即非全相运行）时，在断线的断口处能产生纵向不对称的零序电压与零序电流（与断口前的负荷电流有关）。而在实际应用中由于系统接线方式的不同，电压互感器安装地点分为母线电压互感器和线路电压互感器。安装位置的不同导致在断路器发生非全相运行时，零序电压与零序电流的相量关系有所不同。

3. 纵联保护

（1）纵联保护基本概念。GB/T 14285—2006《继电保护和安全自动化装置技术规程》中要求，在110~500kV 中性点直接接地电网的线路保护中，应装设全线速动的保护装置，尤其在220kV 及以上线路中应设置两套完整、独立的全线速动主保护。这里所讲述的纵联保护就是目前在电网中广泛使用的全线速动主保护。

图4-42　线路故障示意图

首先，反映一侧电气量变化的保护存在一个致命的缺陷，对照图4-42可以看出，系统 M 侧的只反应 M 侧电气量变化的线路保护（如距离保护、零序保护等），无法区分本线路末端 k1 和下一线路首端 k2（或 N 侧母线）的故障。另外，对于多段式的单侧电气量保护，其瞬时第

Ⅰ段为保证保护动作的选择性，通常整定都要躲过本线路末端故障，这样就无法做到瞬时切除本线路全长范围内的故障。

因此，仅反映线路一侧的电气量不可能区分本线路末端和对侧母线（或相邻线始端）的故障，只有反应线路两侧的电气量才可能区分上述两点故障，达到有选择性的快速切除全线故障的目的，为此需要将线路一侧电气量的信息传输到另一侧去，也就是说，在线路两侧之间发生纵向的联系。这种保护，称为输电线路的纵联差动保护。

要在线路两侧发生纵向的联系，即需要线路两侧交换各自的信息，在中间就存在交换信息的通道问题。目前，在电网中纵联差动保护所选用的通道类型有导引线通道、载波通道、微波通道和光纤通道。对应的纵联差动保护按照所利用通道的不同类型可以分为导引线纵联差动保护（简称导引线保护）、电力线载波纵联差动保护（简称高频保护）、微波纵联差动保护（简称微波保护）和光纤纵联差动保护（简称光纤保护）四种，通常纵联差动保护也是按此命名。

其中，导引线保护已被光纤保护所取代。目前电力系统中广泛应用的保护为高频保护和光纤保护。

纵联差动保护的两侧所交换的信息内容，按照其内容可以分为以下三种：

（a）闭锁信号。阻止保护动作于跳闸的信号。无闭锁信号是保护作用于跳闸的必要条件。只有同时满足本端保护元件动作和无闭锁信号两个条件时，保护才能作用于跳闸，其逻辑框图如图4-43（a）所示。

（b）允许信号。允许保护动作于跳闸的信号。有允许信号是保护动作于跳闸的必要条件。只有同时满足本端保护元件动作和有允许信

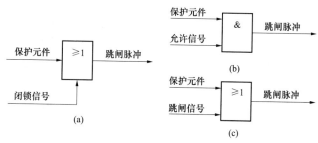

图4-43　纵联差动保护信号逻辑图

号两个条件时，保护才动作于跳闸，其逻辑框图如图 4–43（b）所示。

（c）跳闸信号。直接引起跳闸的信号。此时与保护元件是否动作无关，只要收到跳闸信号，保护就作用于跳闸，如图 4–43（c）所示。远方跳闸式保护就是利用跳闸信号。

两侧保护继电器仅反应本侧的电气量，利用通道将继电器对故障方向判别的结果传送到对侧，每侧保护根据两侧保护继电器的动作经过逻辑判断区分是区内还是区外故障。按照保护判别方向所用的继电器又可分为纵联方向保护与纵联距离保护两种。

1）纵联方向保护。纵联方向保护是由线路两侧的方向元件分别对故障的方向作出判断，然后通过高频信号作出综合的判断，即对两侧的故障方向进行比较以决定是否跳闸。一般规定，从母线指向线路的方向为正方向，从线路指向母线的方向为反方向。闭锁式纵联方向保护的工作方式是当任一侧方向元件判断为反方向时，不仅本侧保护不跳闸，而且由发信机发出高频电流，对侧收信机接收后就输出脉冲闭锁该侧保护。在外部故障时，是近故障侧的方向元件判断为反方向故障，所以是近故障侧闭锁远离故障侧。在内部故障时，两侧方向元件都判断为正方向，都不发送高频信号，两侧收信机都接受不到高频信号，也就不会输出脉冲去闭锁保护，于是两侧方向元件均作用于跳闸。

2）纵联距离保护。纵联距离保护与纵联方向保护都是利用通道传输闭锁信号或允许信号，实现有选择的快速切除全线故障。纵联距离保护是在阶段式距离保护的基础上增加通信接口和必要的动作逻辑来实现纵联差动保护，达到快速切除全线故障的目的。当通道退出或运行中通道发生障碍时便是完整的阶段式距离保护。

（2）纵联保护通道。

1）纵联保护通道方式。纵联保护的通道方式有导引线、载波、微波及光纤通道四种，四种通道方式的优缺点见表 4–35。

表 4–35　　　　　　　　　　纵 联 保 护 通 道 分 类

序号	通道分类	简 要 介 绍
1	导引线通道	导引线通道需要沿线铺设电缆，其投资随线路长度而增加。当线路较长（超过 10km）时就不经济了。导引线越长，安全性越低。导引线中传输的是电信号。在中性点接地系统中，除了雷击，在接地故障时地中电流会引地电位升高，也会产生感应电压，威胁保护装置和人身安全，也会造成保护不正确动作。因此，导引线的电缆必须有足够的绝缘水平，会使投资增大。导引线直接传输交流电量，故导引线保护采用差动保护原理，其参数（如电阻和分布电容）直接影响保护性能，从而在技术上也限制了导引线保护用于较长的线路
2	电力线载波通道	载波保护是纵联差动保护中应用最广的一种。载波通道由高压输电线及其加工和连接设备（如阻波器、结合电容器及高频收发信机）等组成。高压输电线机械强度大，安全可靠。但在线路发生故障时通道可能遭破坏（高频信号衰减增大），为此须考虑在此情况下高频信号是否能有效传输的问题。当载波通道采用"相—地"制时，在线路中点发生单相短路接地故障时衰减与正常时基本相同，但在线路两端故障时衰减显著增大。当载波通道采用"相—相"制和发生单相短路接地故障时能够传输高频信号，但在三相短路时不能。为此，载波保护在利用高频信号时应使保护在本线路故障信号中断的情况下仍能正确动作
3	微波通道	微波通信是一种多路通信系统，可以提供足够的通道，彻底解决了通道拥挤的问题。微波通信具有较宽的频带，线路故障时信号不会中断，可以传送交流电的波形。采用脉冲编码调制（PCM）方式可以进一步扩大信息传送量，提高抗干扰能力，也更适合于数字保护。微波通信是理想的通信系统，但是保护专用微波通信设备是不经济的，应当与通信、远动等共用，这就要求在设计时把这两方面兼顾起来，同时还要考虑信号衰落的问题
4	光纤通道	光纤通信通过光缆直接将光信号送到对侧，在保护装置中都将电信号变成光信号送出，又将所接收的光信号变为电信号供保护使用。近年来光纤通信发展迅速，尤其在架空输电线的接地线中铺设光纤的方法（OPGW）既经济又安全，光纤保护得到了很大发展

2）载波通道介绍。载波通道利用电力线作为传输媒介，具有较高的安全性和可靠性，是我国电力调度和继电保护最普遍使用的通道。目前采用输电线路构成的高频通道有以下两种构成方式：

（a）"相—地"制通道。"相—地"制高频通道原理接线如图4-44所示，即在输电线路的同一相两端装设高频耦合和分离设备，将高频收发信机接在该相导线和大地之间，利用输电线路的一相和大地作为高频通道。这种接线方式的缺点是高频电流的衰减和受到的干扰都比较大，但由于只需装设一套设备就构成高频通道的设备，比较经济，目前在电网中大量使用。各部件介绍见表4-36。

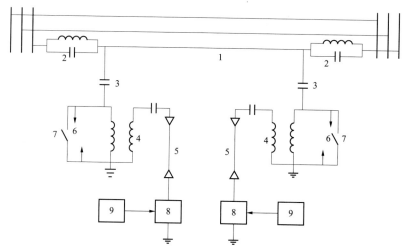

图4-44 "相—地"制高频通道原理接线图

1—输电线路；2—高频阻波器；3—耦合电容器；4—结合滤波器；5—高频电缆；6—保护间隙；

7—接地开关；8—收发信机（载波机）；9—保护装置

表4-36　　　　　　　　　　　"相—地"制高频通道各部件介绍

序号	通道分类	简 要 介 绍
1	高频阻波器	由电感线圈和可调电容组成的并联谐振回路。当其谐振频率为选用的载波频率时，对载波电流呈现很大的阻抗（1000Ω以上），从而使高频电流限制在被保护的输电线路以内（即两端高频阻波器之内），而不流到相邻的线路上去。对50Hz工频电流而言，高频阻波器的阻抗仅是电感线圈的阻抗，其值约为0.04Ω，因而工频电流可畅通无阻
2	耦合电容器	电容量很小，对工频电流具有很大的阻抗，可防止工频电压侵入高频收发信机。对高频电流则阻抗很小，高频电流可顺利通过。耦合电容器与结合滤波器共同组成带通滤波器，只允许此通带频率内的高频电流通过
3	结合滤波器	与耦合电容器共同组成带通滤波器。由于电力架空线路的波阻抗约为400Ω，高频电缆的波阻抗约为100Ω或75Ω，因此利用结合滤波器与它们起阻抗匹配作用，以减小高频信号的衰耗，使高频收发信机收到的高频功率最大。同时，还利用结合滤波器进一步使高频收发信机与高压线路隔离，以保证高频收发信机与人身的安全
4	保护间隙	高频通道的辅助设备，用它保护高频收发信机和高频电缆免受过电压的袭击
5	接地开关	高频通道的辅助设备。在调整或检修高频收发信机和结合滤波器时，将它接地以保证人身安全

（b）"相—相"制通道。利用输电线路的两相导线作为高频通道。虽然采用这种构成方

式高频电流衰耗较小，但由于需要两套设备构成高频通道的设备，因而投资大、不经济。目前在电网中这种方式主要用于 500kV 及以上系统的高频保护。其接线如图 4-45 所示。

"相—相"制通道一般用于允许式，高频阻波器、耦合电容器、结合滤波器及高频电缆的作用与"相—地"制相同。"相—相"制通道配置了一个音频接口回路，用于调度电话业务，现在调度逐渐不再使用载波通道，通道为保护专用。

保护正常不动作时，通道发送监视频率 f_G，此信号用于检查收信监视通道是否正常。

在线路发生故障（区内或正方向）时，继电保护装置发出控制信号，此时载波机从监视频率 f_G 变为跳闸频率 f_T，专发 f_T 并且提高发信功率。此时监视频率 f_G 消失，当收到跳闸频率 f_T 时向保护装置传送允许跳闸信号 T_1。如果发生区内三相短路故障，通道衰耗过大，监频消失，又收不到跳频，此时保护装置送出一个 UNBLOCKING 信号，开放保护 100ms，解除闭锁信号，实现线路跳闸。

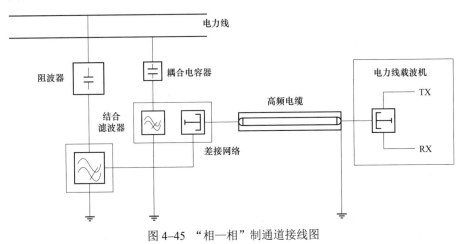

图 4-45　"相—相"制通道接线图

4. 光纤保护

（1）光纤保护基本原理。光纤保护是纵联方向保护的一种，只是信号传输媒介采用光纤形式。利用光纤通道将本侧电流的波形或代表电流相位的信号传送到对侧，每侧保护根据对两侧电流的幅值和相位比较的结果来区分是区内还是区外故障。随着科学技术的发展，光纤通信技术在电网中的利用越来越广，光纤技术与继电保护装置相结合构成电力系统输电线路的主保护越来越得到普及。

光纤电流差动保护是在电流差动保护的基础上演化而来的，基本保护原理也是基于基尔霍夫基本电流定律，原理简单，不受运行方式变化的影响，两侧的保护装置没有电联系，其灵敏度高，动作简单可靠快速，能适应电力系统振荡、非全相运行等优点，是其他保护形式所无法比拟的。

（2）通道联系方式。

1）基本光纤通信系统。一个基本光纤通信系统应由这样几个部分组成（见图 4-46）：发送调制、光源、光纤连接器、光纤通道、光纤接收器、接收解调装置等。

对于长线路，光纤通道中间应增设一个或多个光中继设备，如果线路距离比较短，光纤保护采用直连方式时，无须增设中继设备。

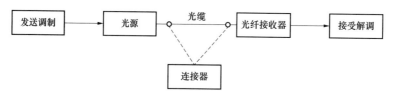

图 4-46　基本光纤通信系统

发送调制就是将所需传送的保护信号（模拟电流信号或跳闸命令信号）变换成能够采用光纤通道传输的脉冲信号方式，常用的调制方式有脉码调制（PCM）、脉宽调制（PWM）、移频键控制（FSK）等。光源为 LED，光纤接收器为 PIN-FET，接收解调即将有关脉冲方式的信号还原成相应的保护信号形式。

图 4-47　直接连接方式的光纤通信系统

2）具体几种连接方式。

（a）保护装置直接连接方式如图 4-47 所示，适用于距离比较短的线路。

（b）利用专用的光纤通信接口装置连接方式如图 4-48 所示，一般适用于距离不长的输电线路。

图 4-48　专用的光纤通信接口装置连接方式的光纤通信系统

（c）复用光纤通信形式如图 4-49 所示，适用于长距离线路保护，采用 2M 传输方式时无需 PCM 基群设备，继电保护信号数字复接接口选用 MUX-2M。

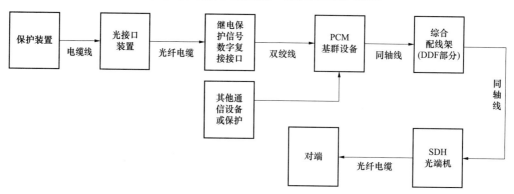

图 4-49　复用光纤通道形式的光纤通信系统

3）光纤类型及特性。按照光纤中光信号传输模式的多少，光纤可分为多模光纤（MM）及单模光纤（SM）。

光纤中的传输模式是多个时，称为多模光纤，常见的多模光纤纤芯直径为 50μm，包层直径为 125μm，表示为 50/125μm；根据纤芯剖面介质的分布分为阶段型多模光纤（SI，MM）和渐变型多模光纤（GI，MM）。

光纤中只能传播一个模式的光纤，称为单模光纤，要实现单模传输，要求其纤芯直径很小，通常为 9/125μm，一般单模光纤芯折射率属阶跃型的（SM，SI）。

对于继电保护所用的光纤，所要考虑的最重要的特性是光纤的衰耗值，而光纤的衰耗值不但与光纤的类型有关，而且还与通过的光信号波长有关，一般的光纤在波长 0.7～1.6μm 之间有三个衰耗高峰，每两个衰耗峰之间有一个相对低的衰耗区域，这三个波长区域被用作光纤通信的可用波长段，这三个波长段分别是 0.85μm（短波长）、1.3μm（长波长）、1.55μm（长波长）。各种波长的光纤特性见表 4-37。

表 4-37 各种波长的光纤特性

光纤类型	波长（μm）	衰耗（dB/km）	带（GHz·km）
多模光纤	0.85	2～3	2～3
	1.3	0.5～1.2	0.2～1
单模光纤	1.3	0.4～0.8	20
	1.55	0.2～0.6	20

4）光纤通信器件。在光纤通信系统中，必须要有光/电、电/光能量转换器件，将电信号变成光信号，在光纤中传输，并将光纤中的光波信号还原成电信号。通常将电信号变成光信号的器件称为光纤发射器件或光源，将光信号转换为电信号的器件称为光纤接收器件。

二、变压器保护

变压器作为电力系统中的主设备，其运行情况直接关系着系统的安全稳定运行和可靠供电，变压器保护的配置和运行尤为重要。

1. 变压器保护配置原则

220kV 及以上变压器配置两套主变压器保护，每套主变压器保护均包含有完整的主保护和后备保护功能，变压器非电量保护按一套配置。

2. 变压器差动保护

（1）变压器差动保护原理。变压器差动保护作为变压器绕组故障时变压器的主保护，差动保护的保护区是构成差动保护的各侧电流互感器之间所包含的部分。包括变压器本身和电流互感器与变压器之间的引出线。

（2）变压器差动保护不平衡电流的影响。变压器差动保护不同于线路差动保护，是因为变压器差动保护的不平衡电流远大于线路差动保护不平衡电流，因此变压器差动保护的灵敏度及可靠程度都存在问题。变压器差动保护不平衡电流产生的原因主要有以下几方面。

1）稳态情况下的不平衡电流。

（a）由于变压器各侧电流互感器型号不同，即各侧电流互感器的饱和特性和励磁电流不同而引起的不平衡电流，它必须满足电流互感器 10% 误差曲线的要求。

（b）由于实际的电流互感器变比和计算变比不同而引起的不平衡电流。

（c）由于改变变压器调压分接头而引起的不平衡电流。

（d）由于变压器运行过励磁而引起的不平衡电流。

2）暂态情况下的不平衡电流。

（a）由于短路电流的非周期分量主要为电流互感器的励磁电流，励磁电流使铁芯饱和，铁芯饱和导致电流误差增大而引起不平衡电流。

（b）变压器空载合闸的励磁涌流。

3. 变压器后备保护

（1）阻抗、零序、过电流保护。

1）阻抗保护。通常阻抗保护装设在开关侧，方向指向变压器，作为变压器高（中）压侧绕组及对侧母线相间短路故障的后备保护，但如果需要作为本侧母线的后备保护，可以装设在主变压器套管侧，方向指向本侧母线。但是，装设阻抗保护应注意采取防止电压断线导致误动作的措施，其通常的应对措施有以下两方面：

（a）装设电压断线闭锁装置。

（b）装设电流增量元件或负序电流增量元件作为启动元件。

2）零序保护。对于中性点直接接地运行的主变压器都采取中性点零序过电流保护，对于自耦变压器，在高压侧接地故障的情况下，其中性点零序电流受系统零序阻抗的影响较大。

3）过电流保护。变压器过电流保护通常是作为主变压器内部故障及相邻设备不对称故障的后备保护，在过电流保护灵敏度不足的情况下，一般采用复合电压闭锁过电流保护。复合电压闭锁过电流保护与过电流保护相比有以下优点：

（a）在后备保护范围内发生不对称短路时，有较高的灵敏度。

（b）在变压器后发生不对称短路时，电压启动元件的灵敏度与变压器的接线方式无关。

（c）由于电压启动元件只接在变压器的一侧，故接线比较简单。

经多侧复压元件闭锁的过电流保护，当某侧 TV 断线时，仅退出该侧复压元件，其他侧复压仍投入，即某侧 TV 断线的结果不会影响其他侧复压元件的动作情况。所有侧复压对应的 TV 均断线时，退出复压过电流保护。对于微机保护，当选择了"TV 断线不退出相应段保护"时，即在所有侧复压对应的 TV 均断线时，复压过电流保护为纯过电流保护。

（2）其他后备保护。

1）过励磁保护。过励磁保护由定时限和反时限组成，其中定时限设告警段，反时限动作跳闸。通常可能导致主变压器过励磁的原因有以下几点：

（a）超高压远距离输电线路突然丢失负荷引起过电压。

（b）事故时随着切除故障而将补偿设备同时切除，使充电功率过剩而导致过电压。

（c）事故解列后造成局部地区在维持电压的同时，频率大幅下跌。

（d）操作不当而引起的过电压。

（e）铁磁振荡或 LC 振荡而引起的过电压。

（f）变压器分接头连接不正确。

2）过负荷保护。主变压器的过负荷保护检测变压器高、中压侧三相电流中的最大值，主要表现为主变压器绕组的温升发热。主变压器的过负荷能力与环境温度、过负荷前所带负荷情况、冷却介质温度、主变压器负荷曲线及主变压器设备状况等因素有关。一般变压器过负荷保护设有过负荷报警、启动通风、过负荷闭锁调压等保护。

4. 变压器非电量保护

非电量保护，顾名思义就是指由非电气量反映的故障动作或异常告警的保护。保护的判据不是电流、电压、频率、阻抗等电气量，而是非电气量。非电量保护有瓦斯保护（油速、瓦斯气体判据）、温度保护（温度高低判据）、防爆保护（压力判据）等。变压器非电量保护一般包括瓦斯（本体瓦斯、有载瓦斯）、压力释放、温度（绕组温度、油面温度）保护。变压器最主要和最基本的非电量保护是瓦斯保护，下面重点介绍瓦斯保护。

（1）变压器瓦斯保护的含义。在变压器油箱内部发生故障（包括轻微的匝间短路和绝缘破坏引起的经电弧电阻接地短路）时，由于故障点电流和电弧的作用，将使变压器油及其他绝缘材料因局部受热而分解产生气体，因气体比较轻，它们将从油箱流向储油柜的上部。当严重事故时，油会迅速膨胀并产生大量的气体，此时将有剧烈的气体夹杂着油流冲向储油柜的上部。利用油箱内部故障的上述特点，可以构成反应于上述气体而动作的保护装置，称为瓦斯保护。

（2）变压器瓦斯保护的工作原理。瓦斯保护原理是变压器内部故障的主要保护元件，对变压器匝间和层间短路、铁芯故障、套管内部故障、绕组内部断线及绝缘劣化和油面下降等故障均能灵敏动作。当油浸式变压器的内部发生故障时，由于电弧将使绝缘材料分解并产生大量的气体，其强烈程度随故障的严重程度而不同。瓦斯保护就是利用反应气体状态的气体继电器来保护变压器内部故障的。

（3）变压器瓦斯保护的范围。瓦斯保护是变压器的主要保护，它可以反映油箱内的一切故障，包括油箱内的多相短路、绕组匝间短路、绕组与铁芯或与外壳间的短路、铁芯故障、油面下降或漏油、分接开关接触不良或导线焊接不良等。

瓦斯保护动作迅速、灵敏可靠而且结构简单。

瓦斯保护的优点是不仅能反映变压器油箱内部的各种故障，而且还能反映差动保护所不能反映的不严重的匝间短路和铁心故障。此外，当变压器内部进入空气时也有所反映。

瓦斯保护的缺点是不能反映变压器外部故障（套管和引出线），因此瓦斯保护不能作为变压器各种故障的唯一保护。瓦斯保护抵抗外界干扰的性能较差，例如剧烈的震动就容易误动作。如果在安装气体继电器时防油和防水措施不当，就有可能漏油腐蚀电缆绝缘或继电器进水而造成误动作。

三、母线保护

母线上发生短路的概率比输电线路小得多，若母线短路不能快速切除，会对电力系统产生严重影响，为了快速、有选择地将故障母线切除需配置专门的母线保护装置。

1. 母线保护配置

对 220kV 及以上母线均按双重化原则配置双套母线保护装置，每套母线保护装置均包含有差动和失灵保护逻辑功能。对双母线接线的母差保护应有母联（分段）断路器充电保护等功能。

2. 母线差动保护

（1）母线差动保护原理。母线在正常运行及外部故障时，根据基尔霍夫定理，流入母线的电流等于流出母线的电流。如果不考虑 TA 的误差等因素，理想状态下各电流的相量和等于零。如果考虑了各种误差，差动电流应该是一个不平衡电流，此时母差保护可靠不动作。

当母线上发生故障时，各连接单元里的电流都流入母线，所以 TA 二次电流的相量和等于短路点短路电流的二次值，差动电流的幅值很大。只要该差动电流的幅值达到一定值，差动保护就应可靠动作。所以母线差动保护可以区分母线内和母线外的短路，其保护范围是参加差动电流计算的各 TA 所包围的范围。

对于双母线接线方式，母线差动保护由母线大差动和各分段母线的小差动组成。

母线大差动是由除母联断路器和分段断路器以外的母线所有支路的电流构成的大差动元件，其作用是区分母线内还是母线外短路，但它不能区别是哪一条母线发生故障。

母线小差动是由该分段母线相连的各支路电流构成的差动元件，其中包括与该母线相关联的母联断路器和分段断路器支路的电流，其作用是可以区分该条母线内还是该条母线外故障，所以可以作为故障母线的选择元件。对于双母线、母线分段等形式的母线保护，如果大差动元件和某条母线小差动元件同时动作，则将该条母线切除，这种方式可以简单总结为"大差判母线故障，小差选故障母线"。

（2）不平衡电流的影响及对策。

1）电流互感器的影响。电流互感器的铁芯饱和是影响其性能的最重要因素。互感器饱和因素主要有短路电流幅值、二次回路阻抗、短路电流存在非周期分量、互感器存在剩磁等。

2）保护装置对互感器的要求。保护在区内故障时电流互感器误差不致影响保护可靠动作，保护在区外最严重故障时电流互感器误差不会导致保护误动或无选择动作。

3）对策。选择适当类型和参数的互感器，保护装置采取抗饱和措施，保证互感器在特定饱和条件下不致影响保护性能。

（3）母线保护的特殊要求。母线差动保护的特点是母线的运行方式变化的大。在最大运行方式下，外部短路时的穿越性电流可能很大，造成的不平衡电流也就很大；在最小运行方式下，内部短路时的短路电流可能很小，这就使母线保护在满足选择性和灵敏性上提出了更高的要求。

3. 短引线保护

（1）概述。在 3/2 接线、角形接线及双断路器接线的同一串内的断路器，有出线间隔隔离开关的接线方式下，如图 4-50 所示。当一串中一条线路（变压器）L 停用，线路侧的隔离开关 QS 断开时，断路器合环运行，此时电压互感器 TV 停用，线路主保护退出运行。当该短引线范围发生故障时，没有快速保护切除故障，因此，需要设置短引线保护。短引线保护按照双重化要求配置，分别为电流差动保护和过电流保护。

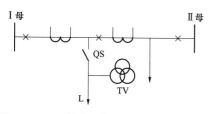

图 4-50　3/2 断路器接线方式的一串断路器

（2）特点。短引线保护一般采用差动保护，当电流互感器二次绕组数量不能满足要求时，也可以将短引线保护电流回路串联在本间隔主保护之后，采用过电流保护，达到快速动作切除故障的目的。

根据实际情况，对短引线的应用和运行操作要求如下：

1）短引线保护经隔离开关辅助触点控制短引线保护装置的电源或逻辑开入。也可以采用短引线保护屏柜的压板控制。隔离开关打开（压板投入），短引线保护功能正常，隔离开关闭合（压板退出），短引线保护功能退出。

2）当短引线保护退出运行时应将该短引线保护的跳闸压板退出。

四、电抗器保护

1. 电抗器保护配置原则

220kV 及以上高压电抗器保护配置与变压器保护配置要求一致，66kV 电抗器为干式电抗器，保护配置为一套电抗器保护，其主要功能有定时限过电流保护、反时限过电流保护、过负荷保护（报警或跳闸）、零序过电流保护、零序过电压保护。

2. 电抗器匝间保护原理

匝间短路是电抗器常见的一种内部故障形式。匝间保护采用由主电抗器末端自产零序电流和电抗器安装处自产零序电压组成的零序功率方向继电器。电抗器内部匝间短路时，对应的末端测量值总是满足零序电压超前零序电流，而且此时零序电抗的测量值为系统的零序电抗。当电抗器外部（系统）故障时，对应的零序电压滞后于零序电流，此时零序电抗的测量值为电抗器的零序阻抗。所以，利用电抗器末端零序电流和电抗器安装处零序电压的相位关系来区分电抗器匝间短路、内部接地故障和电抗器外部故障。

3. 电抗器绕组开断保护原理

高压并联电抗器每相由多个线圈饼串联而成，在运行中受到较强的振动时，电抗器可能发生绕组联线的断线（运行现场已发生过多起饼与饼之间联线开断的事故）。若电抗器某一相饼与饼之间的联线松动，则该相的电流将减小，联线完全断开时该相电流减小到零。当装置判断电抗器某一相首末端电流同时减小到某一定值，而首末端自产零序电流都较大，且零序电压较小时，认为发生电抗器绕组开断故障。

五、电容器保护

1. 电容器保护配置原则

电容器保护配置比较简单，一台电容器配置一套保护，主要是过电流保护、过电压保护、不平衡电压保护（零序电压保护）、不平衡电流保护、非电量保护等。

2. 电容器保护基本原理

（1）过电流保护。过电流保护设置三段定时限（其中第三段可整定为反时限）。

（2）过电压保护。为防止系统稳态过电压造成电容器损坏，设置过电压保护。

（3）不平衡保护。不平衡电压保护和不平衡电流保护主要反应电容器组中电容器的内部击穿事故。

（4）电容器非电量保护。电容器非电量保护与其他元件非电量保护基本相同，电容器还设置一个隔离网门跳闸，防止在运行过程中人员误入电容器隔离网内造成事故，在运行过程中一旦打开网门，网门行程开关动作给保护装置一个开入量，断路器立即跳闸。

六、断路器保护

断路器保护对断路器起辅助保护，功能包括失灵保护、三相不一致、重合闸、充电保护等。

（1）失灵保护。

1）失灵保护的概述。失灵保护是在故障时保护装置正确动作，断路器出现主触头卡死、机构失灵、跳闸线圈损坏以及保护装置出口至跳闸线圈之间的回路出现断线或接线松动等原因拒动，借助与其相邻的其他断路器来隔离故障点的保护。

另外，在一些特殊的区域发生故障，由于故障点特殊，即使保护动作，断路器正确动作，也无法切除故障，只能依靠失灵保护动作来隔离故障点，例如母线断路器与 TA 之间发生故障，如图 4-51 所示故障点在 D1、D2 区域时，故障在母差保护动作范围内，但母差动作后，母线断路器虽跳开，单对线路来说，故障依然存在，但不在线路保护范围之内，线路保护无法动作，必须依靠失灵保护动作来跳开相应的断路器，此时，母差保护的动作触点启动该母线断路器的失灵保护，失灵保护动作启动远方跳闸跳开线路对侧断路器，隔离故障点。

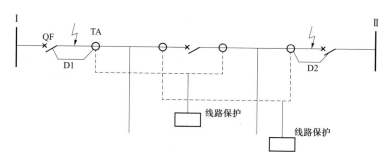

图 4-51　特殊故障区域失灵保护动作

若某个断路器失灵，则失灵保护的动作是跳开其相邻的断路器以隔离故障点。对双母线接线的变电站来说，相邻断路器就是其所在母线上其他所有断路器以及和本断路器连接的线路的对侧断路器；对 3/2 接线的边断路器失灵，除了上述外，还包括其相邻的中间断路器；对 3/2 接线的中间断路器，其相邻断路器是此中间断路器对应的两个边断路器和线路（或主变压器）的对侧断路器。

2）失灵保护的跳闸方式。

（a）中间断路器失灵，失灵保护动作，除跳开相邻的两母线侧断路器之外，还要通过远方跳闸，跳开与拒动断路器相连的两条线路对侧断路器。如图 4-52 所示，当中间断路器 2 失灵时，向边断路器 1 和边断路器 3 发出跳闸命令，同时启动线路 4 和线路 5 的远方跳闸保护跳开线路对侧相应断路器。

（b）母线侧断路器失灵，失灵保护动作，除跳开相邻的中间断路器之外，还要通过远方跳闸，跳开与拒动断路器相连的线路对侧断路器，并启动该母线的母差出口保护跳开该母线上所连的所有断路器。如图 4-53 所示，当母线开关 1 失灵时，向中间断路器 4 及母线 2 发出跳闸命令，启动线路 5 的远方跳闸保护跳开线路对侧相应断路器。

（2）三相不一致保护。三相不一致保护是防止断路器某相合闸线圈断线或某相合闸机构失灵，三相不能全部合闸，或者断路器在合闸状态时一相或两相偷跳没有重合成功，造成非全相运行，使电网出现不对称分量，引起其他保护误动而配置的保护。三相不一致保护由断路器辅助触点不对应启动，零序电流判别并大于重合闸时间的延时。当断路器非全相运行时，达到整定值即动作跳开非全相运行的断路器。

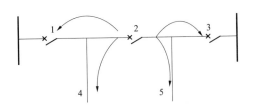

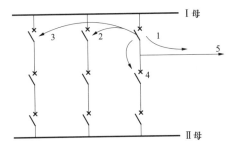

图 4-52　中间断路器失灵跳闸命令示意图　　　图 4-53　母线断路器 1 失灵跳闸命令示意图

1、3—母线侧断路器；2—中间断路器；4、5—线路　　1、3—母线侧断路器；2—中间断路器；4、5—线路

220kV 及以上断路器一般有两套三相不一致保护，断路器本身的三相不一致保护装设在断路器机构内或汇控柜内，由断路器辅助触点不对应启动，带延时直接跳闸。而断路器保护内的三相不一致保护由断路器辅助触点不对应启动，加零序电流判别并带延时（小于断路器本身的三相不一致保护时间）动作。

（3）充电保护。充电保护是在线路或母线投运时设置的一种过电流保护。充电保护不带方向，一般整定比较灵敏，确保线路或母线在投运时发生故障能快速切除。

第五节　安　全　自　动　装　置

一、电力系统安全稳定控制装置

1. 电力系统安全性和三道防线

（1）可靠性、安全性、稳定性。

电力系统可靠性是在所有可能的正常运行方式和事故情况下，供给所有用电点符合质量标准和所需数量的电力的能力。

电力系统安全性是指电力系统在运行中承受故障扰动的能力，通过两个特征表征：

1）电力系统能承受故障扰动引起的暂态过程并过渡到一个可稳定的运行工况，不发生稳定破坏、系统崩溃或连锁反应；

2）在新的运行工况下，各种运行条件得到满足，设备不过负荷，母线电压、系统频率在允许范围内。

电力系统稳定性是电力系统受到事故扰动（例如功率或阻抗变化）后保持稳定运行的能力，包括功角稳定性、电压稳定性、频率稳定性等。

（2）电力系统承受大扰动能力的标准。DL 755—2001《电力系统安全稳定导则》规定我国电力系统承受大扰动能力的标准分为三级：

第一级标准：保持稳定运行和电网的正常供电（出现概率较高的单一故障）；

第二级标准：保持稳定运行，但允许损失部分负荷（出现概率较低的单一严重故障）；

第三级标准：当系统不能保持稳定运行时，必须防止系统崩溃，并尽量减少负荷损失（出现概率很低的多重性严重事故）。

（3）三道防线。为了分析方便，我们把电力系统运行状态分为正常状态、警戒状态、

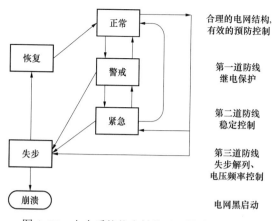

图 4-54　电力系统状态转换及三道防线示意图

紧急状态、失步状态、恢复状态，相互关系如图 4-54 所示。

针对相应的状态，我们设置三道防线。

第一道防线：快速可靠的继电保护，有效的预防性控制措施，确保电网在发生常见的单一故障时保持电网稳定运行和电网的正常供电。

第二道防线：采用稳定控制装置及切机、切负荷等紧急控制措施，确保电网在发生概率较低的严重故障时能继续保持稳定运行。

第三道防线：设置失步解列、频率及电压紧急控制装置，当电网遇到概率很低的多重严重事故而稳定破坏时，依靠这些装置防止事故扩大和大面积停电。

2. 电力系统安全自动装置

电力系统安全自动装置是指防止电力系统失去稳定和避免电力系统发生大面积停电的自动保护装置，如自动重合闸、备用电源和备用设备自动投入、自动联切负荷、自动低频（低压）减负荷、事故减出力、事故切机、电气制动、水轮发电机自动启动和调相改发电、抽水蓄能机组由抽水改发电、自动解列及自动快速调节励磁等。

电网安全自动装置种类：

1）区域安全稳定控制系统。为解决一个区域电网内的稳定问题而安装在多个厂站的稳定控制装置，经通道和通信接口联系在一起，组成稳定控制系统。各稳定控制子站站间相互交换运行信息，传送控制命令，可在较大范围内实施稳定控制。

2）低频、低压解列装置。电网薄弱地区功率不平衡且缺额较大时，应考虑在适当地点安装低频、低压解列装置，以保证该地区与系统解列后，不因频率或电压崩溃而造成全停事故，同时也能保证重要用户供电。

3）振荡（失步）解列装置。经过稳定计算，在可能失去稳定的联络线上安装振荡解列装置，一旦稳定破坏，该装置自动跳开联络线，将失去稳定的系统与主系统解列，以平息振荡。

4）切负荷装置。为了解决与系统联系薄弱地区的正常受电问题，在主要薄弱地区变电站安装切负荷装置，当小地区故障与主系统失去联系时，该装置动作切除部分负荷，以保证区域发供电的平衡。

5）自动低频、低压减负荷装置。在电力系统出现功率缺额使电网频率、电压急剧下降时，低频、低压减负荷装置自动切除部分负荷，防止系统频率、电压崩溃，使系统恢复正常，保证电网的安全稳定运行和对重要用户的连续供电。

6）切机装置。切机装置作用是保证电网故障后线路输电通道载流元件不严重过负荷，使解列后的电厂或小地区频率不会过高，功率基本平衡。

3. 稳定控制装置

（1）稳定控制装置的作用。在故障或过负荷的情况下，稳定控制装置查找策略表，采取适当的切负荷措施。既可以按轮次切负荷，也可以根据负荷的实际情况实现精确切负荷。精确切负荷方式下，需要对负荷线路的电流进行采样分析，根据策略表设定的切负荷容量，或者接受到上一级控制主站发送来的切负荷量命令，按照一定的优先顺序（根据负荷的重要性，先切不太重要的负荷，后切重要负荷），按照最匹配过切原则切除相应数量的负荷。为了实现区域性的精确切负荷，通常设置区域控制主站，对实际负荷进行统计排序，再统一由其下发命令到各执行站，制定需要切除的负荷线路。这样，可以使实际过切负荷量减少到最少。

（2）系统结构。稳定控制系统可以是单层结构（如图4-55所示），也可以是多层结构（如图4-56、图4-57所示），系统中有一个站为主站，其余的为子站或执行站，主站与子站之间通过光纤或载波连接。主站装置与各子站通信，接收各子站的运行状态与故障状态，判断系统的运行方式，辨别故障并执行相应控制策

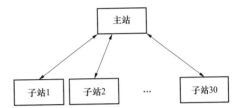

图4-55　电网安全稳定控制系统单层结构示意图

略。执行站负责监测站内出线、主变压器等设备运行情况，将本站采集来的数据传输至主站，接收主站发来的切机、切负荷等命令。

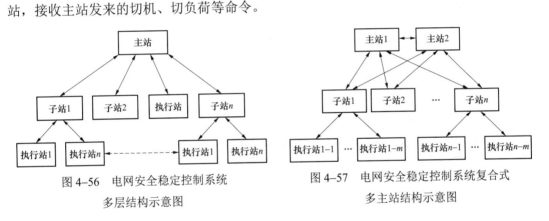

图4-56　电网安全稳定控制系统
多层结构示意图

图4-57　电网安全稳定控制系统复合式
多主站结构示意图

（3）稳定控制装置应具备的功能。

1）检测发电厂、变电站或直流换流站的出线、主变压器（或机组）和直流系统（换流变压器和直流极）的运行工况，并可以将本厂站的设备状态送往有关厂站，根据本厂站设备的投停状态和电网内其他厂站传来的设备投停信息，自动识别电网当前的运行方式，也可通过方式压板的人工投退来决定运行方式，并在出线跳闸故障时，方式自动切换成新的运行方式，以自动适应电网相继故障的情况。

2）判断本厂站出线、主变压器、母线和直流系统的故障类型，如单相瞬时、单相永久、两相短路、三相短路、无故障跳闸、同杆架设的双回线跨线故障、多回线相继故障跳闸、线路失灵保护动作、母线故障和直流闭锁故障等。

3）当系统故障时，根据判断出的故障类型（包括远方送来的故障信息）、事故前电网的运行方式及主要输电断面的潮流大小，查找存放在装置内的预先经离线稳定分析制定的控制策略表，确定应采取的控制措施及控制量，如切机、切负荷、解列、直流功率紧急调

制、调机组出力、投切电抗器/电容器等。

4）如果被控对象是本厂站的发电机组，按照预定的具体要求（如出力大小），对运行中的发电机组进行排序，最合理地选择被切机组（按容量或台数）；如果被控对象是电力负荷，按照预定要求，可对负荷线路进行排序，在满足切负荷量要求的前提下，合理地选择被切负荷线路。

5）具有远方通信功能，如果需在其他厂站采取措施，可经光纤、微波或载波通道，把控制命令、控制量等直接发送到执行站或经其他站转发到执行站；执行站从通道接收主站或其他子站发来的控制命令，经就地判别确认后执行远方控制命令。

二、备自投

1. 概述

备自投装置是备用电源自动投入装置的简称，是指当工作电源因故障被断开以后，能自动而迅速地将备用电源投入工作，保证用户连续供电的装置。备自投装置主要用于110kV以下的中、低压配电系统中，是保证电力系统连续可靠供电的重要设备之一。

在 GB/T 14285—2006《继电保护和安全自动装置技术规程》中，规定以下情况应装设备用电源自动投入装置：

（1）装有备用电源的发电厂厂用电源和变电所所用电源；

（2）由双电源供电，其中一个电源经常断开作为备用的变电所；

（3）降压变电所内有备用变压器或有互为备用的变电所；

（4）有备用机组的某些重要辅机。

从以上的规定可以看出，装设备自投装置的基本条件是在供电网、配电网中（环网运行的方式不存在备用电源自动投入问题，不需要装设备自投装置），有两个以上的电源供电，工作方式为一个主供电源，另一个为备用电源（明备用），或两个电源各自带部分负荷，互为备用（暗备用）。

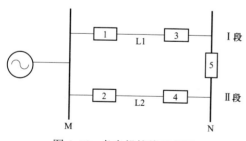

图 4-58　备自投接线示意图

备自投装置用于多电源点的变电站，当主供电源断开时自动将备用电源投入，保证供电的持续性。

2. 典型备自投方式

备自投分进线备投与分段备投两种方式，下面以图 4-58 为例，分别介绍两种备自投方式。

（1）进线备自投。L1 线路运行，L2 线路备用，即开关 1、开关 2、开关 3 运行，开关 4 热备用，分段开关 5 运行，线路 L1 有线路电压，备投充电完成。

当 L1 出现故障时，M 侧的保护跳开开关 1，如果是永久故障，重合不成功。N 侧备投检查母线失压，而 L2 线路有压，则延时跳开开关 3 再合上开关 4，这是备投线路 L2，称备投方式 1。同理，线路 L2 运行，L1 备用，称备投方式 2。其逻辑框图如图 4-59 所示。

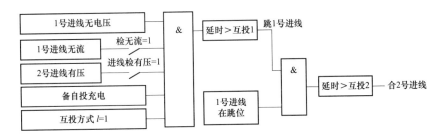

图 4-59　进线备自投逻辑图

（2）分段备自投。线路 L1 和 L2 都运行，即开关 1、开关 2、开关 3、开关 4 合上，分段开关 5 热备用，备投充电完成。

同样假设 L1 出现永久故障，开关 1 重合不成功，N 侧备投检查Ⅰ段母线失压，Ⅱ段母线有压，延时跳开开关 3 再合上开关 4，这是Ⅱ段备投Ⅰ段，称备投方式 3。同理由Ⅰ段备投Ⅱ段称方式 4。其逻辑框图如图 4-60 所示。

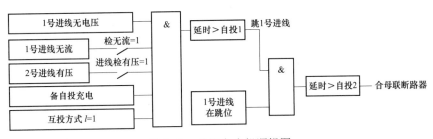

图 4-60　分段备自投逻辑图

通过对备自投动作的分析，可知装置必须采用的电气量是两条线路的线路电压，两段母线的母线电压，开关 3、开关 4、开关 5 的位置信号（跳位 KCT）和合后信号（KCC）。为了防止在母线 TV 断线时装置误动作，还引入了开关 3 与开关 4 的相电流作有流闭锁作用。装置接线方式如图 4-61 所示。

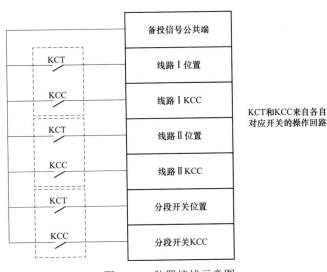

图 4-61　装置接线示意图

合闸位置继电器 KCC 的作用是为了防止备投误动作。例如方式 1 中，因为运行需要 I 母停运，手动断开开关 3，此时 KCC 返回，备投放电，不会自动投上开关 4 引发事故。线路 TV 的作用是只有待备投线路有压，备投才有意义。线路无压，备投放电。备自投接线示意图如图 4-62 所示。

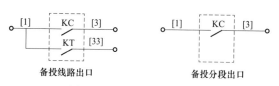

图 4-62　备自投接线示意图

备自投动作时间应该大于对端开关的重合闸时间。备自投分合开关应该将其出口触点接在开关操作回路的手动分闸、手动合闸位置。

三、重合闸

运行经验证明，输电线路故障大多数是瞬时性的故障，在发生故障时，线路保护快速动作，跳开相应断路器，短路点的电弧立即熄灭，周围介质绝缘强度也迅速恢复，故障自行消除，采用自动重合闸就可以将被保护切除的线路重新投入运行，如果重合到永久性故障线路，保护装置再次将断路器跳开，重合闸将不再动作。另外，线路断路器如发生误碰跳闸、保护误动作时，重合闸也可以予以纠正。除主变压器的母线侧断路器未安装重合闸外，其余每条线路的断路器均安装重合闸装置。

1. 自动重合闸方式及动作过程

输电线路自动重合闸在使用中有三相重合闸方式、单相重合闸方式、综合重合闸方式和重合闸停用方式四种方式可供选择。

在 110kV 及以下电压等级的输电线路上由于绝大多数的断路器都是三相操动机构的断路器，三相断路器的传动机构在机械上是连在一起的，无法分相跳、合闸。所以这些电压等级中的自动重合闸采用三相重合闸方式。

在 220kV 及以上电压等级的输电线路上，断路器一般是分相操动机构的断路器。三相断路器是独立的，因而可以进行分相跳闸。所以这些电压等级中的自动重合闸可以由用户选择重合闸的方式，以适应各种需要。

使用三相重合闸方式时，保护和重合闸的动作过程是：对线路上发生的任何故障跳三相，重合三相，如果重合成功则继续运行，如果重合于永久性故障则再跳三相。

使用单相重合闸方式（单重方式）时，保护和重合闸的动作过程是：对线路上发生的单相接地短路跳单相（保护功能），重合（重合闸功能），如果重合成功则继续运行，如果重合于永久性故障则再跳三相（保护功能）。对线路上发生的相间短路跳三相（保护功能），不再重合。

使用综合重合闸方式时，保护和重合闸的动作过程是：对线路上发生的单相接地短路按单相重合闸方式工作，即由保护跳单相，重合，如果重合成功则继续运行，如果重合于永久性故障则再跳三相。对线路上发生的相间短路按三相重合闸方式工作，即由保护跳三相，重合三相，如果重合成功则继续运行，如果重合于永久性故障则再跳三相。

2. 重合闸的充、放电

为了确保重合闸在一定时间范围内只动作一次，将重合闸充电时间设为 15～25s。断路器在合闸位置，重合闸未启动，无闭锁信号时开始为重合闸充电（计时一段时间后装置做好动作的准备）。重合闸放电是在断路器合闸压力降低等外部有闭锁信号输入时，将重合闸装置准备动作的条件撤回，使重合闸无法动作。

3. 重合闸的启动

重合闸一般有两种启动方式，一种由保护启动，另一种由控制开关的位置与断路器位置不对应启动，即当控制开关在合闸位置而断路器实际上在断开位置的情况下，使重合闸启动，称为不对应启动。目前综合自动化系统中的重合闸不对应启动是利用断路器在合闸位置，重合闸装置充电完成，若有断路器跳闸位置开入则判为断路器偷跳，将启动重合闸（对投单重方式的重合闸，只有单相跳闸位置开入时才启动重合闸）。

4. 重合闸的优先回路

在 3/2 接线中，要求母线侧断路器先于中间断路器重合，因为重合于永久性故障时，断路器一旦失灵，母线上的断路器就全部跳开，不影响其他设备的运行，而中间断路器失灵，将会影响其他线路或变压器运行。优先回路的实现是使母线侧断路器辅助保护装置的重合闸时间比中间断路器辅助保护装置的重合闸时间长（一般为 0.6s）。当线路发生故障时，保护动作，两台断路器的重合闸均启动，一旦母线侧断路器重合于永久性故障，后加速保护就动作跳闸，中间断路器重合闸被闭锁，不再重合，这样既避免了上述问题，又减少了对电网的冲击。

5. 重合闸的前加速和后加速

（1）重合闸前加速。在图 4-63 的低压电网单侧电源线路上，只装有简单的电流速断和过电流二段式的电流保护。过电流保护的动作时间按阶梯型时限特性配合，这时可在 1 号保护处加一套重合闸装置，其他保护处不配重合闸装置。1 号的过电流保护在重合闸前是瞬时动作的，重合于故障线路后它的动作时限才是按阶梯时限特性配合的时限。这样无论是本线路的 k1 点短路还是其他线路的 k2 点短路，1 号的过电流保护动作可以瞬时切除故障。尽管这可能会造成非选择性跳闸（k2 点短路），但故障切除很快。k2 点短路的非选择性跳闸再用重合闸来补救。1 号断路器跳闸后由重合闸使它重合，对于绝大多数的瞬时性故障可立即恢复正常运行。如果重合于永久性故障上，1 号的过电流保护按配合的整定时间动作，可保证选择性。由于带延时的保护在重合闸前动作是瞬时的，所以这种加速方式称作重合闸前加速。这种加速方式第一次跳闸虽然快但有可能是非选择性跳闸，例如在远处的 k2 点短路，1 号断路器非选择性跳闸后，将造成 N、P、Q 几个变电站全部停电，所以这种加速方式只在不重要用户的直配线路上使用。

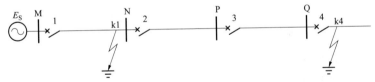

图 4-63　低压电网单侧电源线路的重合闸前加速示意图

（2）重合闸后加速。在图 4-64 中各处的多段式保护均按整定配合的时限动作，所以对线路上的故障是有选择性的。对图 4-64 中的 k1 点短路，如果 3 号保护或 3 号断路器因故拒动，故障由 1 号的 II 段或 III 段保护经延时切除。随后 1 号

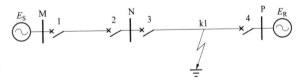

图 4-64　重合闸后加速示意图

断路器重合。如果重合于永久性故障上，此时 3 号保护或 3 号断路器很可能是继续拒动，这样故障还是应该由 1 号的Ⅱ段或Ⅲ段保护来切除。既然如此，1 号的Ⅱ段或Ⅲ段保护就不必再加延时而应瞬时跳闸，加速切除故障。由于延时段的保护是在重合闸以后才加速跳闸的，所以把它称作重合闸后加速，重合闸后加速广泛应用于 110kV 及以上线路。

6. 重合闸的闭锁回路

（1）手动（遥控）分闸：直接由手动跳闸继电器触点接入断路器辅助保护装置闭锁开入端子。

（2）后加速保护动作：当先重合的断路器合于故障线路时，保护后加速动作，一方面闭锁本断路器重合闸，另外对相应的中间断路器重合闸也闭锁。

（3）母线和失灵动作：一般当母线和失灵保护动作时对电网影响比较大，要求不再重合。

（4）断路器压力降低：当断路器操动机构的压力小于闭锁压力时，将重合闸闭锁，但在重合闸启动后，将不闭锁。

（5）高压电抗器保护动作：对于线路上装有电抗器的断路器，在高压电抗器故障时连接该高压电抗器的线路保护也可能会动作，启动重合闸，但高压电抗器的故障一般不会是瞬时性的，重合一次，只会加重对电抗器的冲击，故高压电抗器故障不允许重合。

（6）后备保护动作：一般距离Ⅱ段、Ⅲ段，零序Ⅱ段、Ⅲ段动作，带时限保护动作跳闸时，说明全线速动主保护拒动，如果重合到永久性故障线路，故障仍需带延时切除，也有可能对侧拒动，超越了全线保护范围，不必重合。

7. 重合闸的沟通三跳

由于断路器辅助保护装置的原因不允许选相跳闸时，由断路器辅助保护装置输出沟通三跳空触点与保护配合实现断路器三相跳闸。实现方法有很多种，常用的两种，一种是将沟通三跳空触点与保护分相出口触点串联接至操作箱的永跳回路，另一种是将沟通三跳空触点连接到保护装置相应的（沟通三跳）开入端子，实现任何故障跳三相，这种方法应用最为广泛，接线图如图 4-65 所示。

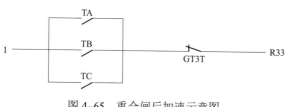

图 4-65 重合闸后加速示意图

在下列情况下，断路器辅助保护装置一般会输出沟通三跳空触点：

（1）重合闸方式把手在三相重合闸位置或停用位置。

（2）重合闸装置出现"致命"错误或装置失电。

（3）重合闸充电未完成。

（4）对中间断路器来说当两侧同时或先后（在同一个重合闸周期内）启动重合闸时。

第六节 二 次 回 路

一、二次设备划分原则

一次设备是指直接用于生产、输送和分配电能的生产过程的高压电气设备，如发电机、变压器、电力电缆、输电线、断路器、隔离开关、电流互感器、电压互感器、避雷器等。

二次设备是指对一次设备的工况进行监视、控制、调节、保护，为运行人员提供运行工况或生产指挥信号所需要的电气设备，如测量仪表、继电器、控制及信号器具、自动装置等。这些设备，通常由电流互感器和电压互感器的二次绕组的出线及直流回路，按一定的要求连接在一起构成的电路，称为二次接线或二次回路。

二、二次回路分类

二次回路一般包括控制回路、继电保护和自动装置回路、测量回路、信号回路、调节回路。按交、直流来分，又可分为交流电压和交流电流回路及直流逻辑回路。二次回路分类见表 4–38。

表 4–38 二次回路分类

按电源性质分	交流电流回路	由电流互感器（TA）二次侧供电给测量仪表及继电器的电流线圈等所有电流元件的全部回路
	交流电压回路	由电压互感器（TV）二次侧供电给测量仪表及继电器等所有电压线圈及信号电源等
	直流逻辑回路	设备控制、操作、保护、信号、事故照明等全部回路
按用途区分	控制回路	由控制开关与控制对象（如断路器、隔离开关）的传递机构、执行（或操动）机构组成。其作用是对一次设备进行"合"、"分"操作
	继电保护和自动装置回路	由测量回路、比较部分、逻辑部分和执行部分等组成。其作用是根据一次设备和系统的运行状态，判断其发生故障或异常时，自动发出跳闸命令，有选择性地切除故障，并发出相应的信号，当故障或异常消失时，快速投入有关断路器（重合闸及备用电源自动投入装置），恢复系统的正常运行
按用途区分	测量回路	由各种测量仪表及其相关回路组成。其作用是指示或记录一次设备和系统的运行参数，以便运行人员掌握一次系统的运行情况，同时也是分析电能质量、计算经济指标、了解系统潮流和主设备运行工况的主要依据
	信号回路	由信号发送机构和信号继电器等构成。其作用是反映一、二次设备的工作状态。包括光字牌回路、音响回路（警铃、电笛）等
	调节回路	是指调节型自动装置。如发电机的励磁调节装置、对电容器进行投切的装置。它由测量机构、传送机构、调节器和执行机构组成。其作用是根据一次设备运行参数的变化，实时在线调节一次设备的工作状态，以满足运行要求

三、典型二次回路

1. 交流电流回路

图 4–66 为一组保护用电流回路，图中 A 相第一个绕组头端与尾端编号为 1A1、1A2，如果是第二个绕组则用 2A1、2A2，其他同理。

2. 交流电压回路

母线电压回路的星形接线采用单相二次额定电压 57V 的绕组，星形接线也称为中性点接地电压接线。

以图 4–67 所示变电站高压侧母线电压接线为例来说明交流电压回路各个部件的功能。

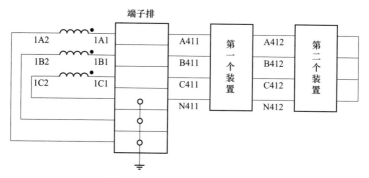

图 4-66　交流电流回路示意图

（1）为了保证 TV 二次回路在末端发生短路时也能迅速将故障切除，采用了快速动作自动开关 Q 替代熔断器。

（2）采用了 TV 隔离开关辅助触点 G 来切换电压。当 TV 停用时 G 打开，自动断开电压回路，防止 TV 停用时由二次侧向一次侧反馈电压造成人身和设备事故，N600 不经过 SA 和 G 切换，是为了 N600 有永久接地点，防止 TV 运行时因 Q 或者 G 接触不良，TV 二次侧失去接地点。

（3）FB 是击穿保险，击穿保险实际上是一个放电间隙，正常时不放电，当加在其上的电压超过一定数值后，放电间隙被击穿而接地，起到保护接地的作用，这样当中性点接地不良时，高电压侵入二次回路也有保护接地点。

（4）传统回路中，为了防止在三相断线时断线闭锁装置因为无电源拒绝动作，必须在其中一相上并联一个电容器 C，在三相断线时电容器放电，供给断线装置一个不对称的电源。

（5）因母线 TV 是接在同一母线上所有元件公用的，为了减少电缆联系，设计了电压小母线 1Wa、1Wb、1Wc（前面数值"1"代表 I 母 TV），供所有元件采集电压信号。TV 的中性点接地选在主控制室小母线 WN 引入处。

（6）在 220kV 及以上变电站中，TV 二次电压回路并不是直接由隔离开关辅助触点 G 来切换，而是由 G 去启动一个中间继电器，通过这个中间继电器的动合触点来同时切换三相电压，该中间继电器起重动作用，装设在主控制室的辅助继电器屏上。

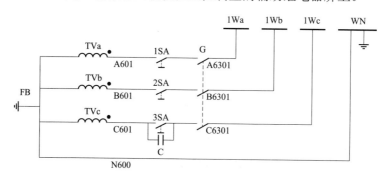

图 4-67　交流电压回路示意图

母线零序电压按照开口三角 RT 形方式接线，采用单相额定二次电压 100V 绕组。

以图示 4-68 交流电压回路为例来说明开口三角形方式交流电压回路各个部件的功能。

（1）开口三角形按照绕组相反的极性端由 C 相到 A 相依次头尾相连。

（2）零序电压 L6301 不经过快速动作开关 SA，因为正常运行时 U0 无电压，此时若开关 SA 断开不能及时发觉，一旦电网发生事故，保护就无法正确动作。

（3）零序电压尾端 N600 按照《反事故措施》要求应与星形的 N600 分开，各自引入主控制室的同一小母线 Wn，同样，放电间隙也应该分开，用 2JB。

（4）同期抽头 Sa6301 的电压为 $-U_a$，即 $-100V$，经过开关 SA 和 G 切换后引入小母线 SaW。

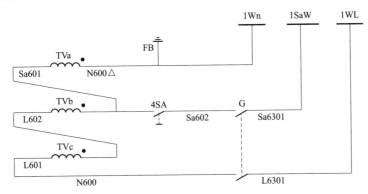

图 4-68 交流电压回路（开口三角）示意图

3. 开关控制回路断线回路

图 4-69 中 3KCTa、3KCTb、3KCTc 分别监视开关 a、b、c 相合闸回路完好，11KCCa、11KCCb、11KCCc 分别监视开关 a、b、c 相第一组跳闸回路完好，21KCCa、21KCCb、21KCCc 分别监视开关 a、b、c 相第二组跳闸回路完好。当控制回路都正常时，KCT 和 KCC 总有一个得电，一个失电，动断触点总有一个是打开的，发信回路不能导通，当控制回路断线（最常见的是压力低闭锁分合闸或开关机构箱内远方就地把手切至就地位置）时，应该得电的继电器不能得电，动断触点闭合，发信回路接通，控制回路断线信号发出。

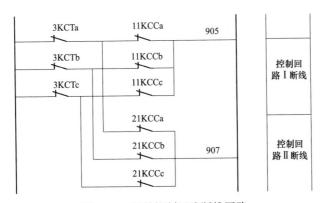

图 4-69 开关控制回路断线回路

4. 开关三相不一致回路

三相不一致保护动作回路一般采用本体自身回路，其接线方式如图 4-70 所示，它由开关的一组 a、b、c 三相动合触点 KMMA、KMMB、KMMC 并联，另一组 a、b、c 三相动断

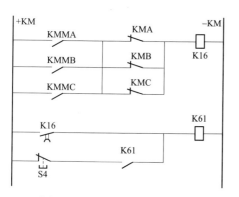

图 4-70 开关三相不一致回路

触点 KMA、KMB、KMC 并联，再将两者串联后启动一只带延时的继电器 K16。当三相均在合闸或分闸位置时，总有一组辅助触点处于分开位置，继电器 K16 不动作。当三相不一致时，有一相或两相处于分闸位置时，两组辅助触点中总有触点处于接通状态，K16 继电器动作，延时闭合，使继电器 K61 动作。K61 一方面去断路器跳闸回路跳开三相，另一方面通过一副触点自保持，需要通过 S4 才能复归。自保持是因为出现非全相情况一般为断路器操动机构或其二次控制回路发生故障，需要查明原因后才能再次操作。

5. 电压切换继电器同时动作回路

在一次主接线为双母线方式下，为使二次回路计量、保护用电压能与一次运行的母线相对应，二次电压必须能相应的切换和并列。当线路开关运行于 I 段母线时，其保护及计量应引入 I 段母线压变二次电压，同样当线路开关运行于 II 段母线时，其保护及计量应引入 II 段母线压变二次电压。当两母线侧隔离开关同时合上时，二次电压回路通过 1KV 及 2KV 触点自动并列，如图 4-71 所示。此时，应发出电压切换继电器同时动作信号，提醒运行人员注意，因 1KV 及 2KV 触点的容量较小，如通过其实现二次电压并列，有可能被烧坏。

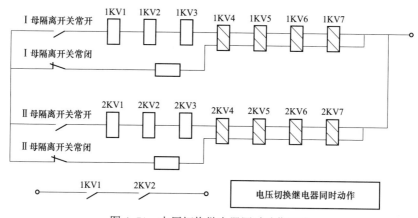

图 4-71　电压切换继电器同时动作回路

6. 开关本体防跳回路

如果开关合闸触点粘连，即开关合闸脉冲一直存在，一旦开关合于故障线路，则开关会反复地分闸合闸，短时间多次切除短路电流，这是不允许的，这种开关的跳跃现象轻则对系统造成冲击，严重时可能使开关爆炸。所以在开关的控制回路中必须考虑防跳回路。防跳回路有操作箱防跳回路及开关本体防跳回路。目前，大多数断路器采用本体防跳回路。本体防跳回路如图 4-72 所示，K7 为防跳继电器，QF 为开关位置辅助触点，YC 表示合闸线圈。开关在分位时，合闸回路完好，开关完成一次合闸，此时 QF 动合触点闭合，如合闸脉冲仍然存在，则 K7 继电器动作，它一方面通过一副触点自保持，另一方面断开合闸回路，保证开关只能完成一次合闸过程。

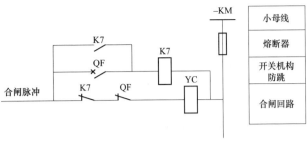

图 4-72　开关本体防跳回路

第七节　站用交、直流系统

一、站用交流系统

1. 站用交流系统的作用

站用交流系统是站内生产、生活的重要保证系统，是变压器、电抗器的冷却电源，是断路器的储能电源，是隔离开关的操作、控制电源，是直流电源系统的充电电源，是 UPS 的输入电源及站内照明电源。

变电站的站用交流系统一般采用本站电源和外接备电源供电相结合的方式，在单台主变压器的变电站，有的还配有柴油发电机作为备用电源。

2. 站用交流系统的运行方式

（1）两台及以上的站用变压器，一般应分段运行。倒负荷时，满足变压器并列条件的站用变压器可以短时并列。不允许并列的站用变压器其分段隔离开关应有明显标志或隔离措施。

（2）变电站外接站用变压器，不允许和本站的其他站用变压器并列。

（3）全站低压照明系统应经常保持良好，不经常使用的照明在使用后应随即关闭，事故照明交直流切换应经常处于良好状态，并每周检查切换一次，无人值班站事故照明功能应完善，除控制室外，各配电室事故照明正常不投。

（4）配电装置上装有自动空气开关时，应根据负荷调整好电流脱扣值，以防过载时不跳闸或短路时越级跳闸。

（5）新装站用变压器，或单相用电负荷变化较大时，应检查或测量三相电流是否平衡及中性线电流是否正常，如不符合规定应调整三相负荷。

（6）干式站用变压器冷却风机运行良好，且能按变压器温度变化自动投切。

（7）变电站各配电装置的低压交流供电网络，只应有一段站用母线供电，另一段至该网络的隔离开关应断开。严禁两台站用变压器通过交流网络在低压侧长期并列运行。

3. 站用系统运行维护注意事项

（1）站用电源只供本站使用，不得外接。

（2）站用变压器单相用电负荷变化较大时，应检查或测量三相电流是否平衡及中性线电流是否正常，如不符合规定应调整三相负荷。

（3）低压配电装置的配电屏上应标明表计及开关、隔离开关的名称、编号，低压动力配电箱、电源箱也应标明名称，并与实际相符。

（4）变电站低压配电室门上应有名称标志。低压配电系统各级保险满足级差配合要求，并按标准配备备品。

（5）低压配电系统应有完善的备自投装置，正常运行时应投至"自动"位置。

（6）全站低压照明系统应经常保持良好，事故照明交直流切换应经常处于良好状态，并每月检查切换一次。

（7）低压配电装置的电缆或导线截面应符合最大电流要求。站用负荷增加时，应对所放电缆截面进行校核，对容量不够者应及时更换。

二、站用直流系统

1. 站用直流系统的作用

变电站的直流系统是为控制、信号、继电保护、自动装置及事故照明等提供可靠的直流电源。直流系统的可靠与否，直接影响变电站的安全运行。

2. 直流电源设备

直流系统一般由以下几部分构成：充电模块、控制单元、直流馈电单元（控制回路、保护回路、信号回路、公用回路以及事故照明回路等）、系统监控装置、蓄电池组等。其中最主要的设备就是充电模块和蓄电池组。近年来，随着电力技术的发展，高频开关模块型充电装置已逐步取代相控型和硅整流型充电装置，而阀控式密封铅酸蓄电池已取代固定型铅酸蓄电池。

3. 直流电源系统电气接线

（1）一组蓄电池一套充电装置的直流电源系统采用单母线分段接线或单母线接线，充电装置和蓄电池组分别接入母线。

（2）两组蓄电池两套充电装置的直流电源系统应采用两段单母线接线，两段直流母线之间应设联络电器。每组蓄电池组和充电装置应分别接入不同母线。

（3）蓄电池出口回路、充电装置直流侧出口回路和蓄电池试验放电回路等，应装设熔断器或自动空气开关，并同时装设隔离电器，如刀开关，也可采用熔断器和刀开关合一的刀熔开关。

（4）直流馈线回路应装设直流自动空气开关。

（5）在进行切换操作时，蓄电池组不得脱离直流母线，在切换过程中允许两组蓄电池短时并列运行。

（6）每套充电装置交流输入应设两个回路，一路运行，一路备用，当工作电源故障时应自动切换到备用电源，切换过程应不影响直流电源系统的正常工作。两路交流电源应分别取自站用电不同段交流母线。

（7）对非电磁操动机构的变电站，直流电源系统可不设动力母线，取消母线调压装置。若保留母线调压装置，应有防止硅元件开路的措施。

（8）直流电源系统采用不接地方式。

4. 一般要求

（1）正常情况下直流母线电压应保持高于额定电压的3%～5%，其变动范围：220V直流系统为220～230V；48V直流系统为48～50V。

（2）直流电源装置的直流母线及各支路，用1000V绝缘电阻表测量绝缘电阻应不小于10MΩ。

（3）直流设备在运行中温度不超过下列规定：

1）蓄电池室的温度应经常保持在5～35℃，并保持良好的通风和照明。

2）硅元件表面允许工作温度不超过90℃。

3）整流变压器绕组不超过95℃。

（4）直流母线在正常运行和改变运行方式的操作中，严禁脱开蓄电池组。馈线网络应采用辐射状供电方式，不应采用环状供电方式。

（5）直流系统各级熔断器的配置，应符合级差配合的要求。上、下级熔体之间（同一系列产品）额定电流值，应保证2～4级级差，电源端选上限，网络末端选下限。蓄电池组总熔断器与分熔断器之间，应保证3～4级级差。

（6）直流系统的电缆应采用阻燃电缆，两组蓄电池的电缆应分别铺设在各自独立的通道内，尽量避免与交流电缆并排铺设，在穿越电缆竖井时，两组蓄电池电缆应加穿金属套管。

（7）几个高频电源模块并列运行时，模块间均流不平衡度不大于5%。

（8）直流回路中严禁使用交流断路器，当使用交直流两用断路器时，其性能必须满足开断直流回路短路电流和动作选择性的要求。

（9）直流电源系统中，应防止同一条支路中熔断器与自动空气开关混用，尤其不应在自动空气开关的上级使用熔断器。

（10）直流系统应满足下列要求：

1）短时放电容量大于全站事故停电状态下最大允许放电电流和放电时间的乘积。

2）当事故停电或全站停电时，直流系统应满足最大电流的冲击，即断路器合闸的要求。

3）在各种运行方式下出现最大可能冲击电流时，能保证断路器合闸的可靠性。

4）在接上最大冲击负荷时的端电压应满足继电保护、自动装置的要求。

（11）直流系统反措要求（十八项反措）。

1）变电站直流系统配置应充分考虑设备检修时的冗余，330kV及以上电压等级变电站及重要的220kV变电站应采用三台充电、浮充电装置，两组蓄电池组的供电方式。每组蓄电池和充电机应分别接于一段直流母线上，第三台充电装置（备用充电装置）可在两段母线之间切换，任一工作充电装置退出运行时，手动投入第三台充电装置。变电站直流电源供电质量应满足微机保护运行要求。

2）直流母线采用单母线供电时，应采用不同位置的直流开关，分别带控制用负荷和保护用负荷。

3）新建或改造的变电站选用充电、浮充电装置，应满足稳压精度优于0.5%、稳流精度优于1%、输出电压纹波系数不大于0.5%的技术要求。

4）新、扩建或改造的变电站直流系统用断路器应采用具有自动脱扣功能的直流断路器，严禁使用普通交流断路器。

5）除蓄电池组出口总熔断器以外，逐步将现有运行的熔断器更换为直流专用断路器。当直流断路器与蓄电池组出口总熔断器配合时，应考虑动作特性的不同，对级差做适当调整。

6）直流系统的电缆应采用阻燃电缆，两组蓄电池的电缆应分别铺设在各自独立的通道内，尽量避免与交流电缆并排铺设，在穿越电缆竖井时，两组蓄电池电缆应加穿金属套管。

7）及时消除直流系统接地缺陷，同一直流母线段，当出现直流系统一点接地时，应及时消除。当出现同时两点接地时，应立即采取措施消除，避免由于直流同一母线两点接地，造成继电保护或开关误动故障。

8）严防交流窜入直流故障出现。雨季前，加强现场端子箱、机构箱封堵措施的巡视，及时消除封堵不严和封堵设施脱落缺陷。

9）现场端子箱不应交、直流混装，现场机构箱内应避免交、直流接线出现在同一段或同一串端子排上。

10）新建或改造的变电站，直流系统绝缘监测装置应具备交流窜直流故障的测记和报警功能。原有的直流系统绝缘监测装置，应逐步进行改造，使其具备交流窜直流故障的测记和报警功能。

11）两组蓄电池组的直流系统，应满足在运行中二段母线切换时不中断供电的要求，切换过程中允许两组蓄电池短时并联运行，禁止在两系统都存在接地故障情况下进行切换。

5. 阀控蓄电池运行

（1）阀控蓄电池一般按恒压浮充电方式运行。浮充电运行应遵守下列规定：

1）浮充电运行电压应按蓄电池厂家使用说明书要求调整，使每只电池的浮充运行电压保持在说明书要求的范围之内，一般宜控制在 $2.25V \times N$（25℃时）。无说明的，浮充电压值宜控制为（2.23～2.28）$V \times N$、均衡充电电压值宜控制为（2.3～2.35）$V \times N$。

2）蓄电池浮充运行过程中，每周对蓄电池进行一次抽样测试，测量抽样蓄电池的电压，测量蓄电池组的浮充电压（蓄电池组出口）、浮充电流、环境温度，并做好记录。每月保证其全部测量一次。无人值班站每月对所有电池普测一次。

（2）阀控蓄电池的充放电规定：

1）蓄电池核对性放电周期。新安装的阀控密封蓄电池组，应进行全核对性放电试验。以后每隔两年进行一次核对性放电试验。运行了四年以后的蓄电池组，每年做一次核对性放电试验。

2）半容量核对性充放电。变电站只有一组蓄电池组时，不能退出运行，也不能作全核对性放电，只允许用 I_{10} 电流放出其额定容量的 50%，在放电过程中，蓄电池组端电压不得低于 $2V \times N$。

3）全容量核对性放电。若具有两组蓄电池，可先对其中一组阀控蓄电池组进行全核对性放电，用 I_{10} 电流恒流放电，当蓄电池组端电压下降到 $1.8V \times N$ 时，停止放电，静置 1～

2h 后，再用 I_{10} 电流进行恒流限压充电、恒压充电、浮充电。反复 2～3 次，蓄电池存在的问题也能查出，容量也能得到恢复。若经过 3 次全核对性充放电，蓄电池容量均达不到额定容量的 80% 以上，可认为此组阀控电池使用年限已到，应安排更换。

（3）阀控蓄电池的运行维护。阀控蓄电池在运行中的电压偏差值及放电终止值见表 4-39。

表 4-39 阀控蓄电池在运行中的电压偏差值及放电终止值

阀控式密封铅酸蓄电池	标称电压		
	2	6	12
运行中的电压偏差值	±0.05	±0.15	±0.3
开路电压最大最小电压差值	0.03	0.04	0.06
放电终止电压值	1.80	5.4（1.8×3）	10.80（1.8×6）

在巡视中应检查蓄电池的连接片有无松动和腐蚀现象，壳体有无渗漏和变形，极柱与安全阀周围是否有酸雾溢出，绝缘电阻是否下降，蓄电池室温度是否过高等。

6. 直流电源运行

（1）正常运行时，应确保直流电压表、电流表指示正确，各馈路信号灯指示正确，无异常信号发出。

（2）交接班时，应检查直流正负极对地绝缘正常，闪光装置工作正常，浮充电电流正常。每周应检查交直流切换正常。

（3）微机监控单元的运行。运行中直流电源的微机监控装置应通过操作按钮切换检查有关功能和参数，其各项参数的整定应有权限设置和监督措施。

当微机监控装置故障时，若有备用充电装置，应先投入备用充电装置，并将故障装置退出运行。无备用充电装置时，应启动手动操作，调整到需要的运行方式，并将微机监控装置退出运行，经检查修复后再投入运行。

7. 直流系统巡视检查项目

（1）正常巡视检查项目。

1）蓄电池室通风、照明及消防设备完好，温度符合要求，无易燃、易爆物品。

2）蓄电池组外观清洁，无短路、接地。

3）各连片连接牢靠无松动，端子无生盐，并涂有中性凡士林。

4）蓄电池外壳无裂纹、漏液，呼吸器无堵塞，密封良好，电解液液面高度在合格范围。

5）蓄电池极板无龟裂、弯曲、变形、硫化和短路，极板颜色正常，无欠充电、过充电，电解液温度不超过 35℃。

6）蓄电池电压、密度在合格范围内。

7）充电装置交流输入电压、直流输出电压、电流正常，表计指示正确，保护的声、光信号正常，运行声音无异常。

8）直流控制母线、动力母线电压值在规定范围内，浮充电流值符合规定。

9）直流系统的绝缘状况良好。

10）各支路的运行监视信号完好、指示正常，熔断器无熔断，自动空气开关位置正确。

（2）特殊巡视检查项目。

1）新安装、检修、改造后的直流系统投运后，应进行特殊巡视。

2）蓄电池核对性充放电期间应进行特殊巡视。

3）直流系统出现交直流失压、直流接地、熔断器熔断等异常现象后，应进行特殊巡视。

4）出现自动空气开关脱扣、熔断器熔断等异常现象后，应巡视保护范围内各直流回路元件有无过热、损坏和明显故障现象。

三、UPS 电源

交流不间断电源简称 UPS。UPS 是由整流器和逆变器等组成的一种电源装置，它与直流电源的蓄电池组配合，能提供符合要求的不间断交流电源。

UPS 电源系统由输入、输出隔离变压器、整流器、逆变器、静态开关、静态旁路开关、手动旁路检修开关、逆止二极管、旁路隔离变压器和馈线屏等组成。

1. UPS 不间断电源的巡视项目及要求

（1）检查 UPS 装置电源指示是否正确，电压指示灯是否正常。

（2）检查装置电源是否正常，有无异音、异味。

（3）检查装置接线回路是否完整，各连接部件有无松动、发热变色。

（4）USP 电源正常应处于工作状态，信号电源指示正常，装置无告警信号，电压输出正常，切换回路完善，位置对应，接地良好。

（5）检查所有元件有无损坏，检查所有的接线端子是否紧固。

（6）逆变器控制单元开关在 OFF 位置。整流器控制单元到 OFF 位置。

（7）检查 LCD 显示的所有测量值是否正常，是否显示清楚。

（8）UPS 电源装置不正常运行时，应及时汇报上级主管部门，由专业人员维护处理。

2. UPS 不间断电源的运行维护

（1）用绝缘的毛刷和真空清洁器清扫，防止灰尘堆积。

（2）如果熔断器熔断，必须用同型号、同规格的熔断器替换。

（3）定期检查电源的电压和频率。

（4）UPS 系统应每半年进行一次旁路系统投入运行试验和交流输入电源停电、直流供电切换试验。切换试验时应保证 1 号或 2 号 UPS 在运行状态。

第八节 辅 助 系 统

一、电子围网

1. 功能简述

电子围网是周界报警系统的一种，随着电子围网在变电站的应用，彻底解决了红外对射装置安全可靠性低的缺点，该装置集阻挡、威慑、报警多重功能于一体，并可与其他安防报警系统联动，实现周界安防的全天候智能化安全保障。电子围网可实现单防区、双防区和多防区报警功能，全方位满足变电站周界防范系统的需求。电子围网结构如图 4-73 所示。

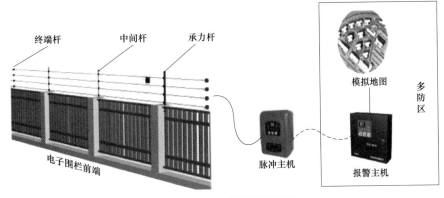

图 4-73　电子围网结构图

2. 系统结构及原理

（1）单防区或双防区电子围网报警系统可直接由脉冲主机来实现，多防区报警系统主要由放置于室外的脉冲发生器与室内的多防区报警主机通过 485 总线连接组成。

（2）工作原理。脉冲主机通电后发射端产生高压脉冲或安全低压到前端围网上，前端围网形成回路后把脉冲回传到脉冲主机的接收端，如有人入侵或破坏前端围网，或切断供电电源，脉冲主机会发出报警并把报警信号传给其他的安防设备。电子围网布置如图 4-74 所示。

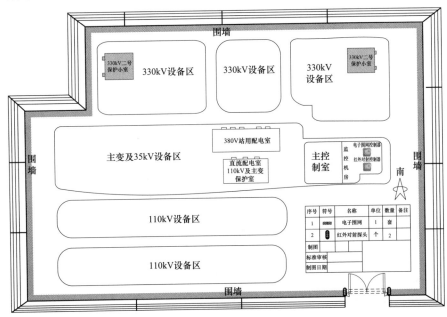

图 4-74　电子围网布置图

（3）系统特点。

1）系统稳定，误报率低；

2）安全可靠，适应性强；

3）无生命危险；

4）提高安全等级，扩展灵活方便；

3. 运行维护

（1）定期巡视检查电子围网设备完好，围栏导线上无悬挂异物。

（2）检查各防区控制箱门关闭紧密，无报警信息。

（3）检查报警主机箱门关闭紧密，无报警信息。

（4）定期清扫报警主机和防区控制箱内设备，确保设备完好，检查电缆孔洞封堵完好。

二、消防报警装置

1. 功能简述

消防报警装置由火灾报警控制器和智能感烟感温探测器、控制模块等组成，可实现对设备区各保护小室、主控楼房间、站用交直流配电室等监测区域的高温、烟气及可燃气体泄漏的声、光报警，并锁定报警时刻的时钟。火灾报警控制器是火灾报警的核心处理部件，采用两总线制接线方式，可连接各探测器，定时对信号组件上各部件状态进行自动巡回检测，从而实现火灾报警，并可通过输入模块、输出模块进行联动控制。报警控制器由可燃气体探测器、集中报警控制器及配线组成，实现就地报警和控制，并与火灾报警控制器连接，实现远程报警。红色区域报警灯指示具体泄漏场所，相应的黄色区域故障指示灯点亮表示某区域的探测器或配线出现故障。报警控制器自备蓄电池，充电保证可靠性，在停电情况下，集中控制器备电系统能维持系统正常工作 2h。消防报警装置如图 4-75 所示。

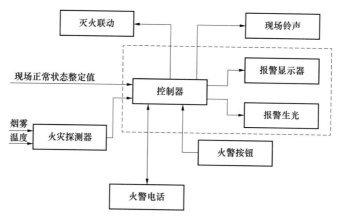

图 4-75　消防报警装置

2. 系统结构及原理

（1）火灾报警控制器。火灾报警控制器是火灾自动报警控制系统的核心。火灾报警控制器接收火灾探测器传输的信号转换成声、光报警信号，显示火灾发生的位置、时间和记录报警信息。还可通过手动报警装置启动火灾报警信号，或通过自动灭火控制装置启动自动灭火设备和联动控制设备。

（2）感烟探测器。感烟探测器又称光电感烟探测器，是稳定可靠的传感器，它是通过监测烟雾的浓度来实现火灾的防范，是发现早期火灾的重要装置。

（3）感温探测器。感温探测器又称差定温探测器，它利用热敏元件对温度的敏感性来探测环境的温度，特别适用于发生火灾时有剧烈温升的场所（如停车场），与感烟探测器配合使用更能可靠地探测火灾的发生地点，最大地减少生命和财产损失。

（4）手动火灾报警按钮。手动火灾报警按钮主要安装在明显和便于操作的位置。当发现有火灾发生的情况下，手动按下报警按钮，向火灾自动报警控制器送出报警信号。手动火灾报警按钮比探头报警更紧急，要求更可靠、更确切、更稳定。

（5）消火栓按钮。消火栓按钮一般安装在消火栓箱中。当发生火灾必须使用消火栓的情况下，手动按下消火栓按钮，向火灾自动报警控制器传出报警信号，当火灾自动报警控制器设置在自动时，将直接启动消火栓水泵，保证灭火时的水压充足。

（6）消防电话系统。消防电话系统是消防通信的专用设备，当发生火灾报警时，它可以提供方便快捷的通信手段，是消防控制及其报警系统中不可缺少的通信设备，消防电话系统有专用的通信线路，现场人员可以通过现场设置的固定电话和消防控制室进行通话。

（7）声光报警器。声光报警器是一种用在危险场所，通过声音和各种光来向人们发出示警信号的报警装置。

（8）消防警铃。消防警铃一般用于宿舍和生产车间，在发生紧急情况时由报警控制器触发报警，正常情况下每个区域一个。

3. 一般规定

（1）非火警情况，严禁打碎消防手报按钮的玻璃；

（2）在消防探测及灭火区域内进行动火作业时应电话通知值班人员并办理工作票；

（3）未经有关人员许可不得随意更改系统设置，否则将会导致系统瘫痪；

（4）在室内均设置有智能烟感探测器，为了保证可靠运行，对站内所有智能烟感探测器应定期进行试验维护，保证其性能良好。

4. 消防系统运行维护

变电站的消防报警系统应定期检查试验，保证其检测、报警、通信等功能正确完好。当发现缺陷时，应尽快处理。

变压器充氮、干粉、泡沫、水喷雾等各类灭火装置应按照现场运行规程的规定，定期进行检查和维护。需要定期更换灭火介质的装置，应严格按照规定周期更换介质。有压力或其他运行参数监视的装置，在每次进行正常设备巡视时，应检查其压力等运行参数是否正常。当发现装置压力降低，干粉受潮、结块等缺陷时，应按重大缺陷管理流程汇报和监督处理。

变电站的消防报警系统、火灾探测系统、自动或手动灭火系统的电源必须可靠，在每次进行正常设备巡视时，应检查其供电回路是否完好，装置电源指示是否正常。当该回路存在缺陷时，应及时安排处理。

安装有消防水泵的变电站应定期进行启动试验，利用消防水系统的试验回路，检查水泵的电气回路和机械系统运转是否正常，检查消防泵出口水压是否达到要求。

变电站的其他灭火装置应有专人管理，到期检查，及时更换到期和不合格的灭火装置。在每次进行正常设备巡视时，应检查灭火装置的定置数量是否符合规定。

三、变电站视频监控、门禁、照明智能系统

1. 概述

国家电网公司制定的《智能变电站辅助系统综合监控平台专用技术规范》明确了智能辅助系统的重要性，规范了辅助系统包含的内容，强调要建立辅助系统综合监控平台的概念。智能控制和辅助控制系统解决了传统遥视系统的"孤岛"问题，它可以把遥视系统和"四遥"有机结合起来，如图4-76所示。

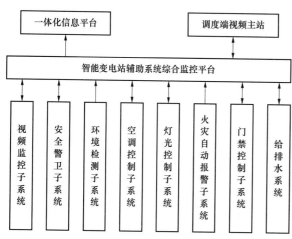

图4-76 智能变电站辅助系统综合监控平台

《智能变电站辅助系统综合监控平台专用技术规范》中对智能变电站辅助系统的定义如下：变电站辅助系统综合监控平台包含视频监控子系统、安全警卫子系统（脉冲电网系统、红外周界报警系统）、环境检测子系统（温度、湿度、水位）、空调控制子系统、灯光控制子系统（室内、室外灯光）、火灾自动报警子系统、门禁控制子系统、给排水系统，以及所有软、硬件及安装材料。具有通信能力的子系统通过智能接口机接入；不具有通信能力的现场采集和控制设备需要外接采集控制设备，并具有通信接口。

变电站辅助系统与站内自动化信息的交互通过信息一体化平台交互信息，与远方视频主站通过专用通道传输视频及相关信息。

辅助系统综合监控平台以网络通信（DL/T 860协议）为核心，完成站端视频、环境数据、安全警卫信息、人员出入信息、火灾报警信息的采集和监控，将以上信息与信息一体化平台交互并远传到监控中心或调度中心。通过和其他辅助子系统的通信，应能实现用户自定义的设备联动，包括现场门禁、环境监测、报警、照明等相关设备智能控制。智能辅助系统硬件拓扑图如图4-77所示，生产辅助系统功能逻辑图如图4-78所示。软件层次和软件主界面如图4-79、图4-80所示。

2. 可靠性要求

（1）平台的使用不能影响被监控设备的正常运行；

（2）平台的局部故障不能影响整个综合监控平台的正常工作；

（3）平台设备应采用模块化结构，便于故障排除和模块替换；

（4）平台应具备处理同时发生的多个事件的能力；

（5）平台应具备防雷和抗强电磁干扰能力。

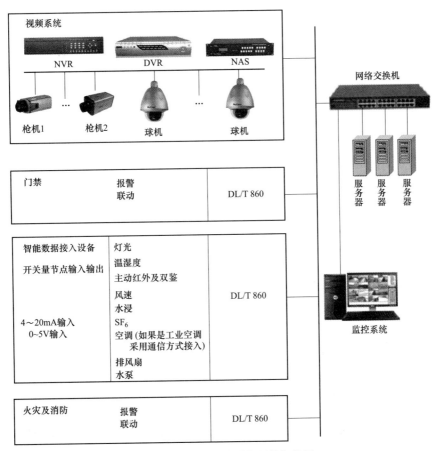

图 4-77 智能辅助系统硬件拓扑图

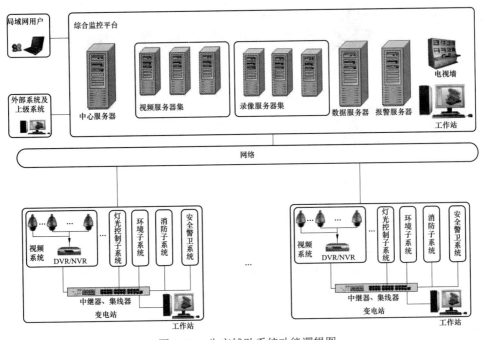

图 4-78 生产辅助系统功能逻辑图

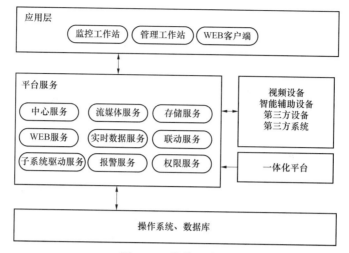

图 4-79　软件层次图

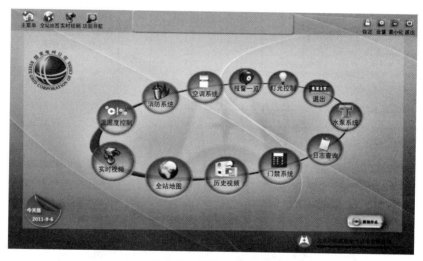

图 4-80　软件主界面图

四、视频监控子系统

视频系统作为智能变电站智能辅助系统的核心，完整地观看到变电站内主要设备的运行情况。当接收到其他系统传递过来的报警信号时（包括软报文信号、硬触点信号），能够调用相应的摄像机，并自动将云台或摄像头调至相应预置位，对报警情况进行查看，同时在系统中弹出相关视频窗口，用以提示值班人员进行查看。

视频监控子系统由前端视频采集设备、图像处理及存储设备、视频信息传输信道三部分组成。前端视频采集设备包括各类摄像头、云台、编译码器；图像处理及存储设备包括嵌入式硬盘录像视频服务器（DVR）、站内视频监视终端、网络设备等；视频信息传输信道包括各类通信接口等。

视频监控子系统除能为站内运行人员提供变电站视频信息之外，还能将前端视频信息上传至调度中心、集控中心视频监控主站系统，并按照一定的权限分配接受主站端的控制。

视频监控子系统如图 4-81 所示。

图 4-81　视频监控子系统

五、安全警卫子系统

安全警卫子系统将变电站整个围墙分为 4 个区域，当有人试图翻越围墙上端的电子围墙或者有入侵人员剪断围栏线时，都会触发围栏主机报警。围栏主机输出的报警信号可以驱动告警区域的高音警号发出鸣响，并使报警指示灯开始闪烁，用以对入侵人员起到震慑的作用，同时提示运行值班人员进行查看。

安全警卫子系统由围栏主机、围墙上端电子围栏、红外感应器装置等组成。

安全警卫子系统在完成已有的报警、防护功能以外，还需要与视频监控子系统进行互相通信，实现联动，做到哪里有报警，摄像头就会跟踪到哪里，从而为运行人员快速提供报警场景的画面信息。在夜间或光线照度不够的情况下，还需与灯光控制系统发生联动，适时开启灯光照明。针对非法侵入变电站的人员，报警系统将联动视频监控系统进行追踪，通过摄像头的合理自动调用，跟踪侵入人员的一举一动，并启动录像。

六、门禁子系统

在变电站进站大门、主控楼门厅等处安装门禁系统，并将其接入到智能辅助系统当中，进行统一权限配置和管理，协同工作。

门禁系统的信息直接通过控制主机上传至智能辅助系统后台，供运行人员实时了解门禁系统的动态和所有门的开关闭合等情况，并在智能辅助系统中进行综合管理备案。当有人打卡时，门禁系统把此信息立即上传，并触发报警，后台可人工或者自动调用相应摄像机进行查看，把视频画面和门禁打卡人的信息发送给运行人员进行对比，防止有人盗用其他卡进行非法进入及非法操作。同时，在门禁系统打卡时，还可根据环境监控子系统提供的光度信息，实时确定是否启动灯光等其他联动设备。

当火灾报警系统发生动作时，门禁系统还应联动打开火警相关区域的所有门，以利于运行人员进行火势控制或撤离。图4-82为门禁联动功能原理图。

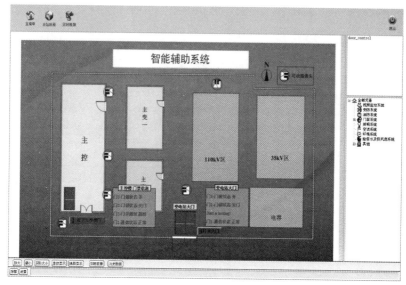

图4-82 门禁联动功能原理图

七、环境监测系统

环境监测系统在变电站保护小室、蓄电池室、开关柜室安装温、湿度传感器，实时监测环境温度、湿度。当环境参数异常时，智能辅助系统将发出告警信号，并联动采暖通风控制系统和空调控制系统，对相关采暖通风设备、空调设备的启停进行自动控制。环境控制系统如图4-83所示。

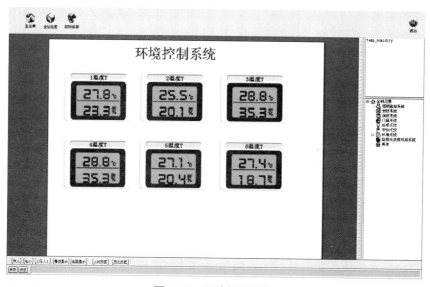

图4-83 环境控制系统

八、灯光智能控制系统

为适应变电站无人值班要求，智能辅助系统需对变电站的灯光照明系统进行智能控制。利用集中及分布式的控制设备实现本地与远程两种方式开启与关闭灯光智能控制系统。同时还要求灯光可以根据摄像头的画面调用而开启，作为夜间摄像的光线补偿。灯光智能控制子系统如图4-84所示。

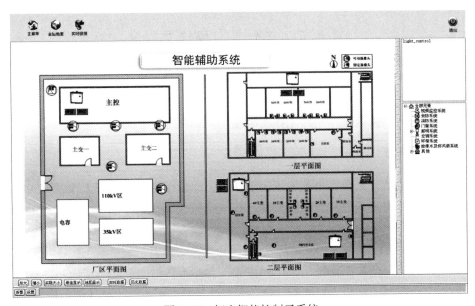

图4-84　灯光智能控制子系统

九、电子地图系统

电子地图系统提供了依据树层次的三维电子地图，可以直观地管理辅助系统中的各类元素，包括地理位置查看，图像信息查看，各类设备状态、各类模拟量实时、历史数据查询，联动策略查询，报警节点的布防撤防等信息。

十、云台控制

支持对前端云台镜头的全功能远程控制，包括对云台进行8个方向的控制、放大、缩小、聚焦等操作，支持巡航轨迹的设定和启用；支持3D定位；支持云台优先级控制管理，支持云台守望功能。

十一、报警管理

支持多种报警类型，包括硬盘满报警、硬盘出错报警、视频丢失报警、视频遮挡报警、移动侦测报警、IO报警、智能分析事件报警、环境量事件报警、服务器异常状态报警。

支持多种报警联动策略，联动方式有客户端联动（视频图像、声光显示、信息叠加，语音对讲）、云台联动、信道录像、报警输出联动、EMAIL 通知、短信发送、电子地图等。

十二、录像回放

按信道、时间、录像类型、告警事件、存储位置、智能信息等组合条件来检索数据本地录像和远程录像，实现回放、拖动、快进、慢进、单帧播放及精确时间定位录像数据等功能。

第九节　工作票、操作票制度

操作票和工作票制度是保证电力生产现场安全最重要、最有效的措施之一。除了《国家电网公司电力安全工作规程》（简称《安规》）中有明确规定的特殊情况外，其他所有工作和操作都必须认真执行操作票和工作票制度。

一、工作票制度

工作票是准许工作人员在电气设备上工作的书面命令，也是明确工作票中相关人员安全职责，执行工作许可、监护、间断、转移和终结的制度。工作票是保证安全工作组织措施的书面依据。

1. 工作票填用方式

工作票明确了现场的工作地点、工作内容、允许工作时间、安全措施和注意事项。在电气设备上工作填用工作票的方式有：填用变电站（发电厂）第一种、第二种工作票；填用电力电缆第一种、第二种工作票；填用变电站（发电厂）带电作业工作票；填用变电站（发电厂）事故应急抢修单。各种工作票填用方式的使用范围见表4-40。

表4-40　　　　　　　　　　各种工作票填用方式的使用范围

工作票填用方式	使　用　范　围
第一种工作票	（1）高压设备上工作需要全部停电和部分停电者
	（2）高压电力电缆（变电站内连接设备的连接电缆、出线电缆）需停电的工作
	（3）在变电站照明等低压回路上工作，需要将高压设备停电或做安全措施者
	（4）在高压室遮栏内或与导电部分小于设备不停电时的安全距离进行继电保护、安全自动装置和仪表等及其二次回路的检查试验时，需将高压设备停电者
	（5）在高压设备继电保护、安全自动装置和仪表、自动化监控系统等及其二次回路上工作，需将高压设备停电或做安全措施者
	（6）通信系统同继电保护、安全自动装置等复用通道（包括载波、微波、光纤通道等）的检修、联动试验，需将高压设备停电或做安全措施者
	（7）变电站（发电厂）出线电缆（架空线路）辅助设备（阻波器、结合滤波器、线路耦合电容器、线路侧避雷器、线路侧隔离开关）上全部停电者
	（8）其他工作需要将高压设备停电或需做安全措施者

工作票填用方式	使 用 范 围
第二种工作票	（1）控制盘和低压配电盘、配电箱、电源干线上的工作
	（2）二次系统和照明等回路上的工作，无须将高压设备停电或做安全措施者
	（3）转动中的发电机、同期调相机的励磁回路或高压电动机转子电阻回路上的工作
	（4）非运行人员用绝缘棒和电压互感器定相或用钳形电流表测量高压回路的电流
	（5）大于《安规》距离的相关场所和带电设备外壳上的工作以及无可能触及带电设备导电部分的工作
	（6）高压电力电缆不需停电的工作
带电作业工作票	带电作业或与邻近带电设备距离小于《安规》规定的工作
事故应急抢修单	事故抢修是设备在运行中发生了故障被迫紧急停止运行，需短时间内恢复的抢修和排除故障工作。事故应急抢修可不用工作票，但为保证在处理事故时的安全组织措施，确保抢修过程中的人身安全，应使用事故应急抢修单，并应做好记录，履行工作许可手续。事故后连续进行的善后、修复工作应使用工作票并履行许可手续

2. 工作票所列人员安全职责

工作票所列工作票签发人、工作负责人、工作许可人、专责监护人的条件应满足《安规》规定的要求，并应由经工区（所、公司）生产领导书面批准的有一定相关工作经验的人员担任。修试及基建单位的工作票签发人及工作负责人名单应事先送有关设备运行管理单位备案。各级人员在工作现场的安全职责见表4-41。

表4-41　　　　　各级人员在工作现场的安全职责

工作人员	安 全 职 责
工作票签发人	负责审核工作必要性和安全性；审核工作票所填安全措施是否正确完备；审核所派工作负责人和工作班人员是否适当和充足
工作负责人（监护人）	负责正确、安全地组织工作，根据成员精神状态和技术水平合理安排分工；检查工作票所列安全措施是否正确完备和工作许可人所做的安全措施是否符合现场实际条件，必要时予以补充；工作前对工作班成员进行危险点告知，交待安全措施和技术措施，并确认每一个工作班成员都已知晓；严格执行工作票所列安全措施，督促、监护工作班成员遵守规程、正确使用劳动防护用品和执行现场安全措施
工作许可人	负责审查检修任务及内容是否与调度批准的相符，检修工期是否在批准的检修期内；负责审查工作票所列安全措施是否正确、完备，是否符合现场条件；负责现场安全措施的正确实施和完善，检查检修设备有无突然来电的危险；对工作票所列内容即使发生很小疑问，也应向工作票签发人询问清楚，必要时应要求作详细补充
专责监护人	应明确被监护人员和监护范围，工作前对被监护人员交待安全措施，告知危险点和安全注意事项，监督被监护人员遵守《安规》和现场安全措施，及时纠正不安全行为
工作班成员	应熟悉工作内容、工作流程，掌握安全措施，明确工作中的危险点，并履行确认手续；严格遵守安全规章制度、技术规程和劳动纪律，对自己在工作中的行为负责，互相关心工作安全，并监督《安规》的执行和现场安全措施的实施；正确使用安全器具和劳动防护用品

3. 工作票执行流程及注意事项

（1）工作票执行流程。一张工作票的执行应经过：填写工作票→签发工作票→送达工作许可人审核→现场安全措施布置→现场许可→现场宣读工作→监护下工作→工作结束自验收→工作负责人与许可人共同验收→工作终结→恢复常设安全措施→汇报调度→工作票终结等主要程序。流程如图4-85所示。

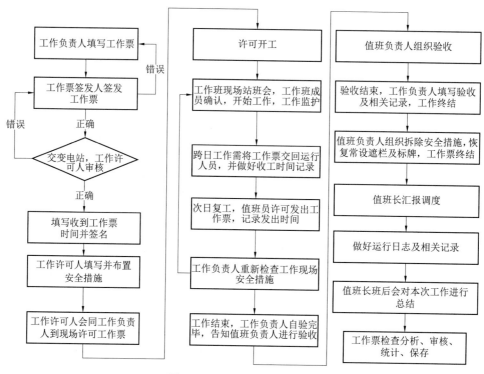

图4-85　工作票执行流程图

（2）工作票执行注意事项。

1）开工前工作票内的全部安全措施应一次完成。

2）在原工作票的停电范围内增加工作任务时，应由工作负责人征得工作票签发人和工作许可人同意，并在工作票上增填工作项目，属于调度管辖范围内的设备还应征得调度同意，严禁擅自在已停电的设备上增加工作内容。若需变更或增设安全措施者必须填用新的工作票，并重新履行工作许可手续。

3）第一、二种工作票和带电作业工作票的有效时间，以批准的检修期为限。

4）第一、二种工作票需办理延期手续，应在工期尚未结束以前由工作负责人向运行值班负责人提出申请，属于调度管辖、许可的检修设备，还应通过值班调度员批准，由运行值班负责人通知工作许可人给予办理。

5）第一、二种工作票只能延期一次。

6）全部工作结束后，工作许可人将工作票所列临时遮（围）栏、标示牌全部拆除，恢复全部常设遮（围）栏，在工作票内记入未拆除的接地开关和接地线的编号、数目，方能向调度值班员汇报工作终结。

电网监控人员应掌握现场停电工作、带电作业、应急抢修等工作开展情况，并依据现场情况有重点进行监控业务。

二、操作票制度

倒闸操作票是变电站值班人员根据调度下达的操作任务和要求，遵照电气设备的操作原则，按照有关规程规定自行填写的一系列操作项目的序列组合，是现场操作的书面依据，也是杜绝误操作事故发生、保证人身和设备安全、进行正确倒闸操作的基础和关键。

《安规》规定除事故应急处理、拉合断路器（开关）的单一操作、拉开或拆除全站（厂）唯一的一组接地开关或接地线可以不用操作票外，其他操作均应填用操作票。不使用操作票操作时，操作项目应分别记入运行记录本或操作记录本内。当事故或异常紧急操作已告一段落，如必须进一步将设备转为检修状态，已有充足的时间填写操作票时，必须使用操作票进行操作。

1. 操作票所列人员的基本条件及安全职责

倒闸操作人员应经过安全教育和技术培训，熟悉有关的规程规定、熟悉变电站设备和接线方式、掌握基本的操作方法和注意事项，并经过考试合格后才可以承担倒闸操作工作。

倒闸操作由2～3人进行，一人监护、一人操作、一人辅助操作。由对设备较为熟悉者作为监护人，特别重要和复杂的倒闸操作，由主值或熟练的值班员操作，值班长或站长监护。进行遥控操作时为了减少操作时间和主操作人的操作量，可设置辅助操作人，主要负责检查设备实际位置和状态、工器具的准备等。在倒闸操作过程中，各级人员安全职责见表4-42。

表4-42　　　　　　　　　　　倒闸操作各级人员安全职责

工作人员	安　全　职　责
调度员	负责向调管范围内的厂站正确、清晰下达倒闸操作的预通知和正式指令
值班负责人	指站长、当值值班长或主值班员，负责接受、回复调度指令，向本次倒闸操作人员布置操作任务和下达操作命令，审查操作票并对其正确性负责，监督规范化操作的执行
监护人	倒闸操作期间的主要负责人，操作之前认真审核操作票，并对正确性负责；负责按规范化操作的要求高质量地监护操作人，辅助操作人正确、顺利地完成倒闸操作工作
操作人	主要操作人员在操作前正确填写操作票，对操作票的正确性负责，在监护人的监督下，按照操作票填写的顺序完成所列的各项操作任务
辅助操作人	负责在倒闸操作期间进行各种配合、协助工作，工具的检查和准备；清楚本次操作的具体步骤，在操作过程中根据监护人的命令负责检查断路器、隔离开关等一次设备的实际位置并对检查的正确性负责；倒闸操作过程中协助操作人搬运验电器、接地线等，不得进行操作票所列项目的实际操作

倒闸操作中，接受、回复操作指令的人员应是经过调度部门组织的专业持证上岗考试并获得合格证的人员。

2. 倒闸操作一般规定

为了正确实现电气设备状态的改变和转换，保证电网稳定连续运行，安全高效地完成倒闸操作任务，倒闸操作应注意：

（1）倒闸操作必须按照值班调度员或值班负责人的指令进行，严禁随意改变设备的状态。

（2）正常倒闸操作必须填写操作票。

（3）倒闸操作尽量避免在下列情况下操作：

1）变电站交接班时间内；

2）电网负荷高峰时段；

3）系统稳定性薄弱期间；

4）雷雨、大风等恶劣天气；

5）系统发生事故时；

6）有特殊供电要求。

（4）电气设备操作后的位置检查通常以设备的实际位置为准。对于无法看到实际位置的设备，如 GIS、SF_6 充气柜等设备，位置检查可以通过机械指示位置、电气指示、仪表和各种遥测、遥信信号及带电显示装置指示变化等判据进行判断，应有且至少有两个及以上的不同源指示已同时发生对应变化才能确认该设备操作到位。

（5）下列情况下，变电站值班人员不经调度许可自行操作，操作后须汇报调度。

1）将直接对人员生命有威胁的设备停电。

2）确定在无来电可能的情况下，将已损坏的设备停电。

3）确认母线失电，拉开连接在失电母线上的所有断路器。

（6）设备送电前必须检查其有关保护装置已投入。

（7）操作中发现疑问时，应立即停止操作，并汇报调度，查明问题后再进行操作。操作中具体问题处理规定如下：

1）操作中如发现闭锁装置失灵时，不得擅自解锁，应按现场有关规定启动解锁操作程序进行解锁操作。

2）操作中出现影响操作安全的设备缺陷，应立即汇报值班调度员，并初步检查缺陷情况，由调度决定是否停止操作。

3）操作中发现系统异常，应立即汇报值班调度员，得到值班调度员同意后，才能继续操作。

4）操作中发现操作票有错误，应停止操作，将操作票改正后才能继续操作。

5）操作中发生误操作事故，应立即汇报调度，采取有效措施，将误操作的事故影响控制在最小范围内，严禁隐瞒事故真相。

3. 倒闸操作基本条件

（1）要有考试合格并经批准公布的操作人员名单。

（2）要有与现场设备和运行方式一致的一次系统模拟图，要有与实际相符的现场运行规程、继电保护自动装置的二次回路图纸及定值整定计算书。

（3）要有确切的操作指令和合格的倒闸操作票。

（4）安全工作器具、操作工具、接地线等应合格且数量齐全。

（5）现场一、二次设备应有正确、清晰的标示牌，设备的名称、编号、分合位指示、运动方向指示、位置切换指示及相别标识应齐全。

4. 操作票使用基本原则

（1）操作票应由本操作项目的操作人填写，应严格使用标准调度术语。

（2）同一变电站的操作票应事先连续编号，计算机生成的票应在正式出票前连续编号，按编号顺序使用，且一年之内不得有重复编号。

（3）手工填票时，应使用钢笔或圆珠笔，若一个操作任务需填写两页及以上时，前页的备注栏左侧应注明"接下页"，后页的操作任务栏内应注明"承接上页"。续页操作项目的编号必须与前页连续。

（4）一张操作票只能填写一个操作任务。所谓一个操作任务是指为完成一个操作目的，依据调度指令，将一个电气单元设备由一种状态连续地转变为另一种状态。操作任务必须写明设备的电压等级、双重名称和编号。

（5）变电站内部的电气设备停电检修时，调度员只负责下令将设备转至检修申请要求的状态，即可许可开工；一切相关的安全措施均由设备所在单位负责。检修工作结束，变电站应将内部自做的安全措施拆除，将设备恢复至开工状态，方可向调度员汇报完工。以上操作必须有操作票，根据具体工作任务自行拟定。

（6）操作时，若调度员下达的是综合指令，则所有操作可填用一份操作票。若为分项指令，操作票应按调度指令分别填写。在事故情况下，值班调度员为加快事故处理速度，也可以口头下达事故操作令对一、二次设备进行操作，此时现场运行值班人员在接受该命令后，可以不写操作票，立即进行操作。

（7）作废的操作票应加盖"作废"印章，未执行操作票的应加盖"未执行"印章，已操作的操作票应加盖"已执行"印章。已执行的操作票应保存一年。

5. 应填入操作票的内容

（1）应拉合的设备（开关、隔离开关、接地开关等）；合断路器应填明是同期合还是无压合。

（2）验电，装拆接地线（对于无法直接验电的设备必须将检查项单独列项填写，如检查隔离开关确在拉开位置、电压指示为零等）。

（3）安装或拆除控制回路或电压互感器回路的熔断器，切换保护回路和自动化装置及检验是否确无电压等。

（4）拉合设备（断路器、隔离开关、接地开关）等后检查设备的位置。

（5）进行停、送电操作时，在拉、合隔离开关及手车式断路器拉出、推入前，检查断路器确在分闸位置。

（6）在进行倒负荷或解、并列操作前后，检查相关电源运行及负荷分配情况（主变压器及联络线等操作时，在操作票中应明确填写所检查设备断路器的编号及表计指示的数值）。

（7）设备检修后合闸送电前，检查确认送电范围内接地开关已拉开，接地线已拆除。

（8）切换"远方/就地"切换开关。

6. 倒闸操作的基本流程

倒闸操作必须根据值班调度员或运行值班负责人的指令，受令人复诵无误后执行。

执行倒闸操作的简要流程是：值班负责人接受调令或设备检修批复通知→值班负责人安排操作任务→备票、审票→值班负责人接受调度正式操作指令→值班负责人下达操作命令→模拟操作→现场实际操作→操作结束，全面复查，汇报值班负责人→向调度员回复操作指令，操作终结。基本流程图如图 4-86 所示。

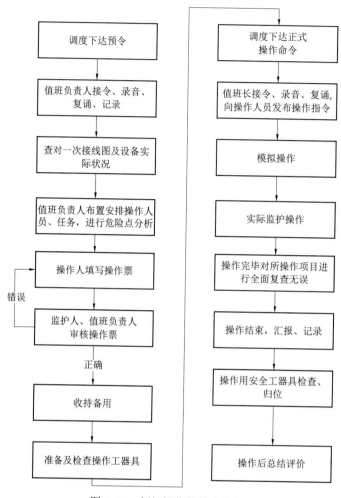

图 4-86　倒闸操作的基本流程

第十节　智能变电站运行管理

一、智能变电站简介

1. 基本概念

智能变电站指采用先进、可靠、集成、低碳、环保的智能设备，以全站信息数字化、通信平台网络化、信息共享标准化为基本要求，自动完成信息采集、测量、控制、保护、计量和监测等基本功能，并可根据需要支持电网实时自动控制、智能调节、在线分析决策、协同互动等高级功能的变电站。国内电压等级最高的智能变电站洛川变电站 750kV 智能变电站全景如图 4-87 所示。智能变电站术语和定义见表 4-43。

图 4-87　洛川变电站 750kV 智能变电站全景

表 4-43 智能变电站术语和定义

术　语	定　义
智能设备 Intelligent Equipment	它是一次设备和智能组件的有机结合体，是具有测量数字化、控制网络化、状态可视化、功能一体化和信息互动化特征的高压设备，是高压设备智能化的简称
智能组件 Intelligent Component	它由若干智能电子装置集合组成，承担宿主设备的测量、控制和监测等基本功能。在满足相关标准要求时，智能组件还可承担相关计量、保护等功能，可包括测量、控制、状态监测、计量、保护等全部或部分装置
智能终端 Smart Terminal	它是一种智能组件，与一次设备采用电缆连接，与保护、测控等二次设备采用光纤连接，实现对一次设备（如断路器、隔离开关、主变压器等）的测量、控制等功能
智能电子装置 Intelligent Electronic Device（IED）	它是一种带有处理器、具有以下全部或部分功能的电子装置：① 采集或处理数据；② 接收或发送数据；③ 接收或发送控制指令；④ 执行控制指令。如具有智能特征的变压器有载分接开关的控制器、具有自诊断功能的现场局部放电监测仪等
合并单元 Merging Unit	它用以对来自二次转换器的电流和/或电压数据进行时间相关组合的物理单元。合并单元可以是互感器的一个组成件，也可以是一个分立单元
设备在线监测 On-Line monitoring of Quipment	通过传感器、计算机、通信网络等技术，获取设备的各种特征量并结合专家系统分析，及早发现设备潜在故障
状态检修 Condition-Based Maintenance	状态检修是企业以安全、可靠性、环境、成本为基础，通过设备状态评价、风险评估、检修决策，达到运行安全可靠、检修成本合理的一种检修策略
状态监测设备 IED Condition-Based Onitoring	通常安装在被监测设备上或附近，接收被监测设备传感器发送的数据，实现数据采集、加工、分析、转换，输出数据采用 DL/T 860 标准
内置传感器 Inside Sensor	它是置于高压设备或其部件内部的传感器，包括传感器用测量引线和接口。如内置于变压器主油箱、用于局部放电监测的特高频传感器
外置传感器 Outside Sensor	它是置于高压设备或其部件外部（含外表面）的传感器，包括传感器用测量引线和接口。如贴附于变压器主油箱外壁、用于变压器振动波谱监测的振动传感器
制造报文规范 Manufacturing Message Specification（MMS）	MMS 即制造报文规范，是 ISO/IEC9506 标准所定义的一套用于工业控制系统的通信协议。MMS 规范了工业领域具有通信能力的智能传感器、智能电子设备（IED）、智能控制设备的通信行为，使出自不同制造商的设备之间具有互操作性（Interoperation）
GOOSE Generic Object Oriented Substation Event	GOOSE 是一种通用面向对象变电站事件。主要用于实现在多 IED 之间的信息传递，包括调整跳合闸信号，具有高传输成功概率
SV Sampled Value	SV 是采样值。它基于发布/订阅机制，交换采样数据对象和服务到 ISO/IEC 8802-3 映射
面向变电站事件通用对象服务 Generic Object Oriented Substation Event（GOOSE）	它支持由数据集组织的公共数据的交换。主要用于在多个具有保护功能的 IED 之间实现保护功能的闭锁和跳闸

术　语	定　义
互操作性 Interoperability	它是指来自同一或不同制造商的两个以上智能电子设备交换信息、使用信息以正确执行规定功能的能力
变电站自动化系统 Substation Automation System（SAS）	变电站自动化系统是指运行、保护和监视控制变电站一次系统的系统，实现变电站内自动化，包括智能电子设备和通信网络设施
顺序控制 Sequence Control	发出整批指令，由系统根据设备状态信息变化情况判断每步操作是否到位，确认到位后自动执行下一指令，直至执行完所有指令
站域控制 Substation Area Control	通过对变电站内信息的分布协同利用或集中处理判断，实现站内自动控制功能的装置或系统

2. 智能变电站的特征

（1）光纤代替电缆，设计安装调试简单、方便。

（2）模拟量输入回路和开关量输入输出回路都被通信网络所取代，二次设备硬件系统大为简化。

（3）统一的信息模型，避免了规约转换，信息可以充分共享。

（4）可观测性和可控性增强，产生新型应用，如状态监测、站域保护控制等。

3. 智能变电站的结构

智能变电站设备按体系分层包括过程层（设备层）、间隔层和站控层。

过程层由电子式互感器、合并单元、智能终端等构成，完成与一次设备相关的功能，包括实时运行电气量的采集、设备运行状态的监测、控制命令的执行等。

间隔层由若干个二次子系统组成，在站控层及站控层网络失效的情况下，仍能独立完成间隔层设备的就地监控功能。

站控层由主机兼操作员站、远动通信装置和其他各种二次功能站构成，提供站内运行的人机联系界面，实现管理控制间隔层、过程层设备等功能，形成全所监控、管理中心，并与远方监控/调度中心通信。数字站与常规站设备体系结构比较如图4-88所示。

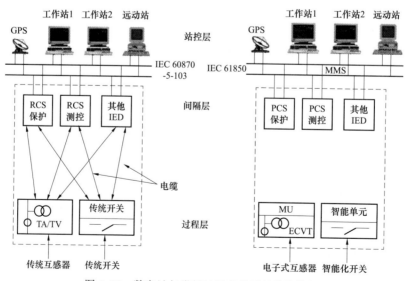

图4-88　数字站与常规站设备体系结构比较图

二、智能变电站电气一次部分

1. 智能一次设备概述

智能一次设备指由高压设备本体和智能组件组成，具有测量数字化、控制网络化、状态可视化、功能一体化和信息互动化特征的高压设备，是高压设备智能化的简称。

智能一次设备通过先进的状态监测手段和可靠地自评价体系，可以科学地判断一次设备的运行状态，识别故障的早期征兆，并根据分析诊断结果为设备运行管理部门合理安排检修，为调度部门调整运行方式提供辅助决策依据，在发生故障时能对设备进行故障分析，对故障的部位、严重程度进行评估。

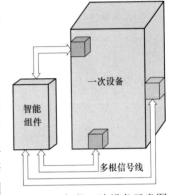

图 4-89　智能一次设备示意图

智能设备由"常规一次设备本体+传感器+智能组件"组成，传感器、互感器、智能组件，宜与一次设备本体采用一体化设计，优化安装结构，保证一次设备运行的可靠性及安全性。一次设备通过附加智能组件实现智能化，使一次设备不但可以根据运行的实际情况进行操作上的智能控制，同时还可根据状态检测和故障诊断的结果进行状态检修。智能一次设备示意如图4-89所示。

（1）智能一次设备基本技术特征。智能一次设备基本技术特征见表4-44。

表 4-44　　　　　　　　　　　**智能一次设备基本技术特征**

序号	智能一次设备	简 要 介 绍
1	基本技术特征	对高压设备或其部件的相关变量进行就地数字化测量，测量结果可根据需要发送至站控层网络或过程层网络，用于高压设备或其部件的运行与控制。所属变量包括变压器油温，有载分接开关分接位置，开关设备分、合闸位置等
2	控制网络化	对有控制需求的高压设备或其部件实现基于网络的控制。如变压器冷却装置、有载分接开关、开关设备的操动机构等。控制方式包括： （1）高压设备或其部件自有控制器就地控制； （2）智能组件通过就地控制器或执行器控制； （3）站控层设备通过智能组件控制（如需要）。 正常运行情况下，网络化控制的优先顺序是：站控层设备、智能组件、就地控制器
3	状态可视化	基于自监测信息和经由信息互动获得的高压设备其他状态信息，通过智能组件的自诊断，以智能电网其他相关系统可辨识的方式表述自诊断结果，使高压设备状态在电网中是可观测的
4	功能一体化	在满足相关标准要求的情况下，可进行功能一体化设计，包括以下三个方面： （1）将传感器或/和执行器与高压设备或其部件进行一体化设计，以达到特定的监测/控制目的； （2）将互感器与变压器、断路器等高压设备进行一体化设计，以减少变电站占地； （3）在智能组件中，将相关测量、控制、计量、监测、保护进行一体化融合设计
5	信息互动化	信息互动化包括以下两个方面： （1）与调度系统交互。智能化高压设备将其自诊断结果报送（包括主动和应约）到调度系统，使其成为调度决策和高压设备事故预案制定的基础信息之一； （2）与设备运行管理系统互动。包括智能组件自主从设备运行管理系统获取宿主设备其他状态信息，以及将自诊断结果报送到设备运行管理系统两个方面

（2）智能化高压设备的组成架构。智能化高压设备在组成架构上包括以下三个部分：

1）高压设备；

2）传感器或/和执行器，内置或外置于高压设备或其部件；

3）智能组件，通过传感器或/和执行器，与高压设备形成有机整体，实现与宿主设备相关的测量、控制、计量、监测、保护等全部或部分功能。

（3）智能组件。智能组件由若干智能电子装置集合组成，承担宿主设备的测量、控制和监测等基本功能。在满足相关标准要求时，智能组件还可承担相关计量、保护等功能。它包括测量、控制、状态监测、计量、保护等全部或部分装置。

（4）合并单元。合并单元的主要功能是同步采集多路电子式电压/电流互感器输出的数字信号并按照标准规定的格式发送给保护测控设备。合并单元可以是互感器的一个组成件，也可以是一个分立单元。国内常用的南自合并单元如图4-90所示，许继合并单元如图4-91所示。

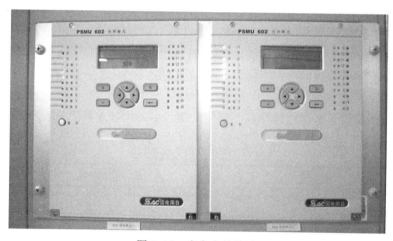

图 4-90 南自合并单元

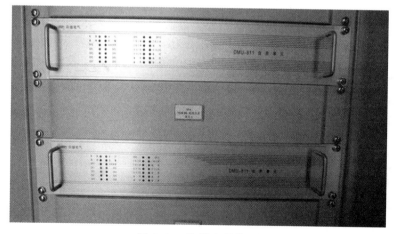

图 4-91 许继合并单元

（5）智能终端。智能终端与一次设备采用电缆连接，与保护、测控等二次设备采用光纤连接，实现对一次设备（断路器、隔离开关、主变压器等）的测量、控制等功能的装置。许继智能终端如图 4-92 所示，南瑞继保智能终端如图 4-93 所示。

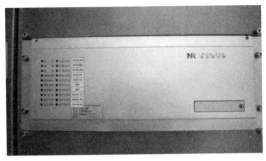

图 4-92　许继智能终端

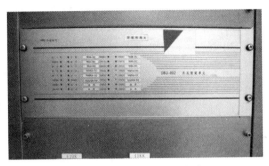

图 4-93　南瑞继保智能终端

2. 智能断路器

（1）智能断路器概念。智能断路器指配有电子设备、数字通信接口、传感器和执行器，不但具有分合闸基本功能，而且在检测和诊断方面具有附加功能的开关设备。

智能化断路器是智能一次设备的重要部分，其主要特点是由电力电子技术、数字化控制装置组成执行单元，代替常规机械结构的辅助开关和辅助继电器。智能化断路器变机械储能为电容储能，变机械传动为变频器经电动机直接驱动，机械系统可靠性提高。

（2）智能断路器组成。智能断路器包括断路器和智能组件，如图 4-94 所示，断路器本体上装有执行器和传感器。智能组件包括智能单元、状态监测单元和加热、驱潮、照明等辅助回路。智能单元、状态监测单元放置在汇控柜内，各种传感器则集成在断路器本体上或安装于机构箱和汇控柜内。智能断路器监视元件示意图如图 4-95 所示。

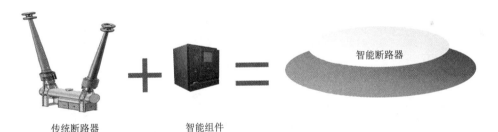

传统断路器　　　　　　　　智能组件

图 4-94　智能断路器组成示意图

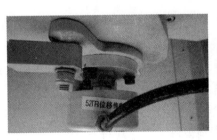

油压传感器　　　　　开关位移传感器　　　　OLM2 型断路器在线监测采集器

图 4-95　智能断路器监视元件示意图

（3）智能断路器的主要功能。除满足常规设备的原有功能外，其主要功能表现为：

1）在线检测功能。监测电、磁、温度、开关机械等状态并进行状态评估，监视画面如图 4-96 所示。

2）智能控制功能。能够完成最佳开断、定相位合闸、定相位分闸、顺序控制等控制。

3）数字化的接口。能通过数字化接口传输位置信息、状态信息、分合闸命令。

4）电子操作。具有电子控制的可控操动机构，动作可靠和寿命长。

（4）智能断路器的基本工作模式。根据检测到的不同故障电流，自动选择操动机构及灭弧室预先设定的工作条件，如正常运行电流较小时以较低速度分闸，系统短路电流较大时以较高速度分闸，以获得电气和机械性能上的最佳分闸效果。

（5）智能断路器工作状态的检测与诊断。

1）灭弧室电寿命的检测与诊断。通过检测累计开断电流和分合次数加权累计值的方法来监测电寿命。对于真空断路器还应监测真空度。

2）机械故障的检测与诊断。监测分合闸回路电特性、分合闸机械特性、关键部件的机械振动波形信号等状态，通过多种技术进行综合故障判断。

3）绝缘状态的监测。监测气体压力、局部放电，用以预报设备绝缘缺陷。

4）载流导体及接触部位温度的监测。利用红外光辐射或感温元件测量导体和母线连接处因接触电阻增大而导致的温升。

图 4-96　断路器状态监视画面

（6）断路器的智能操作。断路器的智能操作是智能化断路器最典型的应用，它将智能控制元件引入到断路器的电气性能中，智能控制单元由数据采集、智能识别和调节装置三个基本模块构成。断路器智能操作工作原理如图 4-97 所示。

1）断路器智能操作的工作过程。当系统故障，由继电保护装置发出分闸信号或由操作人员发出操作信号后，首先启动智能识别模块工作，判断当前开关所处的工作条件，对调节装置发出不同的定量控制信息而自动调整操动机构的参数，以获得与当前系统工作状态相适应的运动特性，然后使断路器动作。

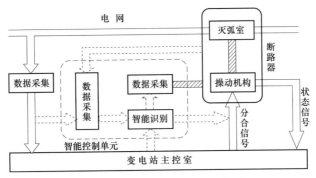

图 4-97 断路器智能操作的工作原理

2）智能操作的功能。

（a）实现重合闸的智能操作，根据检测信息判断故障是永久性的还是瞬时性的，确定开关是否重合，提高重合成功率，减少对于开关的短路合闸冲击和对于电网的冲击。

（b）分合闸相角控制，实现开关选相合闸和同步分断。选相合闸指控制断路器在不同相别的弧触头在各自零电压或特定电压相位时刻合闸，以避免系统的不稳定，克服容性负载的合闸涌流与过电压。同步分断指控制断路器在不同相别的弧触头在各自相电流为零时实现分断，可从根本上解决过电压问题，并大幅度提高开断能力。选相合闸和同步分断首先要求实现分相操作，同步分相还应满足三个条件：① 有足够高的初始分闸速度，动触头在 1～2ms 内达到可靠灭弧的开距。② 触电分离时刻应在过零前 dt 时刻，对应原断路器首开相最小燃弧距离。③ 过零点检测可靠、及时。

3）智能操作的优越性。

（a）使断路器实际操作大多在较低速度下开断，从而减小断路器开断时的冲击力和机械磨损。

（b）有利于一些新兴学科在高压电力设备上应用和发展。

（c）实现有关检测、保护、控制及通信等高压开关设备的智能化功能。

（d）有可能改变目前试探性自动重合闸工作方式，成为自适应自动重合闸。

（e）实现定相合闸，降低合闸操作过电压，取消合闸电阻，进一步提高可靠性。

（f）实现选相分闸，控制实际燃弧时间。

3. 变压器智能化技术

（1）基本概况。智能主变压器是能够在智能系统环境下运行，通过网络与其他设备或系统进行交互的变压器。其内部嵌入的各类传感器和执行器在智能化单元的管理下，保证变压器在安全、可靠、经济的条件下运行。出厂时将该产品的各种特性参数和结构信息植入智能化单元，运行过程中利用传感器收集到实时信息，自动分析目前的工作状态，与其他系统实时交互信息，同时接收其他系统的相关数据和指令，调整自身的运行状态。

（2）智能主变压器的组成。智能主变压器包括变压器本体和智能组件，变压器本体内部嵌入各类传感器和执行器。智能组件包括智能单元、状态监测单元和智能通风系统。其组成示意图如图 4-98 所示。

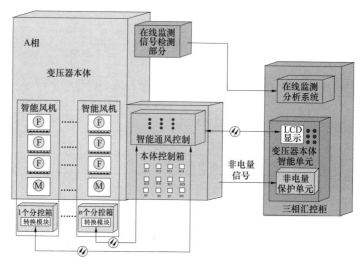

图 4-98　智能变压器示意图

（3）变压器智能化单元。变压器智能化单元是整个智能化变压器的核心，具有数据管理、综合数据统计分析、推理、信息交互管理等功能。变压器出厂时将各种技术参数、极限参数、结构数据，推理判据等，通过专家知识库的数据组织形式植入智能化单元，用标准协议与其他智能系统交换信息，可实现对变压器温度、电压、电流、振动和局部放电的实时监测和分析，发生异常时智能告警，并给出辅助决策。

（4）电子式互感器。电子式互感器由连接到传输系统和二次转换器的一个或多个电流或电压传感器组成，用于传输正比于被测量的量，供测量仪器、仪表和继电保护或控制装置使用。

1）概述。传统的电流互感器和电压互感器大多具有类似变压器的结构,属电磁感应式。随着电力系统电压等级的升高和传输容量的不断增大，传统的电磁式互感器暴露出一系列的缺点：

a. 绝缘结构复杂、造价高，在故障电流下铁芯易饱和，动态范围小，频带窄，抗干扰能力差，电流互感器二次侧开路会产生高电压，电压互感器二次侧短路会产生大电流，易发生铁磁谐振，易燃易爆，易渗漏油，占地面积大。

b. 传统电流互感器正常的输出为 5A 或 1A，电压互感器输出 100V，这主要是为了能为电磁式继电器提供足够的驱动电源。而目前广泛使用的微机保护从原理上只能接受弱电信号的输入。为了匹配互感器二次侧输出电流和电压，不得不在装置内增加电压、电流变换器，这样，既增加了装置的复杂性，又降低了系统的可靠性。

2）电子式互感器分类。电子式互感器泛指区别于传统电磁式互感器的电子化测量和数字化输出方式的互感器，涵盖不同的测量原理、方法及测量传输方式。按其一次传感器传感方式不同，可分为电学型和光学型。

电学型电流互感器采用罗氏线圈（Rogowski）和低功率线圈 LPCT 将一次大电流信号转变为二次小电压信号；光学型电流互感器采用光学玻璃或光纤传感环将一次大电流信号转变为偏振光角度信号。

电子式电压互感器主要采用同轴电容分压器、串级式电容分压器实现一次电压信号的转换；光学型电压互感器采用普克尔（Pockels）晶体测量电压电场下光学偏转角信号实现一次电压信号转换。

根据传感头部分是否提供电源，电子式互感器主要可分为有源式和无源式两类。

根据安装方式又可分为独立支撑型、GIS 型、套管型及独立悬挂型。

3）电子互感器的基本原理。

a. 有源式电子互感器。有源式互感器主要是指罗科夫斯基（Rogowski）线圈，又称为电子式电压/电流互感器（EVT/CVT），如图 4-99 所示，其在工作时需要向传感器提供电源，因此称为有源式电子互感器。供能方式根据产品不同有激光供能、线圈取能及直流供电等功能方式。目前使用较为广泛的激光功能/自取能双模式电子式电流互感器如图 4-100 所示。

图 4-99　罗氏线圈原理的有源电流互感器　　图 4-100　激光功能/自取能双模式电子式电流互感器

罗科夫斯基线圈是将导线均匀密绕在环形等截面非磁性骨架上形成的一种空心电感线圈，利用空芯绕组和低功率绕组原理测量电流，利用分压原理（电阻、电感、电容）测量电压。其基本特点如下：

（a）利用电磁感应等原理感应被测信号；

（b）传感头部分具有需用电源的电子电路；

（c）利用光纤传输数字信号。

b. 无源式电子互感器。无源式电子互感器的传感模块利用光学原理，由纯光学器件构成，不再含有电子电路，其具有有源式无法比拟的电磁兼容性能。

独立光学电子式互感器采用反射式赛格奈克干涉原理和法拉第磁光效应实现对电流的测量，这样可使电流互感器具有较高的测量准确度、较大的动态范围及较好的暂态特性。光学电子式电压互感器利用光纤传输信号，抗干扰能力强。基本特点如下：

（a）传感模块利用光学原理，不含有电子电路，其具备有源式无法比拟的电磁兼容性能；

（b）传感头部分不需电子电路及电源；

4）电子式电流/电压互感器信号传输原理。

a. 电子式电流互感器（见图 4-101）。电子式电流互感器的

图 4-101　电子式电压互感器

通用框图如图 4–102 所示。图 4–102 中一次电流传感器将电子、光学产生的与一次端子通过电流相对应的信号，传送给一次转换器；一次电源指一次转换器和一次电流传感器的电源，一次转换器可将来自一个或多个一次电流传感器的信号转换成适合于传输系统的信号；传输系统是一次部件和二次部件之间传输信号的短距或长距耦合装置。二次转换器可将传输系统传来的信号转换为供给测量仪器、仪表和继电保护或控制装置的量，该量与一次端子电流成正比。二次转换器通常接至合并单元后再接二次设备。

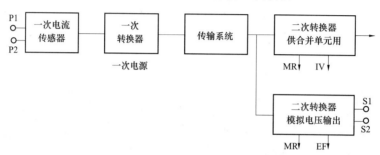

图 4–102　单相电子式电流互感器的通用框图

IV—输出无效；P1、P2—一次电流端；EF—设备故障；S1、S2—二次电压端；MR—维修申请

b. 电子式电压互感器。电子式电压互感器的通用框图如图 4–103 所示。图 4–103 中一次电压端子指被测电压端子；一次电压传感器指电气、电子、光学或其他装置，产生与一次电压端子通过电压相对应的信号传送给一次转换器。一次电源指一次转换器和一次电压传感器的电源，一次转换器可将来自一个或多个一次电压传感器的信号转换成适合于传输系统的信号。传输系统是一次部件和二次部件之间传输信号的短距或长距耦合装置。二次转换器可将传输系统传来的信号转换为供给测量仪器、仪表和继电保护或控制装置的量，该量与一次端子电压成正比。

图 4–103　单相电子式电压互感器的通用框图

5）电子式互感器的特点。

（a）电流互感器与电压互感器可组合为一体，实现对一次电流、电压的同时测量；

（b）电流互感器采用 LPCT 及空芯线圈，电流测量精度高，动态范围大，暂态特性好；

（c）电压互感器采用电容分压器传感一次电压，精度高，稳定性好；

（d）远端模块双套冗余配置，可靠性高；

（e）每个远端模块双 A/D 采样，并有多项自检功能，进一步提高可靠性；

（f）采用激光供能与母线取能相结合的方式为远端模块供电，可靠性高。

（5）光电式电流/电压互感器原理及特点。

1）磁光式电流互感器。磁光式电流互感器由传感头、光路部分（光源、光纤准直透镜、起偏器、检偏器、耦合透镜和传输系统—光纤合成绝缘子）、检测系统、信号处理系统等组成。

由恒流电源驱动一只中心波长为850mm的发光二极管（LED），提供一个恒定的光源。光通过光缆中的一根光纤从控制室传输到现场高压区，经过准直透镜准直后成为平行光束，再经起偏器变为线偏振光入射进传感头。光在传感器内绕导体一圈，在电流磁场作用下，光的偏振面发生旋转，出时光经检偏器检偏后再经耦合光路透镜耦合进入光缆中的另一根光纤传输至二次传感器，再连接合并单元，合并单元的数字输出口可接计量、保护自动装置等。

2）全光纤电流互感器。全光纤电流互感器如图4-104所示，是指采用光纤围绕被测载流导线 N 圈作为电流敏感单元。常见的全光纤电流互感器的工作原理主要为法拉第效应、逆压电效应和磁致伸缩效应等。其中以法拉第效应为工作原理的全光纤电流互感器常采用偏振检测方法或利用法拉第效应的非互易性，通过干涉仪实现检测。

3）光学电压互感器。目前，电子式电压互感器大多是基于电光 Pockels 效应构成的，电光 Pockels 效应是指某些各向同性的透明物质在电场作用下显示出光学各向异性，物质的折射率与所加电场强度的一次方成正比线性电光效应。

4）光学互感器的特点。

（a）优良的绝缘性能及便宜的价格。

（b）不含铁芯，不存在磁饱和、铁磁谐振和磁滞效应等问题；

（c）抗电磁干扰性能好；

（d）动态范围大，测量精度高；

（e）频率响应范围宽；

（f）没有因存油而产生易燃、易爆等危险；

（g）节约空间；

（h）适应电力计量和保护数字化、微机化和自动化发展的潮流。

（i）体积小、质量轻，现场安装可以采用与临近设备同架构组合安装的方式，如图4-105所示。

图 4-104　电磁效应的全光纤电流互感器　　图 4-105　电子式电流互感器与临近隔离开关同架构架设

三、智能变电站二次系统

1. 变电站自动化系统

（1）系统构成。变电站自动化系统在功能由站控层、间隔层、过程层组成。

1）站控层由主机、操作员站、远动通信装置、保护故障信息子站和其他各种功能站构成，提供站内运行的人机联系界面，实现管理控制间隔层、过程层设备等功能，形成全站监控、管理中心，并与远方调控中心通信。

站控层主要通过两级高速网络汇总全站的实时数据信息，不断刷新实时数据库，按时登录历史数据库，按既定规约将有关数据信息送向调度控制中心，接收调度控制中心有关控制命令并转间隔层、过程层执行。

2）间隔层由保护、测控、计量、录波、相量测量等若干个二次子系统组成，在站控层及网络失效的情况下，仍能独立完成间隔层设备的就地监控功能。

间隔层的主要功能是利用本间隔的数据对本间隔的一次设备产生作用。间隔层设备主要功能有：汇总本间隔过程层实时数据信息，实施对一次设备的保护控制，实施本间隔的操作闭锁，实施操作同期及其他控制功能，控制数据采集、统计计算及控制命令的优先级，同时高速完成与过程层及站控层的网络通信。

3）过程层由互感器、合并单元、智能终端等构成，完成与一次设备相关的功能，包括实时运行电气量的采集、设备运行状态的监测、控制命令的执行等。

过程层主要指互感器、变压器、断路器、隔离开关等一次设备及与一次设备连接的电缆等。过程层接口装置构成了一、二次设备的分界面。过程层装置主要实现以下功能：间隔保护、测控模拟量采集；测控装置的遥控；电气操作；报文、录波、PMU 模拟量信息应用。

（2）网络结构。智能变电站网络如图 4-106 所示，由高速以太网组成，通信规约采用 DL/T 860 标准，传输速率不低于 100Mbit/s。全站网络在逻辑功能上由站控层网络、间隔层网络、过程层网络组成，过程层网络包括 GOOSE 网络。

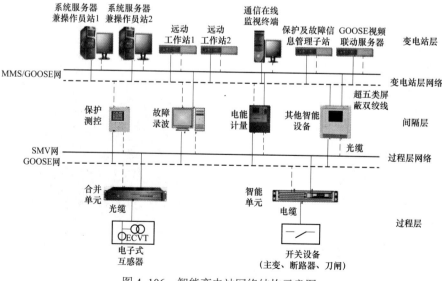

图 4-106　智能变电站网络结构示意图

双重化配置的保护及安全自动装置应分别接入不同的过程层网络；单套配置的保护及安全自动装置、测控装置宜同时接入两套不同的过程层网络，应采用相互独立的数据接口。

站控层与间隔层之间通过站控层网络（MMS）连接，间隔层与过程层之间通过过程层网络（GOOSE、SV）连接，站控层网络（MMS）与过程层网络（GOOSE、SV）分离。全站各网络均采用双行星光纤网络，站内数据实现了数字化、网络化和信息共享。

（3）二次设备配置。

1）站控层设备。站控层设备包括主机、操作员工作站、工程师站、远动通信装置、保护及故障信息子站等。

2）间隔层设备。间隔层设备包括继电保护、安全自动装置、测控装置、故障录波及网络分析记录装置、相量测量装置、行波测距装置、电能计量装置等设备。

3）过程层设备。过程层包括变压器、断路器、隔离开关、电流/电压互感器等一次设备和智能组件构成的智能设备、合并单元和智能终端。

4）网络通信设备配置。网络通信设备包括站控层网络交换机、间隔层网络交换机、过程层网络交换机、网络通信介质。

2. 其他二次系统

（1）全站时间同步系统。配置一套全站公用的时间同步系统，主时钟应双重化配置，支持北斗系统和 GPS 标准授时信号，优先采用北斗系统，时钟同步精度和守时精度满足站内所有设备的对时精度要求；站控层设备宜采用 SNTP 对时方式；间隔层和过程层设备宜采用 IRIG-b、1pps 对时方式，条件具备时也可采用 IEC 61588 网络对时。

（2）调度数据网接入设备。变电站调度数据网接入设备配置应满足相关电网调度数据网总体技术方案要求；当变电站调度数据网具备双平面接入时，宜配置两套电力数据网接入设备；每套调度数据网接入设备宜配置一台路由器和两台交换机。

（3）二次系统安全防护。变电站应按照《电力二次系统安全防护总体方案》的有关要求，配置相关二次安全防护设备。

（4）交直流一体化电源系统。变电站交直流一体化电源系统由站用交流电源、直流电源、交流不间断电源（UPS）、逆变电源（INV）、直流变换电源（DC/DC）等装置组成，并统一监视控制，共享直流电源的蓄电池组。

（5）智能辅助控制系统。配置一套智能辅助控制系统，实现图像监控、火灾报警、消防、照明、采暖通风、环境监测等系统的智能联动控制。

（6）一体化信息平台和高级功能。

1）从站控层网络直接采集 SCADA（supervisory control and data acquisition）、保护信息、电能量、故障录波、设备状态监测等各类数据构建变电站的统一数据基础平台。

2）高级功能。主要实现顺序控制、智能告警及故障信息综合分析决策、设备状态可视化、站域控制等功能。高级应用平台界面如图 4–107 所示。

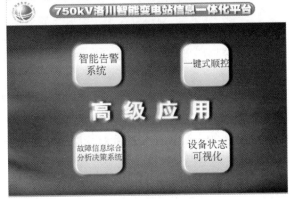

图 4–107 高级应用平台界面

3. 智能变电站的通信网络

在数字化变电站中，由于过程网络的出现，数字化变电站通信网络与传统变电站自动化系统中的通信网络相比，在结构、功能和性能要求等方面存在较大差异。

根据变电站的分层结构，需要传输的数据流有以下几种：过程层与间隔层之间的信息交换，过程层的各种智能传感器和执行器与间隔层的装置交换信息，间隔层内部的信息交换，间隔层之间的通信，间隔层与变电站层的通信，变电站层的内部通信。各种不同数据流在不同运行方式下有不同的传输相应速度和优先级的要求。

（1）通信网络的基本要求。

1）功能要求。通信网络是连接站内各种智能电子设备（IED）的纽带。因此，它必须能支持各种通信接口，须有带宽和速度来存储和传送事件、电量、操作、故障录波等数据。为改善电压运行质量，无人值班变电站要求通信网络具有电压无功自动调节功能。还需具备自诊断、自恢复及远方诊断、在线状态检测等功能。

图4-108　用于组件快速现场
信息传输网络的组网交换机

2）性能要求。通信网络的性能要求主要体现在以下几个方面：

（a）可靠性。由于电力生产的连续性和重要性，站内通信网络的可靠性是第一位的，应避免一个装置损坏导致站内通信中断。可靠性通信网络是首要条件。

（b）开放性。站内通信网络是调度自动化的一个子系统，除了保证站内IED设备互连、便于扩展，它还应服从电力调度自动化的总体设计，硬件接口应满足国际标准，选用国际标准的通信协议，方便用户系统集成。

（c）实时性。因测控数据、保护信号、遥控命令等都要求实时传送，虽然正常工作时，站内数据流不大，但出现故障时要传送大量的数据，因此，要求信息能在站内通信网络上快速实时传送。用于组件快速现场信息传输网络的组网交换机如图4-108所示。

（2）数字化变电站中的以太网技术。

1）对数字化变电站中以太网的特征要求。数字化变电站的以太网在网络规模、节点数目、安装环境、实时性、可靠性、故障自恢复及安全性等方面都与一般以太网区别较大。

（a）网络规模和环境要求。基于IEC 61850的变电站网络规模由IED的数目决定，通常要求其支持的节点数目达到100或更多，需划分不同网段和子网。同时，覆盖范围也应能达到5~1000m。IEC 61850针对变电站网络环境的特殊性，制定了电磁干扰、温度变化范围、机械振动、污染和腐蚀、湿度和大气压等一系列要求，并推荐解决方案。

（b）网络实用性要求。在给定变电站内，并不需要全部通信连接支持同一性能类型，变电站总线和过程总线可独立选择。IEC 61850根据实现功能和对实用性要求的不同，将变电站自动化系统中的报文分为快速、中速、低速、原始数据、文件传输、时间同步及存取控制命令 7 种类型，每类报文都规定了相应的传输时间要求。

（c）网络可靠性与信息安全要求。IEC 61850 的开放性和标准性会带来安全性的问题，应保证网络及二次系统信息保密性、完整性及确定性，需要采取报文加密与数字签名、调度专网、安装防火墙、划分功能子网、限定报文传输范围等信息安全防护措施。

2）以太网实时性改进。一方面通过合理分配或组合网络流量，减少数据冲突发生概率；另一方面采取措施提高实时性或使其具有延时确定性。

（3）数字化变电站通信网络组建。

1）网络拓扑结构。以太网有总线型、环形和星型三种基本拓扑结构。对于输电变电站的站级网络采用环形拓扑结构；配电变电站的站级网络采用星型拓扑结构；过程层网络需根据不同间隔或功能划分成多个子网且子网的节点数目有限，通常采用星型拓扑结构；输电间隔的过程层网络采用双星型拓扑结构；为避免出现单点故障站级网络和配电间隔的过程层网络，也可采用双环或双星型拓扑结构。

2）过程总线的组网。IEC 61850 中列举了过程层总线组网的 4 种基本方案：面向间隔、面向未知、单一总线、面向功能。

3）变电站总线的组网。变电站总线的组网与变电站的类型相关。小型配电变电站只要求非常简单的连接间隔层和远方通信接口的通信总线，无间隔与间隔间的通信；中型的输、配电变电站，变电站层包括简单的人机接口、远方控制网关，可能还包括电压自动控制功能；大型输、配电变电站要求实现全部人机联系功能，能够控制全部开关，可以传输全部单个告警，变电站和控制中心之间通信由主链路和备用链路组成。

四、智能变电站的运行管理

1. 设备操作

（1）顺序控制。

1）实行顺序控制时，顺序控制设备应具备电动操作功能。条件具备时，宜和图像监控系统实现联动。

2）顺序控制操作票应严格按照《安规》有关要求，根据智能变电站设备现状、接线方式和技术条件进行编制，符合五防逻辑要求。顺序控制操作票的编制要严格例行审批手续，不能随意修改。

3）顺序控制操作前应核对设备状态并确认当前运行方式，符合顺序控制操作条件。

4）在远方或变电站监控后台调用顺序控制操作票时，应严格核对操作指令与设备编号，顺序控制操作应采用"一人操作一人监护"的模式。

5）进行顺序控制的操作时，继电保护装置应采用软压板控制模式。

6）顺序控制操作完成后，应检查操作结果的正确性。对一次设备可采用查看一次设备在线监测可视化信息是否正确的方式进行核对。

7）顺序控制操作中断处理原则。

（a）顺序控制操作中断时，应做好操作记录并注明中断原因。待处理正常后方能继续进行。

（b）顺序控制操作命令发出后，若设备状态未发生改变，应查明原因并排除故障后继续顺序控制操作；若无法排除故障，可根据情况改为常规操作。

（c）在远方进行顺控操作时，由于通信原因，设备状态未发生改变，可转交现场监控后台继续顺序控制操作。

（2）定值修改及压板投退。

1）实行软压板控制模式的智能变电站，运行人员可采用远方/后台操作。操作前、后均应在监控画面上核对软压板的实际状态。禁止运行人员在保护装置上进入定值修改菜单进行软压板投退。

2）运行人员应在监控后台上切换保护定值区，操作后应在监控后台上打印定值清单进行核对。

3）检修人员在保护装置上修改/切换定值区后，应与运行人员共同核对。

4）运行人员不得操作投退保护定值修改的远方/就地控制压板及保护检修压板。

5）间隔设备检修时,应退出本间隔保护失灵启动软压板、母差装置本间隔投入软压板。操作后应在后台/就地及时核对，检修结束后注意恢复。

6）正常运行时智能组件检修压板应置于退出位置，运行人员不得操作该压板；设备投运前应检查间隔各智能组件检修压板已退出。

7）禁止通过投退智能终端的断路器跳合闸压板的方式投退保护。

2. 异常及事故处理

智能变电站异常及事故处理按照异常及事故处理原则执行，根据智能变电站智能设备的功能和技术特性应注意以下几点：

（1）双套配置的合并单元单台故障时，应申请停用相应保护装置，及时处理。

（2）双套配置智能终端单台故障时，应退出该智能终端出口压板，及时处理。

（3）间隔交换机故障，影响对应间隔 GOOSE 链路，应视为失去对应间隔保护，应申请停用相应保护装置，及时处理。

（4）公用交换机故障，可能影响保护正确动作，应申请停用保护设备，及时处理。

（5）在线监测系统报警后，运行人员应通知检修人员进行现场检查。若是系统误报警的，应申请退出相应报警功能或在线监测系统，缺陷处理后再投入运行。

3. 缺陷管理

按照智能化变电站智能设备的功能及技术特点，制订和完善智能设备缺陷定性和分级办法，使运行人员及专业维护人员明确设备缺陷的危急程度，及时处理，保障设备安全运行。

智能设备缺陷分为危急、严重、一般缺陷，见表 4-45。

表 4-45　　　　　　　　　　　智 能 设 备 缺 陷 分 类

序号	智能设备缺陷分类	主　要　内　容
1	危急缺陷	（1）电子互感器故障（含采集器及其电源）； （2）保护装置、保护测控一体化装置故障或异常； （3）纵联保护装置通道故障或异常； （4）合并单元故障； （5）智能终端故障； （6）GOOSE 断链、SMV 通道异常报警，可能造成保护不正确动作的； （7）过程层交换机故障； （8）其他直接威胁安全运行的缺陷

序号	智能设备缺陷分类	主 要 内 容
2	严重缺陷	（1）GOOSE断链、SMV通道异常报警，不会造成保护不正确动作的； （2）对时系统异常； （3）智能控制柜内温控装置故障，影响保护装置正常运行的； （4）监控系统主机（工作站）、站控层交换机故障或异常； （5）远动设备与上级通信中断； （6）装置液晶显示屏异常； （7）其他不直接威胁安全运行的缺陷
3	一般缺陷	（1）智能控制柜内温控装置故障，不影响保护装置正常运行的； （2）在线监测系统故障； （3）网络记录仪故障； （4）辅助系统故障或通信中断； （5）其他不危及安全运行的缺陷

4. 检修原则

（1）智能变电站设备的检修应充分发挥智能设备的技术优势，体现集约化管理、状态检修、工厂化检修/专业化检修等先进理念，遵循应修必修的原则，加强专业协同配合，促进相关设备的综合检修，提高变电站运维效率。

（2）智能变电站一次智能设备应充分利用智能在线监测功能，结合设备状态评估实行状态检修。

5. 防误闭锁管理

（1）制定科学合理的智能变电站防误闭锁管理制度。

（2）安装独立微机防误闭锁系统的智能变电站，防误闭锁管理同常规站。

（3）一体化监控系统防误闭锁管理。

1）防误闭锁功能应由运行部门审核，经批准后由一体化监控系统维护人员实现。

2）防误闭锁功能升级、修改，应进行现场验收、验证。

3）应加强一体化监控系统防误闭锁功能的检查和维护工作。

6. 其他要求

（1）智能综合柜内单一智能设备检修时，应做好柜内其他运行设备的安全防护措施，防止误碰。

（2）在线监测报警值由厂家负责制定和实施，报警值不应随意修改。

（3）在线监测设备检修时，应做好安全措施，不能影响主设备正常运行。

（4）不得随意退出或者停运监控软件，不得随意删除系统文件。不得在监控后台从事与运行维护或操作无关的工作。

（5）不得随意修改和删除自动化系统中的实时告警事件、历史事件、报表为设备运行的重要信息记录。

（6）停用自动化系统所有服务器、工作站的软驱、光驱及所有未使用的USB接口，除系统管理员外禁止启用上述设备或接口。

五、智能变电站的运行与维护

1. 合并单元的运行与维护

（1）合并单元功能说明。

1）指示灯说明见表4-46。

表4-46   指 示 灯 说 明

指示灯类型	指示灯说明
"运行"灯为绿灯	装置正常运行时，所有告警灯（黄灯）应不亮
"报警"灯为黄色	装置自检异常
"光纤通道"灯为黄色	光纤通道强弱检测越限

2）液晶显示说明。正常运行时液晶屏幕将显示主画面，内容包括当前时间、三相保护、测量电流有效值及三相电流频率。当产生报文事件时，液晶屏幕自动显示最新一次报文。上半部分为动作报文，下半部分为自检信息。

3）按屏上复归按钮可切换显示动作报告、自检报告和装置正常运行状态。

（2）合并单元的运行维护。

1）正常巡视。

（a）设备外观完整无损；

（b）装置面板指示灯指示正常，无异常和报警灯指示；

（c）装置电源正常投入，无跳闸现象；

（d）光纤接口无松动、脱落现象，光纤转弯平缓无折角，外绝缘无破损和脏污。

2）定期巡视。定期巡视除完成上述日常巡视外，还应完成下列巡视内容：

（a）端子箱内光纤连接无异常，光纤盒无松动；

（b）合并单元供电电源接线是否完好，无松动；

（c）端子箱内密封应良好，保持干燥清洁。

3）特殊巡视。

（a）设备有缺陷时；

（b）异常运行（过电压或过负荷）时；

（c）天气异常或雷雨后。

2. 互感器的运行与维护

（1）互感器巡视。

1）现场巡视主要内容为检查设备外观无损伤、闪络，本体及附件无异常发热、无锈蚀、无异响、无异味，各引线无脱落、接地良好。

2）采集器无告警、无积尘，光缆无脱落，箱内无进水、潮湿、过热等现象。

3）有源式电子互感器应重点检查供电电源工作无明显异常。

（2）投运前和校验后的验收。

1）互感器投运前的验收内容。

（a）架构基础符合相关基建要求。

（b）设备外观清洁完整无缺损。

（c）一、二次接线端子应连接牢固，接触良好。

（d）互感器无漏气，压力指示与规定相符。

（e）极性关系正确。

（f）三相相序标志正确，接线端子标志清晰，运行编号完整。

（g）互感器需要接地的各部位应接地良好。

（h）反事故措施应符合相关要求。

（i）保护间隙的距离应符合规定。

（j）油漆应完整，相序应正确。

（k）验收时应移交详细技术资料和文件。

（l）变更设计的证明文件。

（m）制造厂提供的产品说明书、试验记录、合格证件及安装图纸等技术文件。

（n）安装技术记录、器身检查记录、干燥记录。

（o）试验报告并且试验结果合格。

2）互感器投运前的验收方案。

（a）设备外观清洁无缺损。

（b）二次接线端子应连接牢固，接触良好。

（c）光纤接口安装规范，弯角适度。

（d）验收时应移交详细的技术资料和文件。

（e）变更设计的证明文件。

（f）制造厂提供的产品说明书、试验记录、合格证件及安装图纸等技术文件。

（g）安装技术记录、器身检查记录、干燥记录。

（h）竣工图纸。

（i）具备试验报告并且试验结果合格。

3）互感器检修后的验收。

（a）所有缺陷已消除并验收合格。

（b）一、二次接线端子应连接牢固，接触良好。

（c）互感器无漏气，压力指示与规定相符。

（d）极性关系正确。

（e）三相相序标志正确，接线端子标志清晰，运行编号完整。

（f）互感器需要接地的各部位应接地良好。

（g）金属部件油漆完整，整体擦拭干净。

（h）预防事故措施应符合相关要求。

4）运行和操作注意事项。

（a）严禁使用隔离开关或摘下熔断器的方法拉开有故障的电压互感器。

（b）停用电压互感器前应注意防止对继电保护和自动装置的影响，防止误动、拒动。

（c）新更换或检修后至互感器投运前，应进行下列检查。

a）检查接线相序、极性是否正确，如发现接线错误，可通过调整传感元件接线实现。

b）测量熔断器是否良好。

c）检查光纤传输通道有无异常。

（d）电子式、光学互感器送电前，其合并单元及远端模块电源应送上，并检查合并单元运行正常无告警。开关停电时，合并单元及远端模块电源开关可不停用。

5）异常及事故处理。

（a）合并单元采样值明显降低处理。可能是互感器内部发生严重故障，应尽快汇报调度，采取停电措施。未停电前，不得靠近异常互感器。

（b）合并单元采样值三相不平衡处理（排除电网异常原因）。如互感器传感元件发生故障，应尽快汇报调度，停运可能误动、拒动的继电保护和自动装置后，将互感器停电处理。

（c）如互感器的光纤传输通道异常，应尽快汇报调度，停运可能误动、拒动的继电保护和自动装置后，排除光纤传输通道的异常。

（d）合并单元发 GOOSE 断链信号的处理。

a）应尽快汇报调度，停运可能误动、拒动的继电保护和自动装置。

b）立即检查互感器传感元件至合并单元的光纤通道有无异常。

c）立即检查合并单元的光纤接口装置是否正常，必要时更换备用接口。

d）排除相应的光纤传输通道是否异常，尽快更换破损的光纤。

e）检查互感器传感元件，如故障，更换传感元件。

（e）若互感器出现下述情况，应进行更换。

a）套管出现裂纹或破损。

b）互感器有严重放电，已威胁安全运行时。

c）互感器内部有异常响声、异味、冒烟或着火。

d）经红外测温检查发现内部有过热现象。

（f）若合并单元出现下述情况，应进行更换。

a）装置电源跳闸，且试送不成功。

b）装置内部有放电、打火现象。

c）装置内部有异常响声、异味、冒烟或着火。

d）经红外测温检查发现内部有过热现象。

3. 站控层系统日常维护

站控层系统日常维护需遵循以下原则：

（1）站控层系统运行的操作系统、数据库、应用软件等属于变电站内运行设备的一部分。所有人员不得随意进入、退出或者启动、停运监控软件或进程，不得随意拷贝、删除文件，不得在站控层软件系统上从事与后台维护或操作无关的工作。

（2）用户只能在自己的使用权限范围内进行工作，不得越权操作。

（3）用户对密码必须严格保密，防止泄漏，密码应定期更换。

（4）运行中变电站站控层系统的实时告警事件、历史事件、报表为设备运行的重要信息记录，所有人员不得随意对其进行修改和删除。

（5）每年必须对站控层系统保存的历史事件和报表进行备份及清理。

（6）停运（关闭）站用层系统所有服务器、工作站的软驱、光驱及所有未使用的 USB 接口，除系统管理器、维护员外，禁止其他用户启用上述设备或接口。

（7）系统管理器、维护员使用软盘、光盘、U 盘等外接设备时，必须经最新版本的杀毒软件查毒，确认无病毒后方可使用，严防站控层软件系统感染病毒。

（8）定期对站控层系统的运行情况进行巡视、检查、记录、杀毒，发现异常情况及时处理。

（9）做好设备缺陷、测试数据的记录，对所辖设备作月度运行统计和分析。

（10）不得在站控层系统进行安装、拷贝、使用与运行无关的软件，严禁随意通过后台删除、拷贝、拷入文件，以免造成系统运行异常。

（11）严禁使用非专用的变电站自动化系统维护计算机对站控层系统进行维护。

（12）凡进行软件的修改和升级时，必须进行技术论证，制定实施方案并经过相关部门批准后方可实施。

（13）对运行中的站控层系统进行维护、检修工作时，必须严格遵守 GB 26860—2011《电力安全工作规程（发电厂和变电所电气部分）》和变电站现场安全生产管理规定。

（14）施工单位使用站控层系统时办理工作票必须双签发。

（15）系统运行时，严禁随意敲打计算机显示器、机箱等部分，严禁随意用手触摸显示器屏幕；严禁将工作站的键盘及鼠标等部件进行热插拔，防止对系统产生严重影响；计算机机箱、音箱、显示器等应定期进行清洁工作，运行人员应按照站内设备维护的有关规定执行。

（16）在进行可能影响设备正常运行或数据准确性的维护、测试工作前，应先征得变电站运行人员、相关各级调度部门同意后方可进行。

（17）定期对站控层系统电源等辅助设备进行巡视、检查，发现异常及时处理。

4. 智能终端的运行维护和操作

（1）智能终端柜的运行维护。

1）智能终端柜长期在室外运行，人员查看后必须将门锁好，以防淋雨和雾气进入，影响设备运行。

2）要保护智能终端柜，防止其他物体撞击。

3）要保证智能终端柜内的温湿度控制仪常年在运行状态。冬季加热器在加热状态，风扇停止工作；夏季加热器停止，风扇工作。要保证柜内温度在 5～30℃，湿度在 80% 以下。

4）智能终端柜的所有直流和交流自动空气开关都在投入位置，即各个智能终端柜内的各个电源供应正常，只有在检修某一设备时，才将其对应的空气开关断开。

（2）智能终端柜的停用和投运操作。

1）智能终端柜的停用操作。当需要就地操作开关时，要解除五防闭锁后进行分合，操作完成后要将操作把手打在远方位置；在各个间隔停运后，根据检修人员的要求退出硬压板和断开各个电源自动空气开关。

2）智能终端柜的投运操作。在投运前检查所有自动空气开关位置均在合位，运行指示灯亮，其余指示灯灭；其他位置指示灯指示的相应隔离位置与实际位置一致、正确，开关位置指示正确。复归装置信号，根据调度令检查并投退硬压板，核定定值清单，无误后存档；如果某装置告警灯无法复归，则应通知相关部门处理，告警灯全部熄灭后才能进行投退。

（3）其他注意事项。

1）运行中不允许不按操作程序随意按动面板上的按键。

2）特别不允许随意操作如下命令：开出传动、修改定值、固化定值、改变该装置在通信网中的地址。

3）保护动作后，要检查智能终端柜内智能终端装置点亮的红灯和保护动作情况、断路器箱上指示的开关位置是否正确，连接片投入是否正确。待跳闸原因查明后，将相应装置复归一次。

5. 在线监测系统运行与维护

（1）远程巡视主要内容。

1）后台远程查看在线监测状态数据显示正常，无告警信息。

2）定期检查一次设备在线测温装置测温数据正常，无告警。

3）查看与站端设备通信正常。

（2）现场巡视主要内容。

1）检查设备外观正常、电源指示正常，各种信号、表计显示无异常。

2）油气管路接口无渗漏，光缆的连接无脱落。

3）在线监测系统主机后台、变电站监控系统主机监测数据正常。

4）与上级系统的通信功能正常。

6. 保护设备运行与维护

（1）远程巡视主要内容。

1）后台远程查看保护设备告警信息、通信状态无异常。

2）后台远程定期核对软压板控制模式、压板投退状态、定值区位置正常。

3）重点查看装置"SV 通道"、"GOOSE 通道"正常。

（2）现场巡视主要内容。

1）检查外观正常、各指示灯指示正常，液晶屏幕显示正常无告警。

2）定期核对硬压板、控制把手位置正确。

3）检查保护测控装置的五防连锁把手（钥匙、压板）在正确位置。

7. 交换机运行与维护

（1）远程巡视主要内容。远程查看站端自动化系统网络通信正常，网络记录仪无告警。

（2）现场巡视主要内容。检查设备外观正常，温度正常，电源及运行指示灯指示正常，无告警。

8. 时间同步系统运行与维护

（1）远程巡视主要内容。远程查看时钟同步装置无异常告警信号。

（2）现场巡视主要内容。检查主、从时钟运行正常，电源及各种指示灯正常，无告警。

9. 监控系统（一体化监控系统）

（1）远程巡视主要内容。后台远程检查信息刷新正常，无异常报警信息，与站端设备通信正常。

（2）现场巡视主要内容。

1）查看监控系统运行正常，后台信息刷新正常。

2）检查数据服务器、远动装置等站控层设备运行正常，各连接设备（系统）通信正常，无异响。

10. 站用电源系统（一体化电源系统）

（1）远程巡视主要内容。

1）后台远程查看站用电源系统工作状态及运行方式、告警信息、通信状态无异常。

2）条件具备时，定期查看蓄电池电压正常，充电模块、逆变电源工作正常。

3）重点查看绝缘监察装置信息及直流接地告警信息。

（2）现场巡视主要内容。

1）检查指示灯及液晶屏显示正常，无告警。

2）检查自动空气开关、控制把手位置正确。

3）站用电源系统监测单元数据显示正确，无告警，交直流系统各表计指示正常，各出线开关位置正确。

4）检查蓄电池组外观无异常、无漏液，蓄电池室环境温、湿度正常，电源切换正常，逆变电源切换正常。

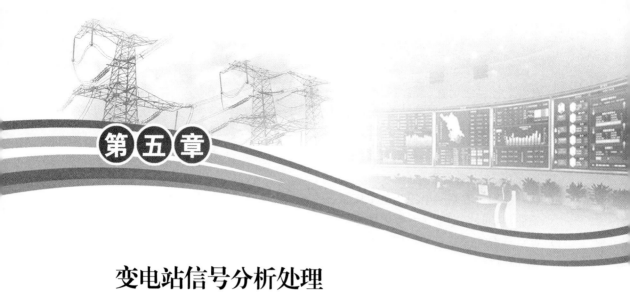

第五章

变电站信号分析处理

第一节 变压器典型异常信号分析处理

一、变压器冷却器典型异常信号

变压器冷却器典型异常信号见表 5-1。

表 5-1   变压器冷却器典型异常信号

序号	典型异常信号	主 要 包 括
1	××主变压器冷却器电源消失	（1）信息释义：主变压器冷却器装置工作电源或控制电源消失。 （2）原因分析： 1）装置的电源故障； 2）二次回路问题误动作； 3）上级电源消失。 （3）造成后果：造成主变压器油温过高，危及主变压器安全运行。 （4）处置原则：值班监控员上报调度，通知运维单位，加强运行监控，做好相关操作准备。 （5）采取措施： 1）时刻监视主变压器油温值；了解现场处置的基本情况和处置原则。 2）根据处置方式制定相应的监控措施，及时掌握 $N-1$ 后设备运行情况
2	××主变压器冷却器故障	（1）信息释义：主变压器冷却器故障。 （2）原因分析： 1）冷却控制的各分支系统（指风扇或油泵输出控制回路）故障； 2）由风控箱内热继电器或电机开关辅助触点启动了告警信号。 （3）造成后果：造成主变压器油温过高，危及主变压器安全运行。 （4）处置原则：值班监控员上报调度，通知运维单位，加强运行监控，做好相关操作准备。 （5）采取措施： 1）时刻监视主变压器油温值；了解现场处置的基本情况和处置原则。 2）根据处置方式制定相应的监控措施，及时掌握 $N-1$ 后设备运行情况

序号	典型异常信号	主 要 包 括
3	××主变压器冷却器全停延时出口	（1）信息释义：主变压器冷却器全停后，将延时跳闸（视配置情况选择是否跳闸）。 （2）原因分析： 1）装置的电源故障。 2）所有冷却装置内部同时故障造成冷却器全停。 3）主变压器冷却器电源切换试验造成短时间主变压器冷却器全停。 （3）造成后果：造成主变压器油温过高，危及主变压器安全运行。 （4）处置原则：值班监控上报调度，通知运维单位，加强运行监控，做好相关操作准备。 （5）采取措施： 1）时刻监视主变压器油温值；了解现场处置的基本情况和处置原则。 2）根据处置方式制定相应的监控措施，及时掌握 $N-1$ 后设备运行情况
4	××主变压器冷却器全停告警	（1）信息释义：主变压器冷却器全停后，发告警信号。 （2）原因分析： 1）装置的电源故障。 2）二次回路问题。 （3）造成后果：造成主变压器油温过高，如果运行时间过长，将危及主变压器安全运行，缩短寿命，甚至损坏，造成事故。 （4）处置原则：值班监控员上报调度，通知运维单位，加强运行监控，做好相关操作准备。 （5）采取措施： 1）时刻监视主变压器油温值；了解现场处置的基本情况和处置原则。 2）根据处置方式制定相应的监控措施，及时掌握 $N-1$ 后设备运行情况

二、变压器本体典型异常信号

变压器本体典型异常信号见表 5-2。

表 5-2 变压器本体典型异常信号

序号	典型异常信号	主 要 包 括
1	××主变压器本体重瓦斯出口	（1）信息释义：反映主变压器本体内部故障。 （2）原因分析： 1）主变压器内部发生严重故障； 2）二次回路问题误动作； 3）储油柜内胶囊安装不良，造成呼吸器堵塞，油温发生变化后，呼吸器突然冲开，油流冲动造成继电器误动跳闸； 4）主变压器附近有较强烈的震动； 5）气体继电器误动。 （3）造成后果：造成主变压器跳闸。 （4）处置原则：值班监控员核实开关跳闸情况并上报调度，通知运维单位，加强运行监控，做好相关操作准备。 （5）采取措施： 1）了解主变压器重瓦斯动作原因；了解现场处置的基本情况和处置原则。 2）根据处置方式制定相应的监控措施，及时掌握 $N-1$ 后设备运行情况

序号	典型异常信号	主 要 包 括
2	××主变压器本体轻瓦斯告警	（1）信息释义：反映主变压器本体内部异常。 （2）原因分析： 1）主变压器内部发生轻微故障； 2）因温度下降或漏油使油位下降； 3）因穿越性短路故障或震动引起； 4）储油柜空气不畅通； 5）直流回路绝缘破坏； 6）气体继电器本身有缺陷等； 7）二次回路误动作。 （3）造成后果：发轻瓦斯保护告警信号。 （4）处置原则：值班监控员上报调度，通知运维单位，加强运行监控，做好相关操作准备。 （5）采取措施： 1）了解主变压器轻瓦斯告警原因；了解现场处置的基本情况和处置原则。 2）根据处置方式制定相应的监控措施，及时掌握 $N-1$ 后设备运行情况
3	××主变压器本体压力释放告警	（1）信息释义：主变压器本体压力释放阀门启动，当主变压器内部压力值超过设定值时，压力释放阀开始泄压，当压力恢复正常时压力释放阀自动恢复原状态。 （2）原因分析： 1）变压器内部故障； 2）呼吸系统堵塞； 3）变压器运行温度过高，内部压力升高； 4）变压器补充油时操作不当。 （3）造成后果：本体压力释放阀喷油。 （4）处置原则：值班监控员上报调度，通知运维单位，加强运行监控，做好相关操作准备。 （5）采取措施： 1）了解主变压器压力释放原因；了解现场处置的基本情况和处置原则。 2）根据处置方式制定相应的监控措施，及时掌握 $N-1$ 后设备运行情况
4	××主变压器本体压力突变告警	（1）信息释义：监视主变压器本体油流、油压变化，压力变化率超过告警值。 （2）原因分析： 1）变压器内部故障； 2）呼吸系统堵塞； 3）油压速动继电器误发。 （3）造成后果：有进一步造成气体继电器或压力释放阀动作的危险。 （4）处置原则：值班监控员上报调度，通知运维单位，加强运行监控，做好相关操作准备。 （5）采取措施： 1）了解主变压器压力突变原因；了解现场处置的基本情况和处置原则。 2）根据处置方式制定相应的监控措施，及时掌握 $N-1$ 后设备运行情况
5	××主变压器本体油温高告警2	（1）信息释义：监视主变压器本体油温数值，反映主变压器运行情况。油温高于超温跳闸限值时，非电量保护跳主变压器各侧断路器；现场一般仅投信号。 （2）原因分析： 1）变压器内部故障； 2）主变压器过负荷； 3）主变压器冷却器故障或异常。 （3）造成后果：可能引起主变压器停运。 （4）处置原则：值班监控员上报调度，通知运维单位，加强运行监控，做好相关操作准备。 （5）采取措施： 1）了解主变压器油温高原因；了解现场处置的基本情况和处置原则。 2）根据处置方式制定相应的监控措施，及时掌握 $N-1$ 后设备运行情况

序号	典型异常信号	主 要 包 括
6	××主变压器本体油温高告警1	（1）信息释义：主变压器本体油温高时发跳闸信号但不作用于跳闸。 （2）原因分析： 1）变压器内部故障； 2）主变压器过负荷； 3）主变压器冷却器故障或异常。 （3）造成后果：主变压器本体油温高于告警值，影响主变压器绝缘。 （4）处置原则：值班监控员上报调度，通知运维单位，加强运行监控，做好相关操作准备。 （5）采取措施： 1）了解主变压器油温高原因；了解现场处置的基本情况和处置原则。 2）根据处置方式制定相应的监控措施，及时掌握 $N-1$ 后设备运行情况
7	××主变压器本体油位告警	（1）信息释义：主变压器本体油位偏高或偏低时告警。 （2）原因分析： 1）变压器内部故障； 2）主变压器过负荷； 3）主变压器冷却器故障或异常； 4）变压器漏油造成油位低； 5）环境温度变化造成油位异常。 （3）造成后果：主变压器本体油位偏高可能造成油压过高，有导致主变压器本体压力释放阀动作的危险；主变压器本体油位偏低可能影响主变压器绝缘。 （4）处置原则：值班监控员通知运维单位，加强运行监控，做好相关操作准备。 （5）采取措施： 1）了解主变压器油位异常原因，了解现场处置的基本情况和处置原则。 2）根据处置方式制定相应的监控措施，及时掌握 $N-1$ 后设备运行情况

三、有载调压装置典型异常信号

有载调压装置典型异常信号见表5-3。

表5-3　　　　　　　　　　有载调压装置典型异常信号

序号	典型异常信号	主 要 包 括
1	××主变压器有载重瓦斯出口	（1）信息释义：反映主变压器有载调压装置内部故障。 （2）原因分析： 1）主变压器有载调压装置内部发生严重故障； 2）二次回路问题误动作； 3）有载调压储油柜内胶囊安装不良，造成呼吸器堵塞，油温发生变化后，呼吸器突然冲开，油流冲动造成继电器误动跳闸； 4）主变压器附近有较强烈的震动； 5）气体继电器误动。 （3）造成后果：造成主变压器跳闸。 （4）处置原则：值班监控员核实开关跳闸情况并上报调度，通知运维单位，加强运行监控，做好相关操作准备

序号	典型异常信号	主 要 包 括
2	××主变压器有载轻瓦斯告警	（1）信息释义：反映主变压器有载油温、油位升高或降低，气体继电器内有气体等。 （2）原因分析： 1）主变压器有载内部发生轻微故障； 2）因温度下降或漏油使油位下降； 3）因穿越性短路故障或地震引起； 4）储油柜空气不畅通； 5）直流回路绝缘破坏； 6）气体继电器本身有缺陷等； 7）二次回路误动作。 （3）造成后果：发有载轻瓦斯告警信号。 （4）处置原则：值班监控员上报调度，通知运维单位，加强运行监控，做好相关操作准备
3	××主变压器有载压力释放告警	（1）信息释义：主变压器有载压力释放阀门启动，当主变压器内部压力值超过设定值时，压力释放阀开始泄压，当压力恢复正常时压力释放阀自动恢复原状态。 （2）原因分析： 1）变压器有载内部故障； 2）呼吸系统堵塞； 3）变压器运行温度过高，内部压力升高； 4）变压器补充油时操作不当。 （3）造成后果：发主变压器有载释放告警信号，严重时可能引起压力释放阀喷油。 （4）处置原则：值班监控员上报调度，通知运维单位，加强运行监控，做好相关操作准备
4	××主变压器有载油位告警	（1）信息释义：主变压器有载调压储油柜油位异常。 （2）原因分析： 1）变压器内部故障； 2）主变压器过负荷； 3）主变压器冷却器故障或异常； 4）变压器漏油造成油位低； 5）环境温度变化造成油位异常。 （3）造成后果：主变压器有载调压储油柜油位偏高可能造成油压过高，有导致主变压器有载压力释放阀动作的危险；油位偏低可能影响主变压器绝缘。 （4）处置原则：值班监控员通知运维单位，加强运行监控，做好相关操作准备

第二节　高压开关类电气设备典型异常信号分析处理

一、SF$_6$断路器典型异常信号

SF$_6$断路器典型异常信号见表5-4。

表 5-4

序号	典型异常信号	主 要 包 括
1	××断路器SF₆气压低告警	（1）信息释义：监视断路器本体SF₆压力数值。由于SF₆压力降低，压力（密度）继电器动作。 （2）原因分析： 1）断路器有泄漏点，压力降低到告警值； 2）压力（密度）继电器损坏； 3）回路故障； 4）根据SF₆压力温度曲线，温度变化时，SF₆压力值变化。 （3）造成后果：如果SF₆压力继续降低，将造成断路器分合闸闭锁。 （4）处置原则：值班监控员通知运维单位，并根据相关运行规程处理。 （5）采取措施： 1）了解SF₆压力值； 2）了解现场处置的基本情况和处置原则； 3）根据处置方式制定相应的监控措施，及时掌握$N-1$后设备运行情况
2	××断路器SF₆气压低闭锁	（1）信息释义：断路器本体SF₆压力数值低于闭锁值，压力（密度）继电器动作。 （2）原因分析： 1）断路器有泄漏点，压力降低到闭锁值； 2）压力（密度）继电器损坏； 3）回路故障； 4）根据SF₆压力温度曲线，温度变化时，SF₆压力值变化。 （3）造成后果：如果断路器分合闸闭锁，此时与本断路器有关的设备故障，则断路器拒动，断路器失灵保护出口，扩大事故范围。造成断路器内部故障。 （4）处置原则：值班监控员上报调度，通知运维单位，加强运行监控，做好相关操作准备。 （5）采取的措施： 1）了解SF₆压力值； 2）了解现场处置的基本情况和处置原则； 3）根据处置方式制定相应的监控措施，及时掌握$N-1$后设备运行情况

二、液压机构断路器典型异常信号

液压机构断路器典型异常信号见表 5-5。

表 5-5   液压机构断路器典型异常信号

序号	典型异常信号	主 要 包 括
1	××断路器油压低分合闸总闭锁	（1）信息释义：监视断路器操动机构油压值，反映断路器操动机构情况。由于操动机构油压降低，压力继电器动作，正常应伴有控制回路断线信号。 （2）原因分析： 1）断路器操动机构油压回路有泄漏点，油压降低到分闸闭锁值； 2）压力继电器损坏； 3）回路故障； 4）根据油压温度曲线，温度变化时，油压值变化。 （3）造成后果：如果当时与本断路器有关的设备故障，则断路器拒动无法分合闸，后备保护动作，扩大事故范围。 （4）处置原则：值班监控员上报调度，通知运维单位，加强运行监控，做好相关操作准备。 （5）采取的措施： 1）了解机构压力值； 2）了解现场处置的基本情况和处置原则； 3）根据处置方式制定相应的监控措施，及时掌握$N-1$后设备运行情况

序号	典型异常信号	主 要 包 括
2	××断路器油压低合闸闭锁	（1）信息释义：监视断路器操动机构油压值，反映断路器操动机构情况。由于操动机构油压降低，压力继电器动作。 （2）原因分析： 1）断路器操动机构油压回路有泄漏点，油压降低到合闸闭锁值； 2）压力继电器损坏； 3）回路故障； 4）根据油压温度曲线，温度变化时，油压值变化。 （3）造成后果：造成断路器无法合闸。 （4）处置原则：值班监控员上报调度，通知运维单位，加强运行监控，做好相关操作准备。 （5）采取措施： 1）了解操动机构压力值； 2）了解现场处置的基本情况和处置原则
3	××断路器油压低重合闸闭锁	（1）信息释义：监视断路器操动机构油压值，反映断路器操动机构情况。由于操动机构油压降低，压力继电器动作。 （2）原因分析： 1）断路器操动机构油压回路有泄漏点，油压降低到重合闸闭锁值； 2）压力继电器损坏； 3）回路故障； 4）根据油压温度曲线，温度变化时，油压值变化。 （3）造成后果：造成故障时断路器无法重合闸。 （4）处置原则：值班监控员上报调度，通知运维单位，加强运行监控，做好相关操作准备。 （5）采取的措施： 1）了解操动机构压力值；了解现场处置的基本情况和处置原则。 2）根据处置方式制定相应的监控措施，及时掌握 $N-1$ 后设备运行情况
4	××断路器油压低告警	（1）信息释义：断路器操动机构油压值低于告警值，压力继电器动作。 （2）原因分析： 1）断路器操动机构油压回路有泄漏点，油压降低到告警值； 2）压力继电器损坏； 3）回路故障； 4）根据油压温度曲线，温度变化时，油压值变化。 （3）造成后果：如果压力继续降低，可能造成断路器重合闸闭锁、合闸闭锁、分闸闭锁。 （4）处置原则：值班监控员通知运维单位，加强运行监控，做好相关操作准备。 （5）采取措施： 1）了解操作机构压力值；了解现场处置的基本情况和处置原则。 2）根据处置方式制定相应的监控措施，及时掌握 $N-1$ 后设备运行情况
5	××断路器N2泄漏告警	（1）信息释义：断路器操动机构 N2 压力值低于告警值，压力继电器动作。 （2）原因分析： 1）断路器操动机构 N2 油压回路有泄漏点，N2 压力降低到告警值； 2）压力继电器损坏； 3）回路故障； 4）根据 N2 压力温度曲线，温度变化时，N2 压力值变化。 （3）造成后果：如果压力继续降低，可能造成断路器重合闸闭锁、合闸闭锁、分闸闭锁。 （4）处置原则：值班监控员通知运维单位，加强运行监控，做好相关操作准备。 （5）采取措施： 1）了解 N2 压力值；了解现场处置的基本情况和处置原则。 2）根据处置方式制定相应的监控措施，及时掌握 $N-1$ 后设备运行情况

序号	典型异常信号	主 要 包 括
6	××断路器 N2 泄漏闭锁	（1）信息释义：断路器操动机构 N2 压力值低于闭锁值，压力继电器动作。 （2）原因分析： 1）断路器操动机构 N2 油压回路有泄漏点，N2 压力降低到闭锁值； 2）压力继电器损坏； 3）回路故障； 4）根据 N2 压力温度曲线，温度变化时，N2 压力值变化。 （3）造成后果：造成断路器分闸闭锁，如果当时与本断路器有关的设备故障，则断路器拒动，断路器失灵保护动作，扩大事故范围。 （4）处置原则：值班监控员上报调度，通知运维单位，加强运行监控，做好相关操作准备。 （5）采取的措施： 1）了解 N2 压力值；了解现场处置的基本情况和处置原则。 2）根据处置方式制定相应的监控措施，及时掌握 $N-1$ 后设备运行情况

三、气动机构断路器典型异常信号

气动机构断路器典型异常信号见表 5-6。

表 5-6　　　　　　　　　　气动机构断路器典型异常信号

序号	典型异常信号	主 要 包 括
1	××断路器气压低分合闸总闭锁	（1）信息释义：断路器气动机构压力数值低于闭锁值，压力继电器动作。 （2）原因分析： 1）气动回路有泄漏点，压力降低到闭锁值； 2）压力继电器损坏； 3）回路故障； 4）根据温度变化时，气动机构压力值变化。 （3）造成后果：造成断路器分闸闭锁，如果当时与本断路器有关的设备故障，则断路器拒动，断路器失灵保护动作，扩大事故范围。 （4）处置原则：值班监控员上报调度，通知运维单位，加强运行监控，做好相关操作准备。 （5）采取措施： 1）了解气动机构压力值；了解现场处置的基本情况和处置原则。 2）根据处置方式制定相应的监控措施，及时掌握 $N-1$ 后设备运行情况
2	××断路器气压低合闸闭锁	（1）信息释义：断路器气动机构压力数值低于闭锁值，压力继电器动作，闭锁断路器合闸回路。 （2）原因分析： 1）断路器有泄漏点，压力降低到闭锁值； 2）压力继电器损坏； 3）回路故障； 4）根据温度变化时，气动机构压力值变化。 （3）造成后果：造成断路器合闸闭锁，如果当时与本断路器有关的设备故障，则断路器只能分开，不能合闸。 （4）处置原则：值班监控员上报调度，通知运维单位，加强运行监控，做好相关操作准备。 （5）采取的措施： 1）了解气动机构压力值；了解现场处置的基本情况和处置原则。 2）根据处置方式制定相应的监控措施，及时掌握 $N-1$ 后设备运行情况

序号	典型异常信号	主 要 包 括
3	××断路器气压低重合闸闭锁	（1）信息释义：断路器本体气动机构压力数值，压力继电器动作。 （2）原因分析： 1）断路器有泄漏点，压力降低到闭锁值； 2）压力继电器损坏； 3）回路故障； 4）根据温度变化时，气动机构压力值变化。 （3）造成后果：造成断路器重合闸回路闭锁，如果当时与本断路器有关的设备故障，则断路器动作，断路器重合闸保护拒动，断路器直接三跳，扩大事故范围。 （4）处置原则：值班监控员上报调度，通知运维单位，加强运行监控，做好相关操作准备。 （5）采取的措施： 1）了解气动机构压力值；了解现场处置的基本情况和处置原则。 2）根据处置方式制定相应的监控措施，及时掌握 $N-1$ 后设备运行情况
4	××断路器气压低告警	（1）信息释义：断路器本体气动机构数值，压力继电器动作，发告警信号。 （2）原因分析： 1）断路器有泄漏点，压力降低至告警值； 2）压力继电器损坏； 3）回路故障； 4）根据温度变化时，气动机构压力值变化。 （3）造成后果：如果断路器气动机构压力继续降低，就有可能闭锁合闸，再低就会闭锁分闸回路，如果此时线路发生问题又可能造成断路器拒动，扩大停电范围。 （4）处置原则：值班监控员上报调度，通知运维单位，加强运行监控，做好相关操作准备。 （5）采取措施： 1）了解气动机构压力值；了解现场处置的基本情况和处置原则。 2）根据处置方式制定相应的监控措施，及时掌握 $N-1$ 后设备运行情况

四、弹簧机构断路器典型异常信号

弹簧机构断路器典型异常信号见表5-7。

表5-7 弹簧机构断路器典型异常信号

序号	典型异常信号	主 要 包 括
1	××断路器弹簧未储能	（1）信息释义：断路器弹簧未储能，造成断路器不能合闸。 （2）原因分析： 1）断路器储能电机损坏； 2）储能电机继电器损坏； 3）电机电源消失或控制回路故障； 4）断路器机械故障。 （3）造成后果：造成断路器不能合闸。 （4）处置原则：值班监控员通知运维单位，加强运行监控，做好相关操作准备，采取相应的措施

五、断路器通用典型异常信号

断路器通用典型异常信号见表 5-8。

表 5-8 断路器通用典型异常信号

序号	典型异常信号	主 要 包 括
1	××断路器本体三相不一致出口	（1）信息释义：反映断路器三相位置不一致性，断路器三相跳开。 正电　A相动合辅助触点　A相动断辅助触点　47 TX　负电 B相动合辅助触点　B相动断辅助触点 C相动合辅助触点　C相动断辅助触点　三相不一致信号 （2）原因分析： 1）断路器三相不一致，断路器一相或两相跳开； 2）断路器位置继电器触点不好。 （3）造成后果：断路器跳闸。 （4）处置原则：值班监控员核实断路器跳闸情况并上报调度，通知运维单位，加强运行监控，做好相关操作准备
2	××断路器加热器故障	（1）信息释义：断路器加热器故障。 （2）原因分析： 1）断路器加热电源跳闸； 2）电源辅助触点接触不良。 （3）造成后果：断路器加热器不热，容易形成凝露等异常，可能会造成二次回路短路或接地，甚至造成断路器拒动或误动。 （4）处置原则：值班监控员通知运维单位检查处理
3	××断路器储能电机故障	（1）信息释义：断路器储能电机发生故障。 （2）原因分析： 1）断路器储能电机损坏； 2）电机电源回路故障； 3）电机控制回路故障。 （3）造成后果：操动机构无法储能，造成压力降低闭锁断路器操作。 （4）处置原则：值班监控员通知运维单位。 （5）采取措施： 1）了解现场处置的基本情况和处置原则。 2）加强断路器操动机构压力相关信号监视
4	××断路器第一（二）组控制回路断线	（1）信息释义：控制电源消失或控制回路故障，造成断路器分合闸操作闭锁。 （2）原因分析： 1）二次回路接线松动； 2）控制熔断器熔断或自动空气开关跳闸； 3）断路器辅助触点接触不良，合闸或分闸位置继电器故障； 4）分合闸线圈损坏； 5）断路器机构"远方/就地"切换开关损坏； 6）弹簧机构未储能或断路器机构压力降至闭锁值、SF$_6$气体压力降至闭锁值。 （3）造成后果：不能进行分合闸操作及影响保护跳闸。 （4）处置原则：值班监控员通知运维单位。 （5）采取措施： 1）了解断路器控制回路情况；了解现场处置的基本情况和处置原则，根据检查情况上报调度。 2）根据处置方式制定相应的监控措施，及时掌握 $N-1$ 后设备运行情况

序号	典型异常信号	主 要 包 括
5	××断路器第一（二）组控制电源消失	（1）信息释义：控制电源小开关跳闸或控制直流消失。 （2）原因分析： 1）控制回路电源开关跳开； 2）控制回路上级电源消失； 3）信号继电器误发信号。 （3）造成后果：不能进行分合闸操作及影响保护跳闸。 （4）处置原则：值班监控员通知运维单位。 （5）采取措施： 1）了解断路器控制回路情况；了解现场处置的基本情况和处置原则，根据检查情况上报调度。 2）根据处置方式制定相应的监控措施，及时掌握 $N-1$ 后设备运行情况

第三节　GIS（HGIS）设备典型异常信号分析处理

GIS（HGIS）设备典型异常信号见表 5-9。

表 5-9 GIS（HGIS）设备典型异常信号

序号	典型异常信号	主 要 包 括
1	××气室 SF_6 气压低告警（指隔离开关、母线 TV、避雷器等气室）	（1）信息释义：××气室 SF_6 压力低于告警值，密度继电器动作发告警信号。 （2）原因分析： 1）气室有泄漏点，压力降低到告警值； 2）密度继电器失灵； 3）回路故障； 4）根据 SF_6 压力温度曲线，温度变化时，SF_6 压力值变化。 （3）造成后果：气室绝缘降低，影响正常倒闸操作。 （4）处置原则：值班监控员上报调度，通知运维单位。 （5）采取措施： 1）了解 SF_6 压力值；了解现场处置的基本情况和处置原则。根据处置方式制定相应的监控措施。 2）加强相关信号监视
2	××断路器汇控柜交流电源消失	（1）信息释义：××断路器汇控柜中各交流回路电源有消失情况。 （2）原因分析： 1）汇控柜中任一交流电源小空气开关跳闸，或几个交流电源小空气开关跳闸； 2）汇控柜中任一交流回路有故障，或几个交流回路有故障。 （3）造成后果：无法进行相关操作。 （4）处置原则：值班监控员上报调度，通知运维单位。 （5）采取的措施： 1）了解 SF_6 压力值；了解现场处置的基本情况和处置原则。根据处置方式制定相应的监控措施。 2）加强相关信号监视

序号	典型异常信号	主 要 包 括
3	××断路器汇控柜直流电源消失	(1) 信息释义：××断路器汇控柜中各直流回路电源有消失情况。 (2) 原因分析： 1) 汇控柜中任一直流电源小空气开关跳闸，或几个直流电源小空气开关跳闸； 2) 汇控柜中任一直流回路有故障，或几个直流回路有故障。 (3) 造成后果：无法进行相关操作或信号无法上送。 (4) 处置原则：值班监控员上报调度，通知运维单位。 (5) 采取措施： 1) 了解 SF$_6$ 压力值；了解现场处置的基本情况和处置原则。根据处置方式制定相应的监控措施。 2) 加强相关信号监视

第四节 隔离开关典型异常信号分析处理

隔离开关典型异常信号见表 5–10。

表 5–10   隔离开关典型异常信号

序号	典型异常信号	主 要 包 括
1	××隔离开关电机电源消失	(1) 信息释义：隔离开关电机电源消失。 (2) 原因分析： 1) 隔离开关电机电源自动空气开关跳开； 2) 回路故障，造成热耦继电器动作。 (3) 造成后果：造成隔离开关无法分合闸。 (4) 处置原则：值班监控员通知运维单位，加强运行监控，未处理前，不得进行遥控操作。 (5) 采取的措施：如果需要紧急操作，可由现场值班员在现场进行操作
2	××隔离开关电机故障	(1) 信息释义：反映隔离开关电机及电机控制回路的故障。 (2) 原因分析： 1) 回路或电机故障，造成热耦继电器动作； 2) 信号继电器误发信号。 (3) 造成后果：造成隔离开关无法分合闸。 (4) 处置原则：值班监控员通知运维单位，加强运行监控，未处理前，不得进行遥控操作。 (5) 采取措施：如果需要紧急操作，可由现场值班员在现场进行操作
3	××隔离开关加热器故障	(1) 信息释义：反映隔离开关加热器故障。 (2) 原因分析： 1) 隔离开关加热电源跳闸； 2) 电源辅助触点接触不良。 (3) 造成后果：隔离开关加热器不热，容易形成凝露等异常。 (4) 处置原则：值班监控员通知运维单位检查处理

第五节　互感器典型异常信号分析处理

互感器典型异常信号见表 5-11。

表 5-11　　　　　　　　　　　　互感器典型异常信号

序号	典型异常信号	主　要　包　括
1	××电流互感器 SF₆ 压力低告警	(1) 信息释义：电流互感器 SF_6 压力值低于告警值，压力继电器动作。 (2) 原因分析： 1) 有泄漏点，压力降低到告警值； 2) 压力继电器损坏； 3) 回路故障； 4) 根据 SF_6 压力温度曲线，温度变化时，SF_6 压力值变化。 (3) 造成后果：如果 SF_6 压力进一步降低，有可能造成电流互感器绝缘击穿。 (4) 处置原则：值班监控员上报调度，通知运维单位，加强运行监控，做好相关操作准备。 (5) 采取措施： 1) 了解 SF_6 压力值；了解现场处置的基本情况和处置原则。 2) 根据处置方式制定相应的监控措施，及时掌握 $N–1$ 后设备运行情况
2	××TV 保护二次电压自动空气开关跳开	(1) 信息释义：TV 二次小开关跳闸。 (2) 原因分析： 1) 自动空气开关老化跳闸； 2) 自动空气开关负载有短路等情况； 3) 误跳闸。 (3) 造成后果：保护拒动或误动。 (4) 处置原则：值班监控员通知运维单位，查看现场情况。 (5) 采取措施： 1) 了解自动空气开关跳闸原因。 2) 询问哪些保护装置需要退出或进行相应的 TV 失压处理

第六节　高压电抗器典型异常信号分析处理

高压电抗器典型异常信号见表 5-12。

表 5-12　　　　　　　　　　　　高压电抗器典型异常信号

序号	典型异常信号	主　要　包　括
1	××高压电抗器本体重瓦斯出口	(1) 信息释义：反映高压电抗器本体内部故障。 (2) 原因分析： 1) 高压电抗器内部发生严重故障； 2) 二次回路问题误动作； 3) 储油柜内胶囊安装不良，造成呼吸器堵塞，油温发生变化后，呼吸器突然冲开，油流冲动造成继电器误动跳闸； 4) 高压电抗器附近有较强烈的震动； 5) 气体继电器误动。 (3) 造成后果：造成线路停运。 (4) 处置原则：值班监控员上报调度，通知运维单位，加强运行监控，做好相关操作准备。 (5) 采取措施： 1) 了解高压电抗器重瓦斯动作原因。 2) 了解现场处置的基本情况和处置原则。 3) 根据处置方式制定相应的监控措施

序号	典型异常信号	主 要 包 括
2	××高压电抗器本体轻瓦斯告警	（1）信息释义：反映高压电抗器油温、油位升高或降低，气体继电器内有气体等。 （2）原因分析： 1）高压电抗器内部发生轻微故障； 2）因温度下降或漏油使油位下降； 3）因穿越性短路故障或地震引起； 4）储油柜空气不畅通； 5）直流回路绝缘破坏； 6）气体继电器本身有缺陷等； 7）二次回路误动作。 （3）造成后果：发轻瓦斯告警信号。 （4）处置原则：值班监控员上报调度，通知运维单位，加强运行监控，做好相关操作准备。 （5）采取措施： 1）了解高压电抗器轻瓦斯告警原因； 2）了解现场处置的基本情况和处置原则。 3）根据处置方式制定相应的监控措施
3	××高压电抗器本体压力释放告警	（1）信息释义：高压电抗器本体压力释放阀门启动，当高压电抗器内部压力值超过设定值时，压力释放阀开始泄压，当压力恢复正常时压力释放阀自动恢复原状态。 （2）原因分析： 1）高压电抗器内部故障； 2）呼吸系统堵塞； 3）高压电抗器运行温度过高，内部压力升高； 4）高压电抗器补充油时操作不当。 （3）造成后果：发高压电抗器本体压力释放动作信号，高压电抗器本体压力释放动作。 （4）处置原则：值班监控员上报调度，通知运维单位，加强运行监控，做好相关操作准备。 （5）采取措施： 1）了解高压电抗器压力释放动作原因。 2）了解现场处置的基本情况和处置原则。 3）根据处置方式制定相应的监控措施
4	××高压电抗器本体油温高告警2	（1）信息释义：高压电抗器本体油温高时发跳闸信号但不作用于跳闸。 （2）原因分析： 1）高压电抗器内部故障； 2）高压电抗器冷却器故障或异常。 （3）造成后果：高压电抗器本体油温高发跳闸信号。 （4）处置原则：值班监控员上报调度，通知运维单位，加强运行监控，做好相关操作准备。 （5）采取措施： 1）了解高压电抗器油温高原因；监视高压电抗器油温值。 2）了解现场处置的基本情况和处置原则。 3）根据处置方式制定相应的监控措施
5	××高压电抗器本体油温高告警1	（1）信息释义：高压电抗器本体油温高于告警限值。 （2）原因分析： 1）高压电抗器内部故障； 2）高压电抗器冷却器故障或异常。 （3）造成后果：造成高压电抗器本体温度较高，威胁高压电抗器安全运行。 （4）处置原则：值班监控员上报调度，通知运维单位，加强运行监控，做好相关操作准备。 （5）采取措施： 1）了解高压电抗器油温高原因；监视高压电抗器油温值。 2）了解现场处置的基本情况和处置原则。 3）根据处置方式制定相应的监控措施

序号	典型异常信号	主 要 包 括
6	××高压电抗器本体油位告警	（1）信息释义：高压电抗器储油柜油位异常时告警。 （2）原因分析： 1）高压电抗器内部故障； 2）高压电抗器冷却器故障或异常； 3）高压电抗器漏油造成油位低； 4）环境温度变化造成油位异常。 （3）造成后果：影响高压电抗器正常运行。 （4）处置原则：值班监控员上报调度，通知运维单位，加强运行监控，做好相关操作准备。 （5）采取措施： 1）了解高压电抗器油位高原因。 2）了解现场处置的基本情况和处置原则。 3）根据处置方式制定相应的监控措施

第七节　低压无功补偿装置典型异常信号分析处理

低压无功补偿装置典型异常信号见表 5-13。

表 5-13　　　　　　　　低压无功补偿装置典型异常信号

序号	典型异常信号	主 要 包 括
1	××电容器/电抗器保护出口	（1）信息释义：保护动作，跳开相应电容器或电抗器。 （2）原因分析： 1）设备故障； 2）保护误动。 （3）造成后果：无功补偿装置无法投入。 （4）处置原则：值班监控员上报调度，通知运维单位，加强运行监控，做好相关操作准备
2	××电容器/电抗器保护装置异常	（1）信息释义：保护装置处于异常运行状态。 （2）原因分析： 1）保护装置本身故障； 2）保护装置电流、电压采样异常。 （3）造成后果：保护装置处于不可用状态；保护装置部分功能不可用。 （4）处置原则：值班监控员上报调度，通知运维单位，加强运行监控，做好相关操作准备
3	××电容器/电抗器保护装置故障	（1）信息释义：保护装置处于异常运行状态。 （2）原因分析： 1）保护装置本身故障； 2）保护装置电流、电压采样异常。 （3）造成后果：保护装置处于不可用状态；保护装置部分功能不可用。 （4）处置原则：值班监控员上报调度，通知运维单位，加强运行监控，做好相关操作准备

第八节 继电保护及自动装置异常信息分析处理

一、断路器保护

断路器保护典型异常信号见表 5-14。

表 5-14 断路器保护典型异常信号

序号	典型异常信号	主要包括
1	××断路器失灵保护出口	（1）信息释义：事故时断路器拒动，断路器失灵保护动作，跳相邻断路器、启动母差保护失灵、远跳线路对侧断路器。 （2）原因分析： 1）保护动作，一次断路器拒动； 2）死区故障； 3）失灵保护误动。 （3）造成后果：扩大事故停电范围。 （4）处置原则：监控值班员上报调度，通知运维单位，加强运行监控，做好相关操作准备。 （5）采取措施： 1）了解现场处置的基本情况和处置原则； 2）根据处置方式制定相应的监控措施，及时掌握设备运行情况
2	××断路器重合闸出口	（1）信息释义：带重合闸功能的线路发生故障跳闸后，断路器自动重合。 （2）原因分析： 1）线路故障后断路器跳闸； 2）断路器偷跳； 3）保护装置误发重合闸信号。 （3）造成后果：线路断路器重合。 （4）处置原则：监控值班员上报调度，通知运维单位，加强运行监控，做好相关操作准备。 （5）采取措施： 1）了解现场处置的基本情况和处置原则； 2）根据处置方式制定相应的监控措施，及时掌握设备运行情况
3	××断路器保护装置异常	（1）信息释义：装置自检、巡检发生错误，不闭锁保护，但部分保护功能可能会受到影响。 （2）原因分析： 1）TA 断线； 2）TV 断线； 3）内部通信出错； 4）CPU 检测到长期启动等。 （3）造成后果：断路器保护装置部分功能处于不可用状态。 （4）处置原则：监控值班员上报调度，通知运维单位，加强运行监控，做好相关操作准备。 （5）采取措施： 1）了解现场处置的基本情况和处置原则； 2）根据处置方式制定相应的监控措施，及时掌握设备运行情况
4	××断路器保护装置故障	（1）信息释义：装置自检、巡检发生严重错误，装置闭锁所有保护功能。 （2）原因分析： 1）断路器保护装置内存出错、定值区出错等硬件本身故障； 2）断路器保护装置失电。 （3）造成后果：断路器保护装置处于不可用状态。 （4）处置原则：监控值班员上报调度，通知运维单位，加强运行监控，做好相关操作准备。 （5）采取措施： 1）根据处置方式制定相应的监控措施； 2）及时掌握设备运行情况

二、主变压器保护

主变压器保护典型异常信号见表 5–15。

表 5–15 主变压器保护典型异常信号

序号	典型异常信号	主 要 包 括
1	××主变压器差动保护出口	（1）信息释义：差动保护动作，跳开主变压器三侧开关。 （2）原因分析： 1）变压器差动保护范围内的一次设备故障； 2）变压器内部故障； 3）电流互感器二次开路或短路； 4）保护误动。 （3）造成后果：主变压器三侧开关跳闸，可能造成其他运行变压器过负荷；如果自投不成功，可能造成负荷损失。 （4）处置原则：监控值班员核实开关跳闸情况并上报调度，通知运维单位，做好相关操作准备。 （5）采取相应的措施： 1）加强监视其他运行主变压器及相关线路的负荷情况； 2）检查站用电是否失电及自投情况
2	××主变压器××侧后备保护出口	（1）信息释义：后备保护动作，跳开相应的开关。 （2）原因分析： 1）变压器后备保护范围内的一次设备故障，相应设备主保护未动作； 2）保护误动。 （3）造成后果： 1）如果母联断路器分段跳闸，将造成母线分列； 2）如果主变压器三侧开关跳闸，可能造成其他运行变压器过负荷； 3）保护误动造成负荷损失； 4）相邻一次设备保护拒动造成故障范围扩大。 （4）处置原则：监控值班员核实开关跳闸情况并上报调度，通知运维单位，做好相关操作准备。 （5）采取措施： 1）加强监视其他运行主变压器及相关线路的负荷情况； 2）检查站用电是否失电及自投情况
3	××主变压器××侧过负荷出口	（1）信息释义：主变压器××侧电流高于过负荷动作定值。 （2）原因分析：变压器过载运行或事故过负荷。 （3）造成后果：主变压器跳三侧开关。 （4）处置原则：监控值班员核实开关跳闸情况并上报调度，通知运维单位，做好相关操作准备。 （5）采取措施： 1）加强监视其他运行主变压器及相关线路的负荷情况； 2）检查站用电是否失电及自投情况
4	××主变压器××侧过负荷告警	（1）信息释义：主变压器××侧电流高于过负荷告警定值。 （2）原因分析：变压器过载运行或事故过负荷。 （3）造成后果：主变压器发热甚至烧毁，加速绝缘老化，影响主变压器寿命。 （4）处置原则：监控值班员加强运行监控，通知运维单位，做好相关记录，加强主变负荷监视。 （5）采取措施： 1）了解主变压器过负荷原因，了解现场处置的基本情况和处置原则； 2）根据处置方式制定相应的监控措施，及时掌握 $N–1$ 后设备运行情况

序号	典型异常信号	主 要 包 括
5	××主变压器过励磁保护出口	（1）信息释义：过励磁保护动作，跳开主变压器三侧开关。 （2）原因分析： 1）系统频率过低； 2）变压器高压侧电压升高； 3）保护误动。 （3）造成后果： 1）主变压器三侧开关跳闸，可能造成其他运行变压器过负荷； 2）保护误动造成负荷损失。 （4）处置原则：监控值班员核实开关跳闸情况并上报调度，通知运维单位，做好相关操作准备。 （5）采取措施： 1）加强监视其他运行主变压器及相关线路的负荷情况； 2）检查站用电是否失电及自投情况
6	××主变压器保护装置告警	（1）信息释义：主变压器保护装置处于异常运行状态。 （2）原因分析： 1）TA 断线； 2）TV 断线； 3）内部通信出错； 4）CPU 检测到电流、电压采样异常； 5）装置长期启动。 （3）造成后果：主变压器保护装置部分功能不可用。 （4）处置原则：监控值班员上报调度，通知运维单位，加强运行监控。根据处置方式制定相应的监控措施，及时掌握设备运行情况
7	××主变压器保护装置故障	（1）信息释义：装置自检、巡检发生严重错误，装置闭锁所有保护功能。 （2）原因分析： 1）保护装置内存出错、定值区出错等硬件本身故障； 2）装置失电。 （3）造成后果：主变压器保护装置处于不可用状态。 （4）处置原则：监控值班员上报调度，通知运维单位，加强运行监控。根据处置方式制定相应的监控措施，及时掌握设备运行情况
8	××主变压器保护TV断线	（1）信息释义：主变压器保护装置检测到某一侧电压消失或三相不平衡。 （2）原因分析： 1）主变压器保护装置采样插件损坏； 2）TV 二次接线松动； 3）TV 二次侧自动空气开关跳开； 4）TV 一次异常。 （3）造成后果： 1）主变压器保护装置阻抗保护功能闭锁； 2）主变压器保护装置方向元件不可用。 （4）处置原则：监控值班员上报调度，通知运维单位，加强运行监控。根据处置方式制定相应的监控措施，及时掌握设备运行情况

序号	典型异常信号	主 要 包 括
9	××主变压器保护 TA 断线	（1）信息释义：主变压器保护装置检测到某一侧电流互感器二次回路开路或采样值异常等原因造成差动不平衡电流超过定值延时发 TA 断线信号。 （2）原因分析： 1）主变压器保护装置采样插件损坏； 2）TA 二次接线松动； 3）电流互感器损坏。 （3）造成后果： 1）主变压器保护装置差动保护功能闭锁； 2）主变压器保护装置过电流元件不可用； 3）可能造成保护误动作。 （4）处置原则：监控值班员上报调度，通知运维单位，加强运行监控。根据处置方式制定相应的监控措施，及时掌握设备运行情况

三、高压电抗器保护

高压电抗器保护典型异常信号见表 5–16。

表 5–16 高压电抗器保护典型异常信号

序号	典型异常信号	主 要 包 括
1	××高压电抗器主保护出口	（1）信息释义：高压电抗器保护动作，跳开相应开关。 （2）原因分析： 1）高压电抗器差动保护范围内的一次设备故障； 2）高压电抗器内部故障； 3）电流互感器二次开路或短路； 4）保护误动。 （3）造成后果：造成高压电抗器退出运行，线路失去补偿功能。 （4）处置原则：监控值班员上报调度，通知运维单位，加强运行监控，做好相关操作准备，采取相应的措施
2	××高压电抗器保护 TA 异常告警	（1）信息释义：高压电抗器保护装置 TA 采样不正常。 （2）原因分析： 1）高压电抗器保护装置采样插件损坏； 2）TA 二次接线松动； 3）一次电流互感器损坏。 （3）造成后果： 1）高压电抗器保护装置差动保护功能闭锁； 2）高压电抗器保护装置过电流元件不可用。 （4）处置原则：监控值班员上报调度，通知运维单位，加强运行监控，做好相关操作准备，采取相应的措施。

序号	典型异常信号	主 要 包 括
3	××高压电抗器保护TV异常告警	(1) 信息释义: 高压电抗器保护装置TV采样不正常。 (2) 原因分析: 1) 高压电抗器保护装置采样插件损坏; 2) TV二次接线松动。 (3) 造成后果: 1) 高压电抗器保护装置电压元件功能闭锁; 2) 高压电抗器保护装置方向元件不可用。 (4) 处置原则: 监控值班员上报调度,通知运维单位,加强运行监控,做好相关操作准备,采取相应的措施
4	××高压电抗器保护装置故障	(1) 信息释义: 高压电抗器保护装置处于异常运行状态。 (2) 原因分析: 1) 保护装置本身故障; 2) 保护装置电流、电压采样异常。 (3) 造成后果: 1) 保护装置处于不可用状态; 2) 保护装置部分功能不可用。 (4) 处置原则: 监控值班员上报调度,通知运维单位,加强运行监控,做好相关操作准备,采取相应的措施
5	××高压电抗器保护装置告警	(1) 信息释义: 高压电抗器保护装置处于异常运行状态。 (2) 原因分析: 1) 高压电抗器保护装置本身故障; 2) 高压电抗器保护装置电流、电压采样异常。 (3) 造成后果: 1) 高压电抗器保护装置处于不可用状态; 2) 高压电抗器保护装置部分功能不可用。 (4) 处置原则: 监控值班员上报调度,通知运维单位,加强运行监控,做好相关操作准备,采取相应的措施

四、线路保护

线路保护典型异常信号见表5-17。

表5-17　　　　　　　　　　　线路保护典型异常信号

序号	典型异常信号	主 要 包 括
1	××线路第一(二)套保护出口	(1) 信息释义: 线路保护动作,跳开对应开关。 (2) 原因分析: 1) 保护范围内的一次设备故障; 2) 保护误动。 (3) 造成后果: 线路本侧断路器跳闸。 (4) 处置原则: 监控值班员上报调度,通知运维单位,加强运行监控,做好相关操作准备,采取相应的措施

序号	典型异常信号	主 要 包 括
2	××线路第一（二）套保护远跳就地判别出口	（1）信息释义：收到远方跳闸令，就地判据满足后跳开本侧开关。 （2）原因分析： 1）对侧过电压、失灵或高压电抗器保护动作； 2）对侧母差保护动作； 3）保护误动。 （3）造成后果：本侧开关跳闸。 （4）处置原则：监控值班员上报调度，通知运维单位，加强运行监控，做好相关操作准备，采取相应的措施
3	××线路第一（二）套保护通道异常	（1）信息释义：保护通道通信中断，两侧保护无法交换信息。 （2）原因分析： 光纤通道： 1）保护装置内部元件故障； 2）尾纤连接松动或损坏、法兰头损坏； 3）光电转换装置故障； 4）通信设备故障或光纤通道问题。 高频通道： 1）收发信机故障； 2）结合滤波器、耦合电容器、阻波器、高频电缆等设备故障； 3）误合结合滤波器接地开关； 4）天气或湿度变化。 （3）造成后果： 1）差动保护或纵联距离（方向）保护无法动作； 2）高频保护可能误动或拒动。 （4）处置原则：监控值班员上报调度，通知运维单位，加强运行监控，做好相关操作准备，采取相应的措施
4	××线路第一（二）套保护远跳发信	（1）信息释义：保护向线路对侧保护发跳闸令，远跳线路对侧开关。 （2）原因分析： 1）过电压、失灵、高压电抗器保护动作，保护装置发远跳令； 2）220kV母差保护动作； 3）二次回路故障。 （3）造成后果：远跳对侧开关。 （4）处置原则：监控值班员上报调度，通知运维单位，加强运行监控，做好相关操作准备，采取相应的措施
5	××线路第一（二）套保护远跳收信	（1）信息释义：收线路对侧远跳信号。 （2）原因分析：对侧保护装置发远跳令。 （3）造成后果：根据控制字无条件跳本侧开关，或需本侧保护启动才跳本侧开关。 （4）处置原则：监控值班员上报调度，通知运维单位，加强运行监控，做好相关操作准备，采取相应的措施
6	××线路第一（二）套保护TA断线	（1）信息释义：线路保护装置检测到电流互感器二次回路开路或采样值异常等原因造成差动不平衡电流超过定值延时发TA断线信号。 （2）原因分析： 1）保护装置采样插件损坏； 2）TA二次接线松动； 3）电流互感器损坏。 （3）造成后果： 1）线路保护装置差动保护功能闭锁； 2）线路保护装置过流元件不可用； 3）可能造成保护误动作。 （4）处置原则：监控值班员上报调度，通知运维单位，加强运行监控，做好相关操作准备，采取相应的措施

序号	典型异常信号	主 要 包 括
7	××线路第一（二）套保护TV断线	（1）信息释义：线路保护装置检测到电压消失或三相不平衡。 （2）原因分析： 1）保护装置采样插件损坏； 2）TV二次接线松动； 3）TV二次侧自动空气开关跳开； 4）TV一次异常。 （3）造成后果： 1）保护装置距离保护功能闭锁； 2）保护装置方向元件不可用。 （4）处置原则：监控值班员上报调度，通知运维单位，加强运行监控，做好相关操作准备，采取相应的措施
8	××线路第一（二）套保护装置故障	（1）信息释义：装置自检、巡检发生严重错误，装置闭锁所有保护功能。 （2）原因分析： 1）保护装置内存出错、定值区出错等硬件本身故障； 2）装置失电。 （3）造成后果：保护装置处于不可用状态。 （4）处置原则：监控值班员上报调度，通知运维单位，加强运行监控，做好相关操作准备，采取相应的措施
9	××线路第一（二）套保护装置告警	（1）信息释义：保护装置处于异常运行状态。 （2）原因分析： 1）TA断线； 2）TV断线； 3）CPU检测到电流、电压采样异常； 4）内部通信出错； 5）装置长期启动； 6）保护装置插件或部分功能异常； 7）通道异常。 （3）造成后果：保护装置部分功能不可用。 （4）处置原则：监控值班员上报调度，通知运维单位，加强运行监控，做好相关操作准备，采取相应的措施

五、330/500kV 母差保护

330/500kV 母差保护典型异常信号见表 5–18。

表 5–18　　　　　　　　　　　330/500kV 母差保护典型异常信号

序号	典型异常信号	主 要 包 括
1	××母线第一（二）套母差保护出口	（1）信息释义：母差保护动作，跳开母线上所有开关。 （2）原因分析： 1）母线差动保护范围内的一次设备故障； 2）保护误动。 （3）造成后果：母线上所有开关跳闸。 （4）处置原则：监控值班员上报调度，通知运维单位，加强运行监控，做好相关操作准备，采取相应的措施

序号	典型异常信号	主 要 包 括
2	××母线第一（二）套母差保护TA断线	（1）告警信息释义：母线保护装置检测到某一支路电流互感器二次回路开路或采样值异常等原因造成差动不平衡电流超过定值延时发TA断线信号。 （2）原因分析： 1）保护装置采样插件损坏； 2）TA二次接线松动； 3）电流互感器损坏。 （3）造成后果：可能造成保护误动作。 （4）处置原则：监控值班员上报调度，通知运维单位，加强运行监控，做好相关操作准备，采取相应的措施
3	××母线第一（二）套母差保护装置异常	（1）信息释义：保护装置处于异常运行状态。 （2）原因分析： 1）保护装置本身故障； 2）保护装置电流、电压采样异常。 （3）造成后果： 1）保护装置处于不可用状态； 2）保护装置部分功能不可用。 （4）处置原则：监控值班员上报调度，通知运维单位，加强运行监控，做好相关操作准备，采取相应的措施
4	××母线第一（二）套母差保护装置故障	（1）信息释义：装置自检、巡检发生严重错误，装置闭锁所有保护功能。 （2）原因分析： 1）保护装置内存出错、定值区出错等硬件本身故障； 2）装置失电。 （3）造成后果：母差保护装置处于不可用状态。 （4）造成后果： 1）保护装置处于不可用状态； 2）保护装置部分功能不可用。 （5）处置原则：监控值班员上报调度，通知运维单位，加强运行监控，做好相关操作准备，采取相应的措施

六、220kV 母差保护

220kV 母差保护典型异常信号见表 5-19。

表 5-19　　　　　　　　　　　220kV 母差保护典型异常信号

序号	典型异常信号	主 要 包 括
1	××母线第一（二）套母差保护出口	（1）信息释义：母差保护动作，跳开母线上所有开关。 （2）原因分析： 1）母线差动保护范围内的一次设备故障； 2）保护误动。 （3）造成后果：母线上所有开关跳闸。 （4）处置原则：监控值班员上报调度，通知运维单位，加强运行监控，做好相关操作准备，采取相应的措施

序号	典型异常信号	主 要 包 括
2	××母线第一（二）套失灵保护出口	（1）信息释义：母差失灵保护动作，跳开母线上所有开关。 （2）原因分析： 1）220kV 线路或主变压器发生故障，相应断路器拒动； 2）保护误动。 （3）造成后果：母线上所有开关跳闸。 （4）处置原则：监控值班员上报调度，通知运维单位，加强运行监控，做好相关操作准备，采取相应的措施。 如造成主变压器 220kV 侧开关跳闸，应检查其他设备过负荷情况
3	××母线第一（二）套母差保护TA 断线告警	（1）信息释义：保护装置 TA 采样不正常。 （2）原因分析： 1）保护装置采样插件损坏； 2）TA 二次接线松动； 3）一次电流互感器损坏。 （3）造成后果： 1）保护装置差动保护功能闭锁； 2）保护装置误动作。 （4）处置原则：监控值班员上报调度，通知运维单位，加强运行监控，做好相关操作准备，采取相应的措施
4	××母线第一（二）套母差保护TV 断线告警	（1）信息释义：保护装置 TV 采样不正常。 （2）原因分析： 1）保护装置采样插件损坏； 2）TV 二次接线松动。 （3）造成后果：保护装置复压元件开放，可能造成差动保护误动作。 （4）处置原则：监控值班员上报调度，通知运维单位，加强运行监控，做好相关操作准备，采取相应的措施
5	××母线第一（二）套母差保护装置异常	（1）信息释义：保护装置处于异常运行状态。 （2）原因分析： 1）保护装置本身故障； 2）保护装置电流、电压采样异常。 （3）造成后果： 1）保护装置处于不可用状态； 2）保护装置部分功能不可用。 （4）处置原则：监控值班员上报调度，通知运维单位，加强运行监控，做好相关操作准备，采取相应的措施
6	××母线第一（二）套母差保护装置故障	（1）信息释义：保护装置处于异常运行状态。 （2）原因分析： 1）保护装置本身故障； 2）保护装置电流、电压采样异常。 （3）造成后果： 1）保护装置处于不可用状态； 2）保护装置部分功能不可用。 （4）处置原则：监控值班员上报调度，通知运维单位，加强运行监控，做好相关操作准备，采取相应的措施

七、电容器、电抗器保护

电容器、电抗器保护典型异常信号见表 5-20。

表 5-20　　　　　　　　　电容器、电抗器保护典型异常信号

序号	典型异常信号	主　要　包　括
1	××电容器/电抗器保护出口	（1）信息释义：保护动作，跳开相应电容器或电抗器。 （2）原因分析： 1）设备故障； 2）保护误动。 （3）造成后果：无功补偿装置无法投入。 （4）处置原则：监控值班员上报调度，通知运维单位，加强运行监控，做好相关操作准备，采取相应的措施
2	××电容器/电抗器保护装置异常	（1）信息释义：保护装置处于异常运行状态。 （2）原因分析： 1）保护装置本身故障； 2）保护装置电流、电压采样异常。 （3）造成后果： 1）保护装置处于不可用状态； 2）保护装置部分功能不可用。 （4）处置原则：监控值班员上报调度，通知运维单位，加强运行监控，做好相关操作准备，采取相应的措施
3	××电容器/电抗器保护装置故障	（1）信息释义：保护装置处于异常运行状态。 （2）原因分析： 1）保护装置本身故障； 2）保护装置电流、电压采样异常。 （3）造成后果： 1）保护装置处于不可用状态； 2）保护装置部分功能不可用。 （4）处置原则：监控值班员上报调度，通知运维单位，加强运行监控，做好相关操作准备，采取相应的措施

八、测控装置

测控装置典型异常信号见表 5-21。

表 5-21　　　　　　　　　测控装置典型异常信号

序号	典型异常信号	主　要　包　括
1	××测控装置异常	（1）信息释义：测控装置软硬件自检、巡检发生错误。 （2）原因分析： 1）装置内部通信出错； 2）装置自检、巡检异常； 3）装置内部电源异常； 4）装置内部元件、模块故障。 （3）造成后果：造成部分或全部遥信、遥测、遥控功能失效。 （4）处置原则：监控值班员通知运维单位，了解现场处置的基本情况和处置原则

序号	典型异常信号	主 要 包 括
2	××测控装置通信中断	（1）信息释义：测控装置网络中断，无法通信。 （2）原因分析： 1）装置内部电源异常； 2）装置内部程序走死导致死机； 3）装置网口损坏； 4）装置至交换机网线或接头损坏。 （3）造成后果：造成该测控单元所负责的遥信、遥测、遥控功能失效。 （4）处置原则：监控值班员通知运维单位并将无法监视间隔的监视权移交现场，了解现场处置的基本情况和处置原则

九、安全自动装置

安全自动装置典型异常信号见表5-22。

表 5-22　　　　　　　　　安全自动装置典型异常信号

序号	典型异常信号	主 要 包 括
1	××装置出口	（1）信息释义：安全自动装置动作，跳开对应开关。 （2）原因分析： 1）保护范围内的一次设备故障； 2）安全自动装置误动。 （3）造成后果：按照事先设定的动作逻辑依序跳开相应开关。 （4）处置原则：监控值班员上报调度，通知运维单位，加强运行监控，做好相关操作准备，采取相应的措施
2	××装置异常	（1）信息释义：安全自动装置处于异常运行状态。 （2）原因分析： 1）安全自动装置本身故障； 2）安全自动装置电流、电压采样异常。 （3）造成后果： 1）安全自动装置处于不可用状态； 2）安全自动装置部分功能不可用。 （4）处置原则：监控值班员上报调度，通知运维单位，加强运行监控，做好相关操作准备，采取相应的措施
3	××装置通道异常	（1）信息释义：安全自动装置通道通信中断，无法与有联系的其他装置交换信息。 （2）原因分析： 1）保护装置内部元件故障； 2）网线或通信接线连接松动或损坏； 3）通信设备故障或通道问题。 （3）造成后果：安全自动装置无法正常动作，可能误动或拒动。 （4）处置原则：监控值班员上报调度，通知运维单位，加强运行监控，做好相关操作准备，采取相应的措施

第九节 交、直流系统异常信息分析处理

一、直流系统

直流系统典型异常信号见表5-23。

表5-23   直流系统典型异常信号

序号	典型异常信号	主 要 包 括
1	直流接地	（1）信息释义：当直流系统发生接地故障或绝缘水平低于设定值时，由直流绝缘监测装置发出该信号。 （2）原因分析： 1）直流电源柜内直流母线或二次回路绝缘降低，直流母线直接接地； 2）在二次回路上工作时，造成直流馈线接地； 3）保护、自动装置元器件损坏，绝缘击穿； 4）端子箱、机构箱、隔离开关密封不严，造成端子排或接线柱受潮，绝缘降低； 5）绝缘监测装置或直流监控装置故障误发信号。 （3）造成后果：若再有一点直流接地可能造成直流系统短路使熔断器熔断，造成直流失电或使保护拒动或者误动。 （4）处置原则：监控值班员通知运维单位，加强运行监视
2	直流系统异常	（1）信息释义：直流系统设备及相关装置发生异常。 （2）原因分析： 1）直流充电装置异常； 2）直流绝缘监测装置异常； 3）交流电源及相关回路异常； 4）直流母线电压异常； 5）直流系统通信中断； 6）监控器故障。 （3）造成后果：可能影响直流系统及相关设备正常工作。 （4）处置原则：监控值班员通知运维单位，加强运行监视
3	直流系统故障	（1）信息释义：当充电机监控器、高频模块故障时视为直流系统故障。 （2）原因分析： 1）充电机故障； 2）充电机交流电源故障。 （3）造成后果：影响直流系统正常工作，需要调整直流系统运行方式。 （4）处置原则：监控值班员通知运维单位，加强运行监视，采取相应的措施： 1）与现场核对直流系统相关遥测值； 2）了解现场处置的基本情况和处置原则； 3）根据现场处理情况制定相应的监控措施

二、交流系统

交流系统典型异常信号见表5-24。

表 5–24   交流系统典型异常信号

序号	典型异常信号	主 要 包 括
1	站用电××母线失电	（1）信息释义：站用电母线失压。 （2）原因分析： 1）站用变压器故障跳闸； 2）站用变压器高压侧无电； 3）站用电母线总开关跳闸； 4）站用电电压二次回路异常。 （3）造成后果：造成站用电全部或部分消失。 （4）处置原则：监控值班员通知运维单位，采取相应的措施： 1）了解现场处置的基本情况和处置原则； 2）加强对相关信号如主变压器风冷等信息的监视
2	站用变压器备自投动作	（1）信息释义：自投装置保护动作。 （2）原因分析： 1）站用电一段母线总开关跳闸，母线失电，另一段母线电压有电； 2）站用变压器保护动作跳闸。 （3）造成后果：若自投成功，则失电母线恢复运行；若自投装置失灵，则会造成一段站用电母线失压。 （4）处置原则：监控值班员通知运维单位，加强运行监视
3	交流逆变电源异常	（1）信息释义：公用测控装置检测到 UPS 装置交流输入异常信号。 （2）原因分析： 1）UPS 装置电源插件故障； 2）UPS 装置交、直流输入回路故障； 3）UPS 装置交、直流输入电源熔断器熔断或上级电源开关跳开。 （3）造成后果：UPS 所带设备将由另一种电源（交、直）对其进行供电，可能导致不间断电源失电。 （4）处置原则：监控值班员通知运维单位
4	交流逆变电压故障	（1）信息释义：公用测控装置检测到 UPS 装置故障信号。 （2）原因分析：UPS 装置内部元件故障。 （3）造成后果：可能影响 UPS 所带设备进行不间断供电。 （4）处置原则：监控值班员通知运维单位

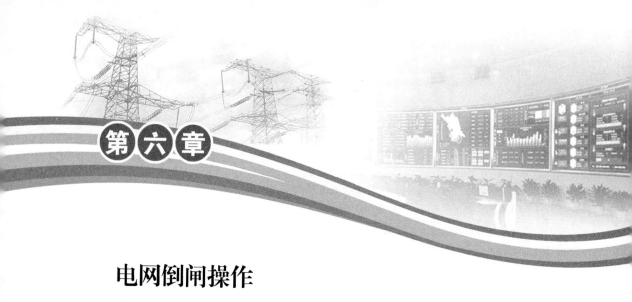

第六章

电网倒闸操作

第一节 倒闸操作基础知识

一、电气设备倒闸操作基本知识

1. 电气设备状态

电气设备包含四种状态，如图 6-1 所示，即运行状态、热备用状态、冷备用状态和检修状态。四种状态的定义见表 6-1。

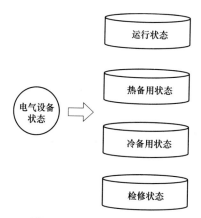

图 6-1　电气设备四种状态

表 6-1　电气设备状态

电气设备状态	定　义
电气设备运行状态	指电气设备的隔离开关和断路器都处于合闸接通位置，设备承受额定电压，并且电源至受电端之间的电路连通（包括辅助设备，如电压互感器、避雷器等），继电保护、自动装置及控制电源满足设备运行要求的状态

电气设备状态	定　　义
电气设备热备用状态	指设备仅靠断路器断开，而隔离开关都在闭合位置，即没有明显的断开点，该电气设备已具备运行条件，但该设备尚未带电；连接该设备的各侧均只有一个断开点，且继电保护、自动装置及控制电源满足设备运行要求的状态。即合上开关，设备处于运行状态
电气设备冷备用状态	指连接该设备的断路器、隔离开关（熔断器、负荷开关等）均处于断开位置，且连接该设备的各侧均无安全措施，该设备各侧均未带电压的状态
电气设备检修状态	指连接该设备的所有断路器、隔离开关均在断开位置，设备的各侧（含二次部分）均与带电设备隔离，且布置有必要的安全措施的状态（装设接地线或合上接地开关）

检修状态根据设备不同又可分为表 6-2 所示几种情况。

表 6-2　　　　　　　　　　　检 修 状 态 表

设备检修	检修状态含义
断路器检修	断路器及两侧隔离开关均在断开位置，断路器控制回路熔断器取下或断开自动空气开关，两侧装设接地线或合上接地开关，断路器连接到母差保护的电流互感器回路应拆开并短接
主变压器检修	变压器的各侧断路器及隔离开关均在断开位置，并在变压器各侧装设接地线或合上接地开关，断开变压器的相关辅助设备电源
母线检修	该母线上的所有断路器（包括母联、分段）及隔离开关均在断开位置，该母线上的电压互感器及避雷器改为冷备用状态或检修状态，并在该母线上装设接地线或合上接地开关

2. 倒闸操作的概念

将电气设备由一种状态转变到另一种状态所进行的一系列操作总称为电气设备倒闸操作。

3. 倒闸操作的基本类型

倒闸操作的基本类型包括：① 正常计划停电检修和试验的操作；② 调整负荷及改变运行方式的操作；③ 异常及事故处理的操作；④ 设备投运的操作。

4. 变电站倒闸操作的基本内容

变电站倒闸操作的基本内容包括：① 线路的停、送电操作；② 变压器的停、送电操作；③ 倒母线及母线停送电操作；④ 电网的并列与解列操作；⑤ 变压器的调压操作；⑥ 站用电源的切换操作；⑦ 继电保护及自动装置的投、退操作，改变继电保护及自动装置定值的操作；⑧ 其他特殊操作。

5. 倒闸操作任务

倒闸操作任务是指由电网值班调度员下达的将一个电气设备单元由一种状态连续地转变为另一种状态的特定的操作内容。电气设备单元由一种状态转变为另一种状态有时只需一个操作任务就可以完成，有时却需要经过多个操作任务才能完成。

6. 调度指令

调度指令是电网值班调度员向变电站值班人员下达倒闸操作任务的形式。调度指令如图 6-2 所示，分为逐项指令、综合指令和口头指令三种形式。调度指令含义与实例见表 6-3。

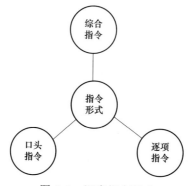

图 6-2　调度指令形式

表 6-3　　　　　　　　　　　　调度指令含义与实例

调度指令形式	指 令 含 义	实 例
逐项指令	值班调度员下达的涉及两个及以上变电站共同完成的操作。值班调度员按操作任务分别对不同单位逐项下达操作指令，接受指令单位应严格按照指令的顺序逐个进行操作	操作任务：3055 禹信 I 线运行转热备用 操作指令： 第一步，令韩城二厂：断开 3055 禹信 I 线 3340、3341 开关。 第二步，令信义变电站：断开 3055 信禹 I 线 3360、3362 开关
综合指令	值班调度员下达的只涉及一个变电站的调度指令。该指令具体的操作步骤及安全措施，均由受令单位运行值班员按现场规程自行拟定	操作任务：官亭变电站 750kV #1B 运行转检修。 操作指令： 令官亭变：官亭变电站 750kV #1B 运行转检修
口头指令	值班调度员口头下达的调度指令包括变电站的继电保护和自动装置的投、退等。在事故处理的情况下，为加快事故处理的速度，也可以下达口头指令	操作任务：光辉变电站 330kV II 母母线差动保护 RCS915 保护退出运行。 操作指令：调度口令，光辉变 330kV II 母母线差动保护 RCS915 保护退出运行

二、倒闸操作的基本原则及一般规定

1. 停送电操作原则

停送电操作原则包括：

（1）基本原则。严禁带负荷拉、合隔离开关，严禁带电合接地开关或带电装设接地线。

（2）停电操作原则。先断开断路器，然后拉开负荷侧隔离开关，最后拉开电源侧隔离开关。

（3）送电操作原则。先合上电源侧隔离开关，然后合上负荷侧隔离开关，最后合上断路器。

2. 倒闸操作一般规定

为了保证倒闸操作的安全顺利进行，倒闸操作技术管理规定如下：

（1）正常倒闸操作必须根据值班调度员的指令进行。

（2）正常倒闸操作必须填写操作票。

（3）倒闸操作必须两人进行。

（4）正常倒闸操作尽量避免在下列情况下进行：

1）变电站交接班时间内；

2）负荷处于高峰时段；

3）系统稳定性薄弱期间；

4）雷雨、大风等天气；

5）系统发生事故时；

6）有特殊供电要求时。

（5）电气设备操作后必须检查确认实际位置。

（6）设备送电前必须检查其有关保护装置已投入。

（7）事故处理时可不用操作票。

3. 不经调度许可能自行操作，操作后须汇报调度的内容

下列情况下，变电站值班人员可不经调度许可能自行操作，操作后须汇报调度：

（1）将直接对人员生命有威胁的设备停电。

（2）确定在无来电可能的情况下，将已损坏的设备停电。

（3）确认母线失电，拉开连接在失电母线上的所有断路器。

4. 操作中具体处理规定

操作中发现疑问时，应立即停止操作，并汇报调度，查明问题后再进行操作。操作中具体处理规定如下：

（1）操作中发现闭锁装置失灵时，不得擅自解锁。应按现场有关规定履行解锁操作程序进行解锁操作。

（2）操作中出现影响操作安全的设备缺陷，应立即汇报值班调度员，并初步检查缺陷情况，由调度决定是否停止操作。

（3）操作中发现系统异常，应立即汇报值班调度员，得到值班调度员同意后，才能继续操作。

（4）操作中发现操作票有错误，应立即停止操作，将操作票改正后才能继续操作。

（5）操作中发生误操作事故，应立即汇报调度，采取有效措施，将事故控制在最小范围内，严禁隐瞒事故。

5. 倒闸操作的程序

倒闸操作的程序如下：

（1）倒闸操作的程序总体上是一个设备状态转换的程序，也就是一个倒闸操作任务完成的主要过程。

（2）电气设备状态转换的程序：

1）设备停电检修。运行—热备用—冷备用—检修。

2）设备检修后投入运行。检修—冷备用—热备用—运行。

第二节　调控一体化模式下电网倒闸操作流程

纳入调度中心监控的变电站设备计划停送电倒闸操作流程如下：

（1）调度中心当值调度员根据已批复的设备检修通知单，与监控员对票，监控员通知相关运维人员提前到现场待命。

（2）调度中心当值调度员在正式操作前将预发操作票下达至监控员，监控员将预发操作票转发至所监控变电站运维人员，运维人员在接到预发操作票后完成现场操作的拟票审核工作。

（3）正式操作时，当值调度员直接发令至变电站现场，运维人员确认现场一、二次设备具备操作条件，依令操作完成后向当值调度员汇报操作完毕。

（4）现场运维人员在操作前后须与监控员核对设备状态。对于连续多项操作任务的倒闸操作，现场运维人员可在执行调度中心操作指令前和全部操作结束后与监控员核对设备状态。

（5）操作完毕后，调度中心根据检修单，将其中调度中心站内直调设备检修工作许可变电站现场开工，将其中调度中心直调线路检修工作许可开工。工作完工后，对于调度中心直调变电站站内设备检修工作由变电站现场负责向调度中心汇报工作完毕，对于调度中心直调线路检修工作由相关下级调度机构调度员负责向调度中心汇报工作完毕。

（6）必要情况下，调度中心可发令监控员对其所监控变电站站内调度中心调管开关进行运行与热备用状态转换的遥控操作，监控员执行遥控操作前需确认现场一、二次设备具备操作条件，操作不会发生人身或设备安全问题。

调控一体化正常计划检修（停送电）操作流程如图6-3所示。

第三节　电网倒闸操作职责分工

一、电网调度员职责

电网倒闸操作应根据调度管辖范围的划分，实行"统一调度、分级管理"。设备的操作，包括电气设备、机组、锅炉、继电保护、安全自动装置、远动设备等，按照当值调度员的指令进行，值班调度员对其调度管辖范围内的设备行使操作指挥权，并按照规定下达调度指令，并对调度指令的正确性负责，电网监控员和现场值班员对执行调度指令的正确性负责。

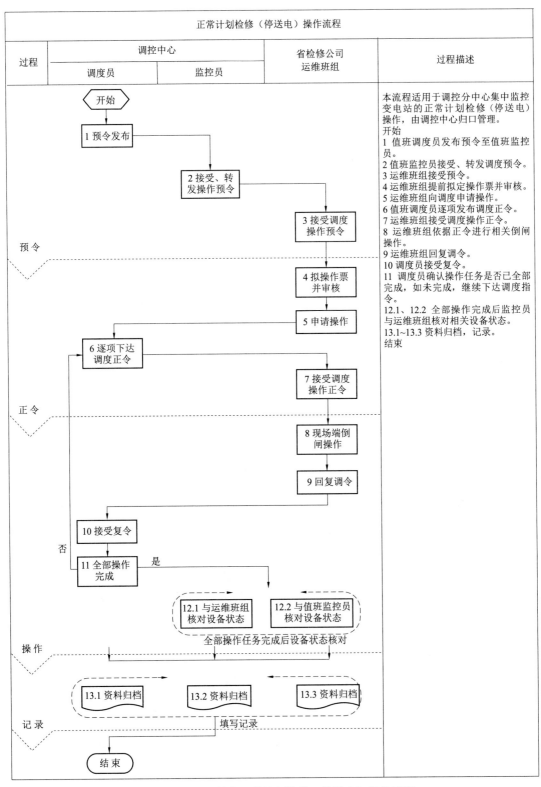

图 6–3　调控一体化正常计划检修（停送电）操作流程

（1）倒闸操作应尽可能避免在系统负荷高峰间、系统发生事故和交接班时进行，必须进行操作时，要有相应的安全措施。雷电时禁止进行倒闸操作。

（2）在操作前，当值调度员应认真考虑以下问题：

1）注意对系统运行方式、潮流、稳定、频率、电压、运行备用、短路容量、AGC、继电保护和安全自动装置、变压器中性点接地方式、电抗器、载波通信、远动设备、水库调度、电力电量平衡及交易等方面的影响。

2）注意防止产生工频、操作或谐振过电压，严防非同期并列、带地线送电及带负荷拉隔离开关等误操作，并应做好操作中可能出现异常情况的事故预想及对策。

3）注意设备缺陷可能给操作带来的影响。

电气设备和线路检修的开工和完工，应遵守《国家电网公司电力安全工作规程（试行）》的规定。任何情况下严禁约时停送电、约时挂地线、约时开工检修。经过检修和试验的电气设备，相关单位人员在报检修完工的同时将检修和试验合格、可以恢复送电的简明报告报调度中心。

（3）当值调度员必须按照以下规定发布调度指令，并对其指令的正确性负责：

1）对于计划操作，在发布综合指令和逐项指令时必须使用调度指令票（即命令票）。计划操作的调度指令票要以检修工作票、运行方式变更通知单、调度业务单、继电保护通知单等为依据。

2）调度指令票必须做到任务明确、措辞严密、字体规范整齐，不得涂改，设备名称用双重编号填写并正确使用调度术语；调度指令票必须经过拟票、审核、发令、执行、回令五个环节，其中拟票和发令不能由同一人完成且必须有当值调度长签字。

3）发布指令时，应遵守发令、复诵、复核、记录、监护、录音等制度。

4）现场值班人员操作结束后应及时汇报，并报告执行项目内容，调度中心当值调度员复核与调度指令一致，方可认为该项操作完毕。

5）为提高现场操作效率，对于计划检修工作，调度中心应下达操作预令（简称预令）。预令仅作为现场填写操作票的参考依据，不能代替正式操作指令。实际操作以当值调度员下达的正式操作指令为准。特殊情况下也可略去预令环节。

（4）电气设备操作时间的规定。电气操作的停送电操作时间，规定以当值调度员发令允许执行算起，到现场值班人员汇报操作结束时为止。电气一次设备操作原则上不超过1h，二次设备操作原则上不超过30min，对于大型操作（如母线、区域稳控装置等），经当值调度员同意可适当延长。特殊情况应提前向调度中心备案。

（5）安全措施包括：

1）直接调管线路停电检修时，线路两侧的安全措施由当值调度员负责，具体操作按当值调度员的指令执行。

2）变电站内部的电气设备停电检修时，调度员只负责下令将设备转至检修申请要求的状态，即可许可开工；一切相关的安全措施均由设备所在单位负责。检修工作结束，变电站应将内部自做的安全措施拆除，将设备恢复至开工状态，方可向调度员汇报完工。

二、电网监控员职责

电网监控员与当值调度员核对已批复的检修通知单，并根据检修通知单和计划性操作安排提前通知现场单位安排操作及检修人员。

接收所控变电站调度中心调管设备电气操作预发操作票，并与调度中心核对，将核对后的操作票转发至所控变电站，并对操作票转发的正确性负责。与变电站现场确认操作票满足所控变电站相关设备操作要求、检修工作具体要求，若不满足，立即向调度中心报告。

"预发操作票"指正式操作前，调度中心向下级运维单位提前布置的操作票。预发操作票不属于操作指令，仅作为运维单位拟写现场操作票的依据，任何操作均以当值调度员发布的操作指令为准。

监控远方操作主要指在调度发布操作指令、系统电压调节需要时，由监控相关人员对开关、主变分接头等设备进行的远方遥控。

（1）远方操作的范围包括拉合开关的单一操作；调节变压器有载分接开关；投切电容器、电抗器；其他允许的遥控操作。

（2）设备遇有下列情况时，不允许进行监控远方操作：

1）设备未通过遥控验收；

2）设备存在缺陷或异常不允许进行遥控操作时；

3）设备正在进行检修时（遥控验收除外）；

4）监控系统异常影响设备遥控操作时。

（3）远方操作的一般要求包括：

1）进行监控远方操作应服从相关值班调度员统一指挥。

2）在接受调度操作指令时应严格执行复诵、录音和记录等制度。

3）监控执行的调度操作任务，应由调度员将操作指令发至监控员。监控员对调度操作指令有疑问时，应询问调度员，核对无误后方可操作。

4）监控远方操作前应考虑操作过程中的危险点及预控措施。

5）进行监控远方操作时，监控员应核对相关变电站一次系统图，严格执行模拟预演、唱票、复诵、监护、录音等要求，确保操作正确。

6）监控远方操作中，若发现电网或现场设备发生事故及异常，影响操作安全时，监控员应立即终止操作并报告调度员，必要时通知运维单位。

7）监控远方操作中，若监控系统发生异常或遥控失灵，监控员应停止操作并汇报调度员，同时通知相关专业人员处理。

8）监控远方操作中，监控员若对操作结果有疑问，应查明情况，必要时应通知运维单位核对设备状态。

9）监控远方操作完成后，监控员应及时汇报调度员，告知运维单位，对已执行的操作票应履行相关手续，并归档保存，做好相关记录。

三、检修公司运维班组职责

检修公司运维班组与调度中心当值调度员核对已批复的检修通知单，并根据检修通知单和计划性操作安排提前通知操作及检修人员。

运维班接收并核对调控中心下发的计划性操作预令后，应合理安排操作人员并做好相应的操作准备工作。

运维班以核对后的操作预令为依据拟写操作票，对操作票的正确性负责。

计划性操作前，按照时间要求做好准备，不得延误调度中心正式操作指令的执行，运维班运行人员到达受控站现场，应主动向调度要操作令，调度操作正令发至需操作的无人值班变电站现场，由具有资格的变电运行操作人员接受调度操作指令并与调度进行现场业务联系。

正式操作时，接受调度发布的电气操作指令，确认现场一、二次设备具备操作条件，并且不会危及人身和设备安全后，进行电气操作，对电气操作涉及人身和设备的安全性负责。操作任务全部执行完毕后，必须与调度中心监控人员核对设备状态，做好记录并归档。

运维操作班人员在受控站内巡视，发现设备紧急异常或故障时，可直接向调度汇报。如人身和设备安全受到威胁，可按现场运行规程处理，然后汇报调控中心。

第四节　高压开关设备、线路停送电操作

高压开关类设备包括 GIS 设备、断路器、隔离开关及接地开关。GIS 设备由高压断路器、隔离开关、接地开关、快速接地开关、母线和电流互感器组成，均采用分相结构，其操作方法与敞开式断路器、隔离开关、接地开关一致。快速接地开关具有一定的灭弧能力，目前应用于 750kV 线路的接地操作。

一、高压开关操作原则及注意事项

1. 断路器操作原则

（1）停电拉闸操作应按照断路器、负荷侧隔离开关、电源侧隔离开关的顺序依次操作。3/2 断路器接线方式中一台断路器停电检修时，还应断开该断路器及两侧隔离开关的控制电源，但不允许断开相关线路保护电源。

（2）3/2 断路器接线方式下，设备停电时，应先断开中间断路器，后断开母线侧断路器，送电操作顺序与此相反。

（3）远方操作的断路器不允许带工作电压进行就地操作。

2. 断路器操作注意事项

（1）断路器操作前继电保护应按规定投入。如果在失去保护的情况下操作断路器，当发生故障时将不能正确快速地切除故障，而扩大事故范围，甚至损坏设备。

（2）断路器操作前应检查控制回路电源、气动回路空气压力值、SF_6 气体压力值、液压压力值正常，储能机构储能正常，即具备操作条件。

（3）断路器分、合闸后，检查断路器就地位置指示器指示正确，监控后台位置指示正确，电压、电流指示为零，三相一致，检查应至少有两个及以上元件指示位置已同时发生对应变化，才能确认操作到位。

（4）远方控制的断路器，不允许带工作电压就地分、合闸，且在进行分闸操作时现场

配合操作人员应远离断路器。

（5）断路器转检修时，必须断开断路器各侧交、直流控制电源。

（6）长期停运的断路器正式执行操作前，应向调度申请通过远方控制方式进行试操作2～3次，无异常后方能拟定操作票。

（7）断路器合闸后应检查内部有无异常声响。

（8）SF_6断路器在操作过程中若发生SF_6气体泄漏，人员应远离现场，室外应离开漏气点10m以上，并站在上风侧，断路器应禁止操作。

（9）断路器合闸前必须检查继电保护已按规定投入；断路器合闸后，必须确认三相均已合上，三相电流基本平衡。

（10）断路器操作时，若控制室操作失灵，厂站规定允许进行就地操作时，必须进行三相同时操作，不得进行分相操作。

（11）3/2断路器接线方式设备送电时，应先合母线侧断路器，后合中间断路器；停电时应先断开中间断路器，后断开母线侧断路器。

（12）用旁路断路器代其他断路器运行，应先将旁路断路器保护按所代断路器保护定值整定投入，确认旁路断路器三相均已合上后，方可断开被代断路器，最后拉开被代断路器两侧隔离开关。

二、隔离开关操作原则及注意事项

1. 隔离开关操作原则

（1）隔离开关不具备灭弧功能，拉合隔离开关时断路器必须在断开位置，不允许带负荷拉、合隔离开关。

（2）隔离开关停送电操作顺序规定：隔离开关操作前应检查断路器确在断开位置，再拉开负荷侧隔离开关，后拉开电源侧隔离开关，送电操作顺序与此相反。

2. 隔离开关操作注意事项

（1）隔离开关操作前应检查电动机电源正常，断路器确在分闸位置，且相应断路器控制电源必须投入。

（2）隔离开关操作前应检查断路器、相应接地开关确已断开并分闸到位，确认送电范围内接地线已拆除。

（3）隔离开关合闸后应检查三相确已合闸到位，防止合闸接触不良引起设备发热。

（4）厂站或规程规定远方分合闸的隔离开关，不允许带工作电压就地分合闸，若确需就地分合闸，应采取必要的安全措施。

（5）隔离开关、接地开关之间有机械闭锁或电气闭锁装置，操作时应严格按照"五防"逻辑程序操作，严禁随意解锁操作。若确需解锁应严格执行防误闭锁装置管理规定，并设第二监护人确认设备编号、命名、位置，操作完毕将防误闭锁装置锁好，防止发生误操作。

（6）断路器在合闸状态时，严禁隔离开关接通或断开负荷电路；严禁隔离开关拉合故障避雷器、电压互感器；严禁隔离开关拉合运行中的线路高压并联电抗器、空载变压器、空载线路；严禁用隔离开关拉合故障电流。

（7）凡经过现场试验的以下情况：在三角形接线，闭环运行的情况下；3/2断路器接线，两串及以上同时运行的情况下；双断路器接线，两串及以上同时运行的情况下，允许用隔离开关断开因故不能分闸的断路器。操作前还应注意隔离开关闭锁装置退出及调整通过该隔离开关的电流到最小值。

三、GIS 操作原则及注意事项

1. GIS 操作原则

（1）GIS 设备由断路器、隔离开关、接地开关、母线、电流互感器组成，操作原则应遵循一般倒闸操作的原则。

（2）GIS 设备的断路器、隔离开关、接地开关之间无机械闭锁时，停送电操作应严格遵循电气闭锁逻辑，按顺序操作。

（3）操作后，应全面检查断路器、隔离开关、接地开关的本体，分合闸指示器、后台监控系统应与实际状态一致。

（4）当操作中发生拒绝分闸或合闸时，应查明原因后方可继续操作，禁止随意解除闭锁装置操作。

2. GIS 操作注意事项

（1）GIS 设备倒闸操作前，应检查电气连锁正常投入。

（2）操作前应检查 GIS 断路器、隔离开关控制电源正常，信号正确。

（3）为避免因快速暂态过电压（VFTO）造成变压器高压绕组首端匝间绝缘损坏事故，操作中可采用"带电冷备用"的方式（即断路器分闸后，其母线侧隔离开关保持合闸状态运行），以减少产生 VFTO 的概率。

（4）GIS 设备正常运行时，确认电气连锁在"投入"位置后将解锁工具（钥匙）取下，并封存保管，所有操作人员和检修人员严禁擅自使用解锁工具（钥匙）。

四、接地开关操作注意事项

（1）接地开关操作前应确认相关断路器确已断开、隔离开关确已拉开。

（2）GIS 设备无法直接验电，可采用间接验电，即检查隔离开关机械指示位置，电气指示，操动机构储能指示，仪表、遥测、遥信信号及带电显示装置指示的变化，且至少应有两个及以上指示已同时发生对应变化，方可进行接地操作。

（3）GIS 断路器两侧接地开关合闸操作，应按照（2）中所述方法进行间接验电确认无电压后操作。线路（变压器）侧接地开关的操作必须按照调度命令操作，且应在线路（变压器）侧电压指示为零的情况下方可操作。

（4）接地开关电动操作时设备要完全停止运行需要数秒钟，所以在"合"后立即"分"或"分"后立即"合"，就会发生不完全动作，损伤操作器的线圈，所以每个开关操作程序最少要间隔 30s 以上再进行。

五、相关二次操作注意事项

（1）GIS、断路器故障开断次数或遮断容量不满足要求时，应停用该断路器的自动重合闸。

（2）任何线路、母线、主变压器充电时，应投入充电用断路器的充电保护压板。

（3）任一线路退出运行，应退出本线路断路器失灵启动母差保护、失灵启动相邻断路器及失灵启动远跳保护压板。

（4）3/2 断路器接线、三角形接线或双断路器接线厂站的出线，其所连断路器中一台停运时，应投入停运断路器的位置停信板，或将线路保护屏上的断路器状态切换把手切至"停运断路器检修"位置。

（5）3/2 断路器接线、角形接线或双断路器接线厂站的出线，其所连断路器中一台停运时，现场应按要求切换断路器重合闸先后重方式。

（6）变压器、高压电抗器侧断路器通常不配置重合闸装置。因变压器、高压电抗器故障多为恶性故障，重合后对变压器、高压电抗器造成再次冲击，易损坏变压器、高压电抗器。

六、一般线路操作

1. 操作原则

（1）应考虑电压和潮流转移，特别注意使运行设备不过负荷、线路（断面）输送功率不超过稳定限额，防止发电机自励磁及线路末端电压超过允许值。

（2）联络线停送电操作，如一侧发电厂、一侧变电站，一般在变电站侧停送电，发电厂侧解合环；如两侧均为变电站或发电厂，一般在短路容量大的一侧停送电，短路容量小的一侧解合环；有特殊规定的除外。

（3）操作线路时，应待一侧断路器操作完毕后，再操作另一侧断路器。

（4）线路操作时，不允许线路末端带变压器停送电；线路高压电抗器（无专用开关）停送电操作必须在线路冷备用或检修状态下进行，同塔双回线路，线路高压电抗器（无专用开关）投停操作必须在线路检修状态下进行。

（5）只有在线路两侧的断路器、隔离开关均断开，并验明线路确无电压后，方可将线路进行接地操作。送电前，所有单位均报告完工后，调度方可下令拆除线路接地措施。

（6）3/2 断路器接线方式线路停电操作时，先断开中间断路器，再断开母线侧断路器，先拉开负荷侧隔离开关，再拉开母线侧隔离开关。线路送电时，先合上母线侧隔离开关，后合线路侧隔离开关，先合母线侧断路器，后合中间断路器。

（7）带有线路隔离开关的线路送电操作时，应先拉开线路两侧接地开关，合上线路隔离开关，合上母线侧断路器对线路充电，正常后合上中间断路器。

（8）禁止在只经断路器断开电源的设备上装设地线或合上接地开关。多侧电源（包括用户自备电源）设备停电，各电源侧至少有一个明显的断开点后，方可在设备上装设地线或合上接地开关。

（9）线路出线接地开关的操作必须在调度确认线路各侧隔离开关断开且线路电压指示为零后方可操作。

（10）带高压电抗器侧变电站应同期并列，无电抗器侧变电站应先充电。

2. 线路停电操作注意事项

（1）3/2 断路器接线方式，断开某一线路前检查同串另一条线路运行及带负荷是否正常。

如果检查发现电流为零，在未查明原因的情况下，应先终止操作，在异常消除后继续操作。

（2）联络线停电操作应根据调度命令逐项执行，双回线或多回线停电前，应考虑在 $N-1$ 或 $N-2$ 运行方式下其他线路或设备（如变压器等）过负荷情况。

（3）线路转检修时应断开线路各个可能来电侧断路器的操作电源，以防止人员误将检修状态的断路器和隔离开关合闸送电，造成事故。

（4）线路停电时，应将线路电压互感器二次侧自动空气开关断开，防止反充电。

3. 线路送电操作注意事项

（1）线路充电前应检查线路继电保护装置是否正常投入，并且充电线路的断路器必须具有完备的继电保护。

（2）线路送电前应全面检查线路间隔安全措施确已拆除，有关隔离开关确已拉开，确无遗留物。

（3）线路送电前，应投入线路电压互感器二次侧电压切换开关及电压回路二次侧自动空气开关。

（4）检修后相位有可能发生变动的线路，恢复送电时应进行核相。

4. 相关二次操作注意事项

线路停送电操作因方式的变化，二次会随不同的方式改变，其操作应注意以下事项。

（1）3/2 断路器接线方式线路投入运行后，如果投入一台断路器重合闸，则一般投在母线侧断路器。如果两台断路器均投重合闸时，应将母线侧断路器投"先重"，中间断路器投"后重"。

（2）3/2 断路器接线方式线路带有隔离开关停电时，当线路隔离开关拉开时，断路器需合环运行时，应将短引线保护投入。线路运行时，短引线保护退出运行。

（3）线路送电前，应投入线路电压互感器二次侧电压切换开关及电压回路二次侧自动空气开关。

（4）带有高压电抗器的线路，远方跳闸保护对于线路高压电抗器是主保护，当线路并联电抗器故障后，或线路发生三相过电压时，均能在跳开本侧断路器的同时，启动"远方跳闸"保护跳开线路对侧断路器，切除故障。线路并联电抗器送电前，应投入本体及远方跳闸保护。当线路退出运行时，应将高压电抗器主保护和线路远方跳闸保护退出运行。如果远方跳闸保护装置因故退出运行后，电抗器故障时将无法跳开线路对侧断路器，即无法隔离故障，因此，当线路远方跳闸保护异常退出运行时，线路及高压电抗器应退出运行。

第五节　变压器停送电

电力变压器作为电力系统中重要的电气设备之一，其主要作用是变换电压，以利于功率的传输。

一、变压器操作原则及注意事项

1. 变压器操作原则

变压器操作原则包括：

（1）变压器停电操作一般应先停负荷侧，后停电源侧；送电操作时，先送电源侧，后送负荷侧，以防止变压器反充电。多侧电源的变压器，则应根据差动保护的灵敏度和后备保护情况等，正确选择操作步骤。停电操作一般按照低、中、高的顺序依次操作，送电时与此操作顺序相反。

（2）变压器停电操作可以采取以下两种操作方式：① 先将各侧断路器操作到断开位置，再逐一按照由低到高的顺序操作隔离开关到拉开位置（隔离开关的操作须按照先拉变压器侧隔离开关，再拉母线侧隔离开关的顺序进行）；② 先将变压器负荷侧由运行转冷备用，再将电源侧由运行转冷备用。

（3）变压器投运前，必须先投入冷却器，再接入负载。为了避免油流静电造成的危害，冷却器应按负载情况逐台投入相应的台数。强迫油循环冷却变压器在冷却器电源中断停止工作时，热点温度会很快上升，变压器绕组内部热量得不到有效散发，会影响变压器使用寿命。因此，变压器退出运行时，应先停变压器，冷却装置再运行一段时间，待油温不再上升后再停运。

2. 变压器操作注意事项

变压器停送电操作较为复杂，其投入或退出运行对系统影响较大，正常操作应注意以下事项：

（1）站用变压器接于变压器低压侧运行时，主变压器停电之前，应根据本站站用交流系统运行方式，倒换站用系统。

（2）变压器低压侧接有电抗器、电容器等补偿装置，变压器停电前应先停用低压侧电抗器和电容器；对于两台并列运行的变压器且当一台变压器低压侧带负荷能力允许的情况下，可将需停用的变压器低压侧负荷倒至另一台变压器。

（3）两台及以上变压器并列运行，其中一台变压器停电，应检查负荷情况，确保一台变压器停电后，不会导致运行变压器过负荷。

（4）变压器充电前，应投入充电用断路器的充电保护，充电正常后退出。

（5）变压器并列操作时应检查有关电气量是否符合并列条件。

（6）变压器在低温投运前，应检查呼吸器，防止因结冰被堵。

3. 大修后变压器操作注意事项

大修后的变压器投入运行前，除应按照以上操作规定执行外，还应注意以下事项：

（1）大修后对变压器进行全电压冲击合闸 3 次，第一次冲击后变压器带电运行10min 后断开，其后每次冲击带电和间隔时间各为 5min；每次冲击后应检查变压器运行是否正常。

（2）大修后的变压器投入运行前应进行定相和核相，确认无误后方可投入。

4. 调压操作注意事项

变压器在正常运行时，由于负荷或电网中电压的变化，二次电压也会随之变化。电网中各点电压也会发生变化而存在电压偏移，为了保证电网电压在合格范围内，需采取多种方式调整电压，变压器调压就是其中一种调压方式。调压操作注意事项见表 6-4。

表 6–4   调 压 操 作 注 意 事 项

调压变压器类型	调压变压器特点	调压操作注意事项
有载调压变压器	有载调压变压器带有负荷调压装置，可以在变压器带负荷的情况下进行调压，有载调压变压器用于电压质量要求较严的情况，在电压超出规定范围时能在额定容量范围内自动调整电压	分接头变换操作必须在一个分接变换完成后方可进行第二次分接变换。不可同时进行升压或降压操作。持续调压操作应至少间隔 1min。操作时应同时观察电压表和电流表指示，不允许出现回零、突跳、无变化等异常情况，分接位置指示器及计数器的指示等都应有相应变动
		调压使用远方电气控制。当远方电气回路故障时，可使用就地电气控制或手动操作。当分接开关处于极限位置又必须手动操作时，必须确认操作方向无误后方可进行。当变动分接开关操作电源后，在未确认相序是否正确前，禁止在极限位置进行电气操作。调压过程中出现滑挡时，立即按下急停按钮，手动操作至标准挡位
		变压器过负荷时，禁止进行调压操作
		有载分接瓦斯异常时，禁止进行调压操作
无载调压变压器	无载调压是切换变压器分接头时，需要将变压器从电网退出运行，即不带负荷调压，其调整电压的幅度较小，每改变一个分接头，电压调整量为额定电压的2.5%或5%	在变压器必须停电，各侧做好安全措施的情况下进行
		手动调压时，应断开电动操动机构电源
		分接头挡位改变时，应反复切换至少 3 次以上，之后测量分接头绕组直流电阻和电压比合格后方可投入运行

5. 相关二次操作注意事项

（1）3/2 断路器接线方式，变压器中间断路器停电检修，中间断路器辅助保护校验时，如果二次安全措施做得不到位，断路器辅助保护输出断路器失灵跳闸命令，将会造成主变压器三侧断路器误跳闸。为防止失灵保护误动作，应退出中间断路器失灵启动主变压器三侧断路器压板，也应退出主变压器保护跳该断路器压板。

（2）主变压器差动保护用电流互感器检修时，若有二次接线变动或涉及回路的工作，主变压器充电时投入差动保护，充电后退出，待做完六角图验证二次接线正确后方可投入差动保护。若电流互感器二次极性或相序接反，会产生较大的不平衡电流，有可能引起差动保护误动作。

（3）主变压器充电时应投入充电用断路器的充电保护。

（4）拉开主变压器高压侧变压器侧隔离开关，断路器恢复完整串运行前应投入短引线保护；主变压器高压侧变压器侧隔离开关合上后，断路器恢复完整串运行前应退出短引线保护。

（5）在主变压器重瓦斯及其二次回路上工作时，应将重瓦斯保护由跳闸改投信号。在工作结束，经充分排气后，方可将瓦斯保护改投跳闸。需要将变压器重瓦斯改投信号的工作参见二次操作模块。

二、变压器操作要求

（1）给变压器充电，除要求变压器具备完整的继电保护装置外，用于充电的断路器也应具备完整的继电保护。

（2）给变压器充电，充电电源电压不准超过变压器分接头挡位电压的 10%，如可能超过时应采取适当的降压措施后再充电。

（3）在中性点直接接地电网中，为防止高压断路器三相不同期时可能引起的过电压，变压器送电操作前，必须先将变压器中性点经隔离开关直接接地后，才可进行操作。

（4）并列运行的变压器，其直接接地中性点由一台变压器改到另一台变压器时，应先合上原不接地变压器的中性点接地开关后，再拉开原直接接地变压器的中性点接地开关。

第六节　高压电抗器停送电

高压电抗器按照接线方式分为线路并联高压电抗器和母线并联高压电抗器。线路并联高压电抗器主要用于补偿超高压长线路对地电容电流，限制工频过电压和操作过电压，对于采用单相重合闸的系统，可以限制和消除单相接地处的潜供电流，易于电弧熄灭，有利于重合闸重合成功。母线并联高压电抗器主要用于轻载时补偿容性无功功率，限制母线电压。

一、高压电抗器操作原则

（1）3/2 断路器接线方式中，高压电抗器通过断路器接入母线。高压电抗器的投退应根据系统电压情况按照调度命令进行投退；当母线电压低于调度下达的电压曲线时，应退出电抗器。

（2）接于母线上的高压电抗器，母线停电时先退出高压电抗器；送电时，待母线送电正常后，投入高压电抗器。

二、高压电抗器注意事项

（1）高压电抗器的投退应根据调度命令执行。

（2）严禁空母线运行时投入高压电抗器。

（3）高压电抗器停电应先断开电抗器断路器，再拉开隔离开关，送电操作顺序与此相反。严禁用隔离开关拉合高压电抗器。

（4）高压电抗器侧断路器停电检修，为防止失灵误启动母线元件，应退出该断路器失灵启动母差保护压板，也应退出母差失灵保护启动该断路器压板。

（5）高压电抗器送电前，一、二次设备应验收合格，试验数据合格。送电操作时，全保护投入，冷却器投入，检查确无短路接地。

（6）高压电抗器差动用电流互感器检修过程若有二次接线变动，电抗器充电时投入差动保护，充电后退出，待做完六角图无误后方可投入差动保护。

（7）对高压电抗器充电时应有完善的继电保护，尤其差动、重瓦斯主保护投跳闸，同时应投入断路器充电保护，充电正常后退出。

（8）新投或大修后高压电抗器应进行 5 次全电压合闸冲击试验，第一次充电 10min，间隔 10min；其余 4 次充电 5min，间隔 5min。

第七节 母线停送电

母线是电网汇集和分配电能的重要载体，其连接元件较多，倒闸操作相对复杂，一旦发生操作失误将造成严重后果。因此，操作前运行人员应做好充分准备。母线操作主要是指母线的停电、送电。直接接入母线的避雷器、电压互感器的操作也包含在母线操作中。

1. 母线操作一般原则

（1）停电操作时，应先断开母线上连接的所有断路器，将母线转为"热备用"状态，然后再依次断开各断路器两侧隔离开关，断开母线电压互感器二次断路器，将母线转为"冷备用"状态。最后再根据需要将母线接地，转为"检修"状态。

（2）送电操作时，应先拆除母线上的安全措施，检查母线保护投入正确，合上母线各断路器两侧隔离开关和母线电压互感器二次断路器，再选用其中一台断路器对母线进行充电操作。母线充电正常后，再将母线上其他各断路器转为"运行"状态。

（3）母线停电检修时，应将母线电压互感器从二次侧断开。

（4）当母线上接有并联电抗器、电容器时，停电前应先将电抗器、电容器退出运行。母线送电后再根据电压情况和调度命令将电抗器、电容器投入运行。

（5）母线转"检修"状态后，应断开该母线上各断路器操作电源，不允许断开相关线路或变压器保护装置电源。

（6）母线充电操作前必须投入断路器的充电保护压板，充电正常后退出。不得用隔离开关对母线充电。

（7）如必须使用隔离开关拉、合空母线时，需要事先经过试验验证并有明确规定，同时进行必要的检查，确认母线正常、绝缘良好确无故障。

（8）母线送电前应检查母线及连接在母线上的设备确无遗留物，有关安全措施确已拆除，接地线确已拆除，接地开关确已拉开。

（9）母线充电操作后应检查母线及母线上的设备情况，包括检查母线上所连电压互感器、避雷器等元件充电正常，同时还应检查母线电压指示正常。

2. 母线操作注意事项（见表 6-5）

表 6-5　　　　　　　　　　　　　母线操作注意事项

	注 意 事 项
3/2 断路器接线方式母线操作	在断开母线侧断路器操作电源前应投入相应断路器辅助保护柜上的"位置停信压板"或将相应线路微机保护装置上的"断路器状态开关"切至"边断路器检修"位置
	GIS 母线在进行停送电操作时，还应考虑快速暂态过电压（VFTO）的影响，必要时可变换操作顺序，可采用"带电冷备用"的运行方式（即断路器分闸后，其电侧的隔离开关在合闸位置，而无电侧隔离开关在拉开位置），以减少投切空载母线产生 VFTO 的概率，以防造成设备损坏
单母线接线方式操作	停运前，应先将连接在该段母线上的站用变压器负荷转移
	送电时，应先使用断路器向 66kV 空母线充电，充电前应检查主变压器低压后备保护投入是否正确。母线充电正常后再根据调度命令依次将 66kV 电抗器、电容器、站用变压器送电
	不宜用断口带有均压电容的断路器向带电磁式电压互感器的空母线充电，以防止产生谐振，现场应当根据运行经验改变操作顺序或者根据试验结果采取防止谐振的措施

第八节　低压补偿装置停送电

变电站补偿装置包括低压电容器、电抗器和高压电抗器。电网通过补偿装置的投、退来进行电网电压的调整（控制）和改善电网的无功功率。

补偿装置的一般停送电操作是指低压电容器、低压电抗器正常情况下的停送电操作。

一、低压电容器、电抗器的操作原则

（1）各变电站内的低压电容器、电抗器的操作由其调管的电网调度进行下令或许可进行操作。

（2）电网调度利用投切电容器、电抗器来进行系统电压调整时，由电网调度下达综合指令进行操作。变电站现场运行值班人员可根据本站电压曲线向调度提出电容器、电抗器的操作申请，经许可后进行操作，操作结束后应向电网调度汇报。

（3）投、切低压电容器、电抗器必须用断路器进行操作。

（4）低压电容器、电抗器的操作只涉及本变电站，调度对低压补偿装置的操作指令一般以综合命令下达。

（5）停电时，先断开断路器，后拉开元件侧隔离开关，再拉开母线侧隔离开关。

（6）送电时，先合上母线侧隔离开关，后合上元件侧隔离开关，最后合上断路器。

（7）严禁空母线带电容器运行。

二、低压电容器、电抗器操作中的注意事项

（1）电容器送电操作过程中，如果断路器未合到位，应立即断开断路器，间隔 3min 后，再将电容器投入运行，以防止出现操作过电压。

（2）电容器的投退操作，必须根据调度指令，并结合电网的电压及无功功率情况进行操作。

（3）有电容器组运行的母线停电操作时，应先停运电容器组，再停运母线上的其他元件；母线投运时，先投运母线上的其他元件，最后投运电容器组。

（4）无失电压保护的电容器组，母线失电压后，应立即断开电容器组的断路器。

（5）电容器停用时应经放电线圈充分放电后才可合接地开关，其放电时间不得少于 5min。

三、低压电容器、电抗器操作异常分析处理及危险点分析

1. 低压电容器操作中的异常处理

（1）电容器组送电中出现母线电压变动超过 2.5% 以上时。

1）如果稳态电压值超过 2.5% 以上，说明电容器组投入容量过大，应及时汇报调度，根据母线电压情况进行调压处理，保证母线电压在正常范围内运行。

2）如果电容器投运前未能充分放电，引起操作过电压。检查母线电压稳定值是否超限，检查电容设备单元有无异常。

（2）停电操作时电容器组母线隔离开关（或断路器）不能操作时，电容器单元单独不

能进行停电。根据运行及操作规定，在此情况下，同母线上的其他馈线单元也不能进行停电，否则，形成空母线带电容器组运行的不利方式。处理办法为，隔离母线后，做母线及电容器组断路器和隔离开关的检修措施。母线停电检修时，应将母线电压互感器从二次侧断开。

（3）操作中综自系统闭锁操作异常，应采取应对措施，严禁解锁操作。检查线路电压互感器自动空气开关、二次熔断器是否合上。当母线上接有并联电抗器、电容器时，停电前应先将电抗器、电容器退出运行。母线送电后再根据电压情况和调度命令将电抗器、电容器投入运行。

2. 电容器、电抗器操作中的危险点分析（见表 6-6）

表 6-6　　　　　　　　　　　电容器、电抗器操作中的危险点分析

误操作	误拉其他断路器
	走错间隔，误入带电间隔
	电容器断路器未断开，造成带负荷拉隔离开关
	未经许可擅自解锁操作，造成带负荷拉隔离开关
	断开断路器后，3min 内再次合上断路器
	电容器停用或检修时，未对其逐个放电，造成人身触电事故
	就地操作电容器断路器，造成人身伤害事故
	送电前后不检查电容器单元设备，造成设备损坏事故

第九节　电压互感器停送电

电压互感器与主变压器、线路、母线的连接方式有一次侧通过隔离开关与主设备连接和通过引线直接与主设备连接两种方式，通过引线直接与一次系统连接的方式，其互感器的停送电应随同所在母线、线路或变压器一起进行。对于通过隔离开关接入的电压互感器，根据其操作的目的不同，操作任务也不同。操作前应重点考虑对电压互感器所带保护、自动装置的影响及操作引起的谐振、二次反充电等问题。

一、电压互感器操作原则

电压互感器操作一般原则见表 6-7。

表 6-7　　　　　　　　　　　　电压互感器操作一般原则

无隔离开关的电压互感器操作原则	电压互感器通过引线直接与一次系统连接的方式，因其一次侧不能直接与主系统隔离，所以其停送电应包含在所在母线、线路或变压器的操作中
	为了有电气闭锁装置、电气验电装置的正常运行，电压互感器二次侧自动空气开关应在主设备停电后断开，主设备送电前合上
	电压互感器停电操作后将其低压侧所有自动空气开关全部断开，防止向一次设备反充电
通过隔离开关接入系统的电压互感器操作原则	停电操作时，先断开二次侧自动空气开关或取下熔断器，再拉开一次侧隔离开关；送电操作时，先合上一次侧隔离开关，再合二次侧自动空气开关或装上熔断器
	电压互感器停电操作应从高、低压侧两侧完全断开，防止反充电

二、电压互感器操作注意事项

1. 相关二次操作注意事项

（1）运行中的电压互感器二次所带的负荷一般有：距离、高频、方向和过励磁等保护装置；自动重合闸，故障录波器、备用电源自动投入等自动装置；电能计量表计，电压、有功等表计。这些装置如果失去二次电压，就可能会造成保护及自动装置误动、拒动、电能表计量不准确等诸多问题。因此在操作前必须要注意。

（2）停用电压互感器前应对未设电压自动切换功能的保护及自动装置、电能计量回路进行手动电压切换，不能切换时为防止误动可申请将有关保护和自动装置停用。

（3）对于通过电压闭锁、电压启动等原理进行工作的保护及自动装置，在电压互感器停电操作前应将相关把手或连接片操作至相对应的状态，以退出装置对该电压互感器的电压判别功能，防止误动作。

（4）主变压器保护用电压互感器在停运前将主变压器过励磁保护退出运行或应严格按照现场操作规程进行，严防变压器过励磁保护和阻抗保护误动。

2. 防止二次反充电的操作注意事项

倒闸操作时，应特别注意防止电压互感器二次回路的反充电问题。所谓反充电是指通过电压互感器二次侧向不带电的母线、一次设备充电使其带电，或在操作过程中使带电的电压互感器二次回路与不带电的电压互感器二次回路相并联。反充电的后果是使带电的电压互感器二次回路自动空气开关跳闸，造成所有运行设备的交流二次回路电压消失，引起保护装置的误动或拒动。同时二次带电后由二次反送到一次的电压，可能造成在互感器本体或线路、主变压器工作的人员发生触电事故。为防止二次回路反充电事故，操作中应注意：

（1）线路、变压器、母线本身有工作或其电压互感器有检修工作时，应将其电压互感器二次回路自动空气开关全部断开；

（2）电压互感器二次回路并列必须保证两组电压互感器二次回路都带有正常电压，如果一组带电，一组不带电，则不允许二次回路并列。

3. 防止谐振的操作注意事项

用断口带有并联电容器的断路器投、切带有电磁式电压互感器的空母线时，并联电容器的电容和回路电压互感器的电感参数相匹配时容易发生串联谐振。出现谐振时，在设备上将出现超出额定电压几倍至几十倍的过电压，致使瓷绝缘放电，绝缘子、套管等的铁件出现电晕，电压互感器一次熔断器熔断，严重时将严重损坏设备。因此在电压互感器操作前应有防谐振的预想和消除谐振的措施，防止谐振发生。操作过程中，如发生谐振，应根据谐振的性质采取不同的措施破坏谐振条件以达到消除谐振的目的。预防操作谐振的要求见表6-8。

表6-8　　　　　　　　　　　防止谐振的操作注意事项

注　意　事　项
不宜使用断口带电容器的断路器投切带电磁式电压互感器的空母线。可改变操作方式，如在母线送电操作时先合断路器，后投电压互感器；母线停电操作时先退出电压互感器，后断开断路器

注　意　事　项
66kV 及以下中性点非有效接地系统发生单相接地或产生谐振时，严禁用隔离开关或高压熔断器拉、合电压互感器

操作中可以通过以下方法消除谐振	改变系统运行参数，如投入一台主变压器或一条线路于互感器所在母线
	投入消谐装置

三、二次并、解列操作注意事项

3/2 断路器接线和双母线系统中，当两组母线分别通过隔离开关各接一组电压互感器时，各设备单元所需要的二次电压分别通过隔离开关的辅助触点来引用所在母线互感器的电压。若由于某种原因，致使其中一组母线电压互感器需要退出运行时，为了不使其所在母线上的设备二次失电压，在电压互感器二次回路设有并列装置时可对两组电压互感器二次进行并列操作，然后再退出需停用电压互感器。电压互感器二次并、解列操作应遵循操作的相关规定和步骤，否则由于操作不当，容易引起运行中的电压互感器二次反充电而造成保护、自动装置失电压。母线电压互感器二次回路一般不允许长时间并列运行，二次并列操作的注意事项有：

（1）二次并列操作前，应考虑是否会引起保护装置误动，以及二次负载增加时电压互感器的容量能否满足要求。

（2）二次并列操作前，应检查确认其一次侧并列运行，一次未并列时，二次严禁并列运行。对于 3/2 断路器接线方式，只有在至少有一个完整串运行的情况下方可进行二次并列。

（3）电压互感器二次并列后，应确认二次并列成功，如检查相应的光字牌是否亮、切换继电器是否动作、电压指示是否正常等后才能将电压互感器退出运行。

（4）电压互感器二次并列后，必须将停运的电压互感器从高、低压两侧完全断开，以防造成二次电压反充电。

（5）当电压互感器因二次故障停运时，二次不允许并列操作。

（6）大修或新装的电压互感器投入运行前，应全面检查极性和接线是否正确，不正确时禁止二次并列。

（7）互感器内部发生异响、大量漏油、冒烟起火时，应迅速撤离现场，报告调度用上级断路器切断故障，严禁就地用隔离开关或高压熔断器拉开有故障的电压互感器。

（8）电压互感器因故需单独退出运行，对二次设有并列装置的先进行二次并列后再退出运行，二次不能并列的应申请将有关保护退出运行。应充分考虑对保护、自动装置及计量表计的影响，防止造成保护、自动装置误动、拒动。

第十节　二次设备操作

二次设备是指对一次设备的工作进行控制、保护、监察和测量的设备，如测量仪表、继电保护、同期装置、故障录波器、自动控制设备等。二次操作即指针对上述设备进行的操作，操作的对象有保护压板、方式转换开关、电源开关、二次熔断器等。变电站二次设备操作是运行操作的重要组成部分，几乎所有一次设备的操作都会涉及二次设备的操作配合，有时虽然并无一次设备操作，也会有独立的二次设备操作任务。因此，二次设备操作是变电运行人员的基本操作技能。

一、继电保护设备状态分类

1. 保护压板的分类

对继电保护装置可操作的压板有软压板和硬压板两种。硬压板就是指连片，指只能在保护屏上通过人工才能进行投退的物理连接片，通过控制外部连接片的接通和断开来实现保护装置的特定功能。软压板是微机保护程序中所做的逻辑功能，可以是保护装置的数据通信接口在监控后台机、调度后台机可远方投、退的虚拟连接片，也可以是保护装置内整定的控制字。软、硬压板可以通过"与"、"或"两种不同的组合方式来实现保护的投入和退出两大功能。当软、硬压板必须同时投入或同时退出才能完成保护装置的功能时称为"与"关系，此时保护的投退要对软、硬压板均进行操作。当只要其中之一投入或退出就能满足保护功能时称为"或"关系，此时保护的投退只对软、硬压板其中之一进行操作。根据压板在保护装置二次回路中的作用不同又可将其分为功能压板和出口压板两大类，其定义见表6–9。

表6–9 保护压板的分类

保护压板	定　义
保护功能压板	一般也叫投入压板，实现了保护装置某些功能。如高频保护投入压板、距离Ⅰ段投入压板、差动保护投入压板、过电压保护投入压板等。功能压板是否投入是某种保护功能是否投入的条件
保护出口压板	出口压板是否投入是接通跳闸回路的条件。根据保护动作出口作用的对象不同，可分为跳闸出口压板和启动压板。跳闸出口压板直接作用于本断路器或联跳其他断路器，如×相跳闸出口压板、差动出口跳××断路器压板等。启动压板作为其他保护启动之用，如失灵启动压板、失灵瞬跳本断路器压板等

2. 保护状态的分类

微机型继电保护装置的状态分为投跳闸、投信号和退出三种，其定义见表6–10。

表6–10 保护状态的分类

保护状态	定　义
信号状态	投信号状态指装置电源自动空气开关全部合上，装置正常，功能压板投入，功能把手置于相应位置，出口压板全部断开
跳闸状态	投跳闸状态指装置电源空气断路器全部合上，装置正常，功能把手置于相应位置，功能压板和出口压板全部投入
退出状态	退出状态指装置功能压板、出口压板全部断开，功能把手置于对应位置，装置电源自动空气开关根据实际工作需要断开或合上

正常情况下，一次设备在运行或热备用状态时，其保护装置为投入状态；一次设备冷备用或检修状态时，其保护装置为退出状态；保护装置无须投入，但需对其运行工况进行观察监视，应投信号状态。对于具有多种保护功能的微机保护，通常其多种功能的出口压板是合用的，只设置了不同功能的投入压板，因此，停用该保护的某一功能只能通过停用其功能的投入压板来实现。

二、重合闸方式及压板

1. 重合闸方式

（1）线路重合闸的方式有综合重合闸（简称综重）、单相重合闸（简称单重）、三相重合闸（简称三重）和停用四种；

（2）重合闸的四种方式之间的切换可以通过外部切换把手控制、内置定值控制、外部切换把手与内置定值相结合控制三种方法来实现。通常通过外部切换把手控制选择重合闸方式，220、330、500、750kV 线路一般采用单相重合闸方式。

2. 重合闸压板

重合闸的投退应根据值班调度的指令或一次设备的状态进行调整，重合闸操作的对象包含重合闸压板、重合闸方式转换开关等。其中压板包括重合闸出口压板、先合投入压板、先合闭锁断路器重合闸压板等，各压板的功能见表 6-11。

表 6-11　　　　　　　　　　　　　重 合 闸 压 板

重合闸压板	定　义
重合闸出口压板	投入后接通重合闸出口回路
先合投入压板	投此压板时，在线路故障断路器跳闸后，设定该断路器优先重合。对 3/2 断路器接线，一般设定母线侧断路器为优先合闸
先合闭锁断路器重合闸压板	投入此压板，设定优先重合的断路器在重合闸启动的同时向后合断路器发出闭锁脉冲，待先合断路器重合闸出口后，后合断路器的重合闸经延时后重合，保证了两台断路器的相继动作

三、二次设备操作的原则及注意事项

1. 一般原则

（1）继电保护和安全自动装置的投退操作应依照设备调管范围内的当值调度员的指令进行。未经调度同意，现场运行人员不得改变其运行状态。

（2）一次系统运行方式发生变化如涉及二次设备配合时，二次设备应进行相应的操作，此项操作由变电站运行人员考虑，是属于同一个操作任务的内容，调度不另行下达操作指令。

（3）继电保护装置整屏退出时，应退出保护屏上所有压板，并将有关功能把手置于退出位置。

（4）多套保护装置共同组屏，如其中一套装置需要退出运行时，可仅将该装置的所有压板退出，功能把手置于对应位置。该装置与运行装置共用的压板、回路不得断开。

（5）保护装置中仅某部分保护功能退出时，除退出该保护功能投入压板外，有专用出口压板的其出口压板也应退出。

（6）继电保护设备和自动装置投入操作应按照合上装置交流电源、装置直流电源、投装置功能压板、跳闸出口压板的顺序进行操作；退出操作顺序与此相反。自动重合闸装置的操作顺序为投入时先切换方式转换开关，再投重合闸压板；退出与之相反。

（7）电气设备的停送电操作涉及稳控装置投退时，停电操作时，应随继电保护的操作，退出保护启动稳控装置的压板及稳控装置相应的方式压板；送电操作时，随继电保护的操作，投入保护启动稳控装置的压板及稳控装置相应的方式压板。

2. 注意事项

（1）设备配置的多套主保护不允许同时停运，主保护其中之一停用时，其独立的后备保护应投入运行。严禁一次设备无主保护运行。

（2）设备投运前，运行人员应详细检查保护装置、功能把手、压板、自动空气开关位置正确，所拆二次线恢复到工作前接线状态。

（3）保护出口压板投入前，应检查保护装置是否有动作出口信号，必要时使用万用表测量出口压板对地电压，如有电压则不许投入。

（4）二次设备进行操作后，应检查相应的信号指示是否正确、装置工作是否正常；打印保护采样值，检查电压、电流等是否正常。

（5）保护及自动装置有消缺、维护、检修、改造、反措、调试等工作时，应将有关的装置电源、保护和计量电压自动空气开关断开，并断开本装置启动其他运行设备装置的二次回路，做好全面的安全隔离措施，防止造成运行中的设备跳闸。

（6）保护装置动作后，在未征得保护人员许可时，不得随意断开直流电源。特别是不正确动作后，不得将保护装置断电（装置内部起火、冒烟或有明显异味等特殊情况除外），以便于专业人员对保护装置进行全面正确的检查和判断。

（7）严禁在保护停用前拉、合装置直流电源。因直流消失而停用的保护，只有在电压恢复正常后允许将保护重新投入运行。

四、二次设备的操作方法

1. 压板的操作

（1）硬压板投入时应将其压于两个垫圈之间，拧紧上下端头旋钮，防止造成压板接触不良而引起保护拒动。对于插拔式的保护压板应将其操作到位，确实插入插孔中，确保接触良好。

（2）硬压板退出时应将其打开至极限位置，并拧紧上下端头旋钮，防止误碰相邻压板或屏面、压板松动而造成的保护装置误动作。

（3）对于有多个端头的硬压板应根据要求投入到需要投入的一端。

（4）在综合自动化后台机操作的软压板，应严格按操作程序监护执行，操作后应检查操作有效，相关的压板变位信息正确。

（5）对需要在保护装置上通过改控制字实现投退的软压板，应由保护专业人员根据调度下发的定值要求进行投退。投退完毕应再次核对操作有效、正确。

（6）保护压板投退操作后要观察液晶显示压板的变位情况是否正确，综合自动化系统保护管理子站报文是否与实际相符。

2．二次熔断器的操作

（1）取下熔断器时先取正极后取负极；放上熔断器时应先摆放负极后摆放正极。目的在于避免可能由于寄生回路造成的保护装置误动作。

（2）放上熔断器前应检查熔断器的容量是否满足要求、是否完好。放上后应检查熔断体与熔断器箍接触良好，检查各信号和表计指示正常，检查装置有无异常信号和动作。

（3）放上熔断器应注意避免碰触相邻的元件而引起短路、接地，取下熔断体时应将熔断体完全取下，禁止一端搭接。

（4）放上、取下熔断器应迅速，不得连续地接通和断开，取下和再装上之间应有不小于 5s 的时间间隔。

3．自动空气开关和方式转换开关的操作

（1）合自动空气开关时应注意装置声音是否正常，有无冒烟和异味、装置有无异常信号和动作。

（2）装置方式转换开关应根据操作需要切换到相应的位置并检查切换到位，确认接触良好及有关指示灯或信息显示正常。

五、继电保护操作要求

1．高频和光纤线路纵联保护（见表 6-12）

表 6-12　　　　　　　　　　　　　高频和光纤线路纵联保护

750、330、220kV 线路一般都按双重化原则配置有两套线路纵联保护来实现对全线路的快速保护。无论采用高频通道还是光纤通道，操作中注意事项	高频和光纤纵联保护必须遵循线路两侧同时投退的原则。投运前应检查通道正常无告警后方可投入，否则会造成在区外故障时，由于停用侧保护不能向对侧发闭锁信号而造成单侧投跳闸的高频、光纤差动保护误动跳闸
	对于采用双通道的线路纵联保护，为确保保护正确动作，当因故改为单通道方式运行时，要将保护装置通道方式切换把手位置切至与通道实际运行方式一致的状态
	线路保护屏上断路器状态切换把手所投位置应与断路器实际状态一致。3/2 断路器接线方式下单一断路器停电而线路运行时，应根据实际保护装置的要求，在断开断路器的操作电源前投入该断路器的位置停信压板，或切换相应线路保护屏上的断路器状态切换开关
高频或光纤纵联差动保护应退出运行的情况	构成保护的通道或相关的保护回路中有工作，如保护改定值、保护检验、调试等
	构成保护的通道或相关的保护回路中某一环节出现异常，如收发信机故障、通道告警等
	查找直流接地需拉合保护装置的直流电源
	转带方式下不能进行通道或收发信机切换
	其他影响保护装置安全运行的情况

2．远跳保护

长距离线路一般都按双重化配置有两套远跳装置来实现电抗器本体故障、断路器失灵、线路过电压等情况下远跳对侧断路器的功能。在 3/2 断路器接线中启动远跳保护的有断路器失灵保护、过电压保护、高压并联电抗器保护三种。远跳保护的投、退操作与线路纵联差动保护、线路高压并联电抗器保护的操作有密切关系。操作时应重点注意：

（1）远跳保护利用光纤差动主保护通道传输跳闸命令时，当光纤差动保护异常或退出时，远跳保护应同时退出运行。

（2）线路远跳保护投、退操作，也应按照线路两端同时投入、同时退出的原则进行操作。

（3）通道检修后或高频保护、远方跳闸装置检修后，装置投入前应进行信号交换，装置及通道正常，才能将装置投入。

（4）在远跳保护装置、远跳保护通道、与远跳保护有关的装置或二次回路上工作时，应采取防止本侧或对侧断路器跳闸措施。

（5）远跳保护通道方式切换把手应切至与通道实际运行方式一致的位置。

3. 断路器辅助保护

3/2 断路器接线方式中按断路器配置断路器辅助保护，主要包含失灵保护、死区保护、充电保护、三相不一致保护和自动重合闸装置等。操作中应注意：

（1）当断路器正常运行时，其本体的三相不一致保护应投入。在断路器检修时应退出三相不一致保护。

（2）为防止线路或断路器保护调试中失灵保护动作，导致运行中的断路器误跳闸，断路器停运后应退出断路器失灵保护，包括退出失灵跳本断路器和相邻断路器的压板、失灵启动母差的压板、失灵启动远跳的压板、失灵启动保护停信的压板等。

（3）与母差保护共用出口回路的失灵保护装置，当母差保护停用时，失灵保护也应停用。

（4）断路器充电保护压板只在向线路、母线或变压器充电时投入，保护功能只在充电瞬间起作用，充电正常后应退出。

（5）3/2 断路器接线方式有线路或主变压器隔离开关的，在线路或主变压器退出运行，断路器恢复合环运行时，应投入断路器的短引线保护，以便快速切除该线路（或主变压器）两台断路器与线路（或主变压器）隔离开关之间"T"形区内发生的故障。

4. 变压器、线路高压电抗器非电量保护

变压器、线路高压电抗器的非电量保护一般只配置一套，主要包括重（轻）瓦斯、压力释放、温度异常、油位异常、冷却器全停等。下列情况下应将变压器、电抗器的重瓦斯保护改至"信号"位置，此时变压器、电抗器其他保护装置仍应投跳闸，并应预先制定安全措施，限期恢复：

（1）滤油、补油、更换潜油泵或更换净油器的吸附剂和开、关气体继电器连接管上的阀门时。

（2）在瓦斯保护及其二次回路上进行工作时。

（3）当油位计的油面异常升高或呼吸系统有异常现象，需要打开放气或放油阀门或检查呼吸器是否畅通时。

（4）除采油样和在气体继电器上部的放气阀放气处，在其他所有地方打开放气、放油

和进油阀门时。

（5）在预报可能有地震期间，应根据变压器和电抗器的具体情况和气体继电器的抗振性能确定重瓦斯保护的运行方式。地震引起重瓦斯保护动作停运的变压器和电抗器，在投运前应对变压器、电抗器及瓦斯保护进行检查试验，确认无异常后，方可投入。

（6）新投、油回路检修和更换气体继电器的变压器在投入运行前必须将空气排尽，在带负荷 24h 内气体继电器无气体和其他异常情况后方可将重气体继电器改投跳闸。

5. 差动保护

所有采用差动原理工作的保护（母线、变压器、高压电抗器差动保护等）在电流互感器二次进行工作或二次线变更后，投入运行前，除测定相回路和差回路外，还必须测量各中性线的不平衡电流、电压，以保证保护装置和二次回路接线的正确性。新投或大修后变压器、电抗器、母线充电时，差动保护必须投入跳闸。差动保护在下列情况下应退出运行：

（1）差动二次回路及电流互感器回路有变动或进行校验时。

（2）继电保护人员测定差动保护相量图、电压差和电流差时。

（3）差动电流互感器二次开路时。

（4）差动回路出现明显异常时。

（5）差动保护误动跳闸后。

六、3/2 断路器接线方式下有关二次操作的特殊要求

1. 重合闸的操作

（1）线路两台断路器重合闸的配合。

1）3/2 断路器接线方式下线路的重合闸装置通常是按断路器配置，即每台断路器上配一套重合闸并装设于断路器辅助保护柜内。在重合时，为了减少断路器的动作次数，缩短永久性故障的切除时间，在故障断开后，一般采用先、后合闸方式进行重合闸。

2）重合闸优先回路的实现，是通过整定两台断路器重合闸时间和投退"先合投入"、"先合闭锁中间断路器重合闸"压板来实现的。当一次设备运行方式的改变后，应根据实际装置的要求对断路器的重合闸进行相应的操作，以免造成重合闸拒动、误动，引起事故扩大。正常情况下当线路断路器的运行方式发生改变时两台断路器之间先、后合有相应配合方案，需要通过操作"重合闸方式转换开关"、"先合投入"、"先合闭锁××断路器重合闸"压板或设定装置内部控制字来实现。

（2）重合闸跳闸方式。由于 3/2 断路器接线方式下线路重合闸采用了按断路器配置的原则，当重合闸采用单重方式时，线路单相瞬时故障向两台断路器发出单相跳闸命令，而因某种原因使其中一台断路器的重合闸装置不能重合时，可能造成该断路器的长期非全相运行，此时应沟通该断路器的三相跳闸回路使其三相跳闸，并不再重合。在变电站，由于不同厂家的线路保护及断路器保护的原理不同，使重合闸及沟通三跳功能在实现上并不一样，在重合闸停用操作中，应根据现场设备的配置及原理对沟通三跳压板进行操作。

在下列情况下重合闸装置输出沟通三跳空触点，连至各保护装置相应开入端，实现任何故障跳三相而不再重合：

1）重合闸未充满电。

2）重合闸停用。

3）重合闸启动前，断路器低气压闭锁或出现其他异常分、合闸闭锁，如液压降低闭锁重合闸、SF_6 气体压力低闭锁分合闸等。

4）重合闸装置异常告警。

5）线线串两线路保护同时或先后（在重合闸周期内）启动中间断路器重合闸等。

线路自动重合在以下情况下应退出运行：

1）装置异常，不能正常工作时；

2）可能造成非同期合闸时；

3）线路长期空载运行时；

4）断路器遮断容量不允许重合时；

5）线路上有带电作业要求时；

6）不满足系统稳定要求时；

7）断路器实际故障开断次数仅比允许故障开断次数少一次时。

2. 短引线保护的操作

（1）采用 3/2 断路器接线且进出线有隔离开关的接线方式，当线路停用时，则该线路侧的隔离开关将断开，此时保护用电压互感器停用，线路主保护也随之停用，因此在短引线范围故障，将没有快速保护切除故障，为此需设置短引线保护，即短引线纵联差动保护。

（2）短引线保护是 3/2 断路器接线方式特有的保护。在短引线范围内故障时，短引线保护可快速动作跳开两台断路器切除故障。但当线路运行，线路侧隔离开关投入时，短引线保护在线路侧故障时将无选择地动作，因此必须将该短引线保护停用。为减少人为误操作，通常情况下，在运行中短引线保护的投、退由出线隔离开关辅助触点控制，通过隔离开关的辅助触点使其在隔离开关合闸时停用，隔离开关拉开时投入。在隔离开关辅助触点损坏或其他特殊情况下，短引线保护投、退通过其外部保护功能压板进行。

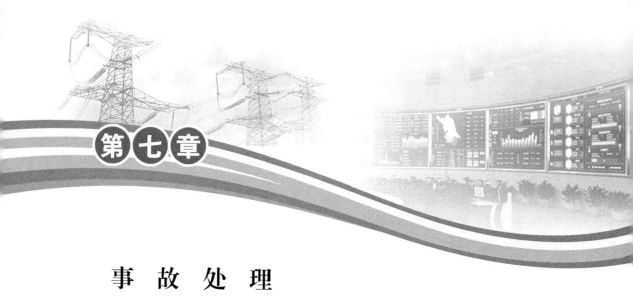

事 故 处 理

第一节 事故处理基本原则

（1）值班调度员是电力系统事故处理的指挥者。各级调度机构按调度管辖范围划分事故处理权限和责任，在事故发生和处理过程中应及时互通情况。事故处理时，各级值班调度人员应遵循以下主要原则：

1）迅速限制事故发展，消除事故根源，解除对人身、设备和电网安全的威胁。

2）用一切可能的方法保持正常设备的运行和对重要用户及厂用电的正常供电。

3）电网解列后要尽快恢复并列运行。

4）尽快恢复对已停电地区或用户的供电。

5）调整并恢复正常电网运行方式。

（2）电力系统发生事故时，电网监控员和厂站运行值班员应立即向当值调度员简要汇报故障发生的时间、故障现象、相关设备状态、潮流异常情况，经检查后再详细汇报如下内容：

1）开关跳闸情况和主要设备出现的异常情况。

2）频率、电压、负荷的变化情况。

3）继电保护和安全自动装置动作情况。

4）天气等有关事故的其他情况。

（3）紧急情况下，为防止事故扩大，事故单位可不待当值调度员的指令进行以下操作，但应尽快报告当值调度员：

1）将直接威胁人身安全的设备停电。

2）将故障设备停电隔离。

3）解除对运行中设备的安全威胁。

4）恢复全部或部分厂用电及重要用户的供电。

5）现场规程中明确规定可不待调令自行处理的其他情况。

第二节 调控一体化模式下事故处理流程

对于调度中心直接调度，纳入调度监控的变电站相关设备发生异常或故障时，现场无运维人员或现场运维人员不具备监控能力时，由监控员负责异常或故障汇报，当运维人员赶赴现场具备监控能力后，现场运维人员应汇报调度中心，通知监控，此后的故障异常汇报职责由现场运维人员负责，同时现场运维人员按照调度中心的操作指令进行事故异常处理。

调度中心当值调度员接到异常或故障情况汇报后，当现场运维人员具备操作能力时，直接发令变电站现场运维人员进行故障或异常处理操作，操作完成后由变电站现场运维人员向调度中心当值调度员汇报，同时现场运维人员将操作情况告知监控员。

必要情况下，调度中心可发令下级监控机构对其所监控变电站内调度中心调管开关进行运行与热备用状态转换的遥控操作，下级监控机构执行遥控操作前需确认现场一、二次设备具备操作条件，操作不会发生人身或设备安全问题。调控一体化设备异常/跳闸处置流程如图 7-1 所示。

第三节 事故处理职责分工

一、调度员职责

电网调度机构是电网事故处理的指挥中心，值班调度员是电网事故处理的指挥者，统一指挥调度管辖范围内的电网事故处理。

调度员在电网事故处理中的主要职责包括：

（1）判断事件性质及影响范围。

（2）指挥电网事故处理。

（3）采取一切必要手段，控制事件波及范围，有效防止事态进一步扩大，尽可能保证主网安全和重点地区、重要城市的电力供应。

（4）制定电网恢复方案和恢复步骤，并组织实施。

（5）将电网事故情况和处置情况向相关上级调度机构和领导汇报。

系统事故时，各级当值调度员根据继电保护、安全自动装置动作情况、调度自动化信息及频率、电压、潮流等有关情况判断事故地点及性质，迅速处理事故。系统事故处理，电气设备的事故处理操作，除允许电网监控员和厂站运行值班员不待调令进行的操作以外，必须按照当值调度员的指令进行。处理电网事故时，必须使用统一的调度术语，当值调度员下达即时指令时按发令人的姓名统一编号，并给出发令时间，接令人应认真复诵，双方均应做好记录和录音。

事故处理期间，当值调度员命令电网监控员和厂站运行值班员立即拉合开关时，双方都不允许挂断电话，要求接令单位立即操作，立即回令。

处理事故时，各事故单位的领导有权对本单位值班人员发布指示，但其指示不得与上级调度值班人员的指令相抵触。

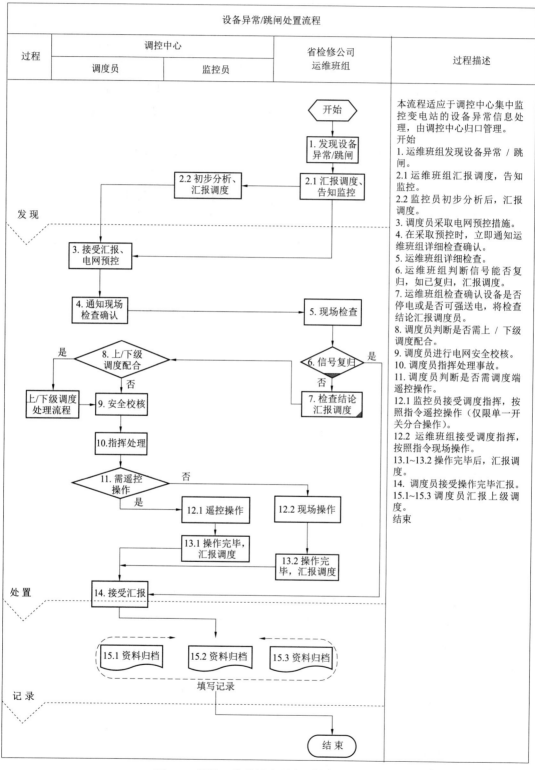

图 7-1　调控一体化设备异常/跳闸处置流程

调度管辖范围内发生下列故障时，当值调度员应立即向上级调度机构值班调度员汇报：

（1）上级调度机构调度许可设备故障。

（2）需要上级调度机构协调或配合处理的。

（3）影响上级调度机构调管稳定控制装置（系统）切机、切负荷量的。

（4）影响上级调度机构控制输电断面（线路、变压器）稳定限额的。

（5）影响上级调度机构直调发电厂开机方式或发电出力的。

（6）需要立即汇报的其他情况。

系统发生事故时，当值调度员应将发生的事故情况迅速报告有关领导，并按有关要求向上级当值调度员汇报事故简况。

交接班时发生事故，应立即暂停交接班，并由交班调度员进行处理，直到事故处理完毕或事故处理告一段落，方可交接班。接班调度员可按交班调度员的要求协助处理事故。交接班完毕后，系统发生事故，交班调度员也可应接班调度员的请求协助处理事故。

当值调度人员有权要求运行方式、继电保护、调度计划、通信、自动化等专业人员配合事故处理，提供必要的技术支持。

处理系统事故时，调度机构的有关领导，应监督当值调度员处理事故步骤的正确性，必要时给予当值调度员相应的指示，如认为当值调度员处理事故不当，则应及时纠正，必要时可直接指挥事故处理，并对系统事故处理承担责任。

系统事故处理完毕后，当值调度员应将事故情况详细记录，并按有关要求写出事故处理经过。

系统发生事故时，各级值班人员必须严守岗位；非事故单位，不得在事故期间占用调度电话向调度或其他单位询问事故情况。

二、监控员职责

事故情况下，接受调度员调度操作指令，在确认现场一、二次设备具备操作条件情况下，遥控操作所控变电站开关，实现开关运行转热备用或热备用转运行的状态转换。在执行调度操作指令前和操作结束汇报当值调度员后，必须通知相关运维班组人员。

发生事故时，监控运行人员应按照以下流程开展事故处理工作。

尽快通过监控系统核对相关设备的遥测、遥信信息，确认事故信号的真实性：

（1）检查监控系统事故推画面信息，查看事故开关是否变位并持续闪烁。

（2）浏览告警窗相关事故报文及保护与自动装置动作信息。

（3）检查监控系统事故开关间隔画面的开关位置是否在分位，电流、电压、功率遥测值是否降至零或接近于零。

（4）事故开关所涉及的光字牌图中保护动作光字是否点亮并持续闪烁。

（5）若并非所有检查项目均认定事故信息有效，则应结合事故报文、遥测、遥信值综合判断。判断时，首要依据为开关位置信息及其遥测量是否同时发生对应变化，如果发生对应变化，则可认为事故信息正确，开关确已分闸。否则，需通过整站负荷、潮流的变化情况、对侧厂站保护动作信息等间接手段判断。

（6）立即联系检修公司运维班组赴现场检查处理，联系过程中，简要介绍事故情况，以帮助其做好事故处理的各项准备工作。

三、检修公司运维班组职责分工

（1）在发生事故后，接到电网监控员的通知后，按照规定时间，迅速赶赴现场。

（2）待检修公司运维班组到达现场完成检查工作后，应将事故的详细情况及设备检查情况汇报调控人员。

（3）检修公司运维班组在调度员的指挥下完成事故处理中相应的倒闸操作，监控员通过监控系统对其操作进行监视，并与其核对设备遥测、遥信信息。

（4）事故处理过程中，监控员应根据事故处理进展，实时做好各项记录。

（5）现场运维人员汇报事故处理完毕后，值班监控员与现场运维人员核对事故设备的遥测、遥信信息，与现场核对无误，且所有事故信息均已复归后，方可确认事故确已处置完毕，并立即向调度汇报。

第四节　母线事故处理

一、常见母线故障

常见母线故障包括：

（1）GIS 母线管 SF_6 气体泄漏故障。

（2）母线上所接设备绝缘损坏或发生闪络（隔离开关、断路器、避雷器、互感器等）。

（3）母差保护整定错误或二次回路故障造成保护误动。

（4）发生故障时断路器拒动造成越级跳闸。

（5）因上一级母线故障跳闸造成本级母线失压。

（6）误操作或操作时设备损坏。

二、母线失压造成的后果

母线故障后，连接在母线上的所有断路器均断开，双母线同时故障时可能造成电网解列。

母线故障后连接在母线上的变压器、线路可能失电。

三、故障处理原则

（1）监控人员应检查项目包括：

1）告警窗口中母差保护动作信息、开关变位信息，首先应判断母差保护是否误动作。

2）一次主接线图中跳闸母线遥测、遥信信息，连接在母线上断路器的位置。

3）对于双母接线，检查失压母线所接元件电流、有功功率、无功功率、母线电压指示。

4）将事故发生时间、设备名称、断路器变位、保护动作信息记录并汇报相关调度，同时通知运维人员。

5）加强对站内正常设备运行工况的监视，发现有过负荷情况发生时立即汇报相关调度。

6）当母线失压时，监控人员应不待调令，立即拉开失压母线上的所有开关，并汇报当值调度员。

7）在调度的指挥下配合调度进行事故处理。

（2）调度人员事故处理时处理原则见表7-1。

表 7-1　　　　　　　　　　　　　调度人员事故处理时处理原则

母差保护动作引起母线失压	（1）未经检查不得强送。 （2）经过检查找到故障点并能迅速隔离或属瞬间故障且已消失，可对停电母线恢复送电。 （3）经过检查找到故障点但不能很快隔离的，若是双母线中的一条母线失压，应对接于失压母线的各元件进行检查，确认无故障的元件可倒至运行母线并恢复送电，并将故障母线或故障元件转为冷备用或检修状态。 （4）经过检查不能找到故障点时，可对停电母线试送电一次。对停电母线进行试送，应尽可能用外来电源，试送开关必须完好，并有完备的继电保护。有条件者可对故障母线进行零起升压。 （5）双母（包括双母单分段、双母双分段）接线方式 GIS 母线失压时，因无法观察到故障点，应首先将接于失压母线的所有隔离开关拉开，然后用外来电源对接于该母线的线路、母联断路器及隔离开关、变压器带电，逐段查找故障点。查找故障点时，应特别注意对线路、变压器与失压母线之间 T 触点的检查
开关失灵保护或出线、主变压器后备保护动作造成母线失压	迅速将故障点隔离，然后恢复母线运行
3/2 断路器接线方式的母线故障跳闸	若跳闸前，各串均为合环运行，则母线故障不影响对线路及变压器设备供电；若在故障前，中间断路器停用，跳闸将引起线路或变压器跳闸

第五节　高压开关类设备事故处理

一、高压开关类设备故障处理原则

在变电设备中，断路器的故障率比较高，断路器故障对系统的影响也较严重的，本节介绍断路器常见故障及异常运行的处理原则。

高压断路器常见故障及处理原则见表7-2。

表 7-2　　　　　　　　　　　　　高压断路器常见故障及处理

断路器拒绝分闸	定义	指合闸运行的断路器无法断开
	原因	断路器二次设备故障；断路器操动机构压力异常或未储能
	影响	如果此时与本断路器有关设备故障，则断路器拒动无法分合闸，断路器失灵保护出口，扩大事故范围

断路器拒绝分闸	处理原则	（1）电气设备故障而断路器拒绝跳闸时，无论故障设备是否已经停电，值班人员应当不待调令立即设法使该设备与电源隔离。 （2）断路器在运行中发生故障不能进行分闸操作时，调控中心值班调度员可采取下列措施，使故障开关停电： 1）用拉开本厂、站其他断路器的办法，使故障断路器停电（如双母线出线断路器故障，可在倒母线后通过母联断路器切除故障断路器）； 2）用故障开关两侧的隔离开关切断其他开关的旁路电流的办法，使故障开关停电（隔离开关拉母线环流要经过试验并有明确规定）； 3）用拉开其他厂、站开关的办法，使与故障开关连接的回路断开，从而使故障开关停电
断路器拒绝合闸	定义	指分闸运行的断路器无法合入
	原因	断路器二次设备故障；断路器操动机构压力异常或未储能
	影响	线路发生瞬间故障，断路器在重合闸过程中拒合闸，将造成该线路停电
	处理原则	（1）若运行中的断路器出现闭锁合闸，则退出重合闸装置，对于压力下降较快的断路器，应尽快转移负荷，将其停电隔离。 （2）若热备用的断路器出现闭锁合闸，则将断路器转为冷备用或检修状态，等待运维人员处理。 （3）断路器出现拒合闸时，现场人员若无法查明原因，则需将该断路器转检修进行处理。有条件的采用旁路串代方式进行供电
断路器非全相运行	定义	分相操作的断路器有可能发生非全相分、合闸，将造成线路、变压器或发电机的非全相运行，对元件特别是发电机造成危害
	处理原则	断路器操作时发生非全相运行应立即断开该断路器，当运行的断路器发生非全相时，如果断路器两相断开，应令现场人员立即将断路器三相断开，若非全相运行断路器断不开，则立即将该断路器的功率降至最小，然后将该断路器隔离；如果断路器一相断开，可令现场人员试合一次，若合闸不成功，应尽快采取措施将该断路器停电
断路器 SF$_6$ 气压降低闭锁	定义	断路器本体 SF$_6$ 压力数值低于闭锁值，压力（密度）继电器动作，正常应伴有控制回路断线信号
	原因	（1）断路器有泄漏点，压力降低到闭锁值； （2）压力（密度）继电器损坏； （3）回路故障； （4）对于不带温度补偿的压力表，根据 SF$_6$ 压力温度曲线，温度变化时，SF$_6$ 压力值变化
	影响	（1）如果断路器分合闸闭锁，此时与本断路器有关设备故障，本断路器拒动，断路器失灵保护出口，扩大事故范围。 （2）造成断路器内部故障
	处理原则	（1）若运行中的断路器出现合闸闭锁，则退出重合闸装置，有条件的可以进行带电补气，对于压力下降较快的断路器，应尽快转移负荷，将其停电隔离。 （2）若运行中的断路器出现分闸闭锁，根据实际接线方式、负荷情况采用以下方式立即将闭锁的断路器隔离。注意操作过程中避免其他设备过负荷、过电压等情况发生，同时尽量将负荷转移，对于可能造成负荷损失的厂站，通知地调或用户做好保厂用电措施（电解用户做好保温措施），隔离闭锁断路器后，迅速恢复损失的负荷： 1）用拉开本厂、站其他断路器的办法，使闭锁断路器停电（如双母线出线断路器故障，可在倒母线后通过母联断路器切除闭锁断路器）； 2）用闭锁断路器两侧的隔离开关切断其他断路器的旁路电流的办法，使闭锁断路器停电（隔离开关拉母线环流要经过试验并有明确规定）； 3）用拉开其他厂、站断路器的办法，使与闭锁断路器连接的回路断开，从而使闭锁断路器停电。 （3）若热备用的断路器出现分闸、合闸闭锁，则将断路器转为冷备用或检修状态，等待运维人员处理

二、隔离开关常见故障及处理

隔离开关是变电站一次设备倒闸操作中操作最频繁的设备，也是出故障较多的设备，有的故障可能导致设备强迫停运、断路器跳闸等事故。

高压断路器常见故障及处理原则见表7-3。

表 7-3   隔离开关常见故障及处理

分合闸不到位	定义	隔离开关在合闸操作中会发生三相不到位或三相不同期、分合闸操作中途停止、拒分拒合等异常情况
	原因	隔离开关二次回路故障；隔离开关操动机构异常
	处理原则	由于通常操作隔离开关时，该元件断路器已在断开位置，因此隔离开关异常后，可安排该元件停电检修，进行处理
接头发热	定义	因接触不良使隔离开关的导流接触部位发热
	原因	经常的分合操作、触头的氧化锈蚀、合闸位置不正等
	处理原则	运行中的隔离开关接头发热时，应降低该元件负荷，并加强监视； 双母线接线中，可将该元件倒至另一条母线运行；有专用旁路断路器接线时，可用旁路断路器代路运行
带负荷误拉合隔离开关	原因	人员误操作、隔离开关二次回路故障
	处理原则	（1）误合隔离开关：在合闸时产生电弧也不准将隔离开关再拉开。因为带负荷隔离开关，将造成三相弧光短路。 （2）误拉隔离开关：误拉隔离开关在闸口脱开时，应立即合上隔离开关，避免事故扩大；如果隔离开关已全部拉开，则不允许将误拉的隔离开关再合上

第六节 变压器事故处理

一、变压器常见故障

（1）内部故障（包括绕组开路、主绝缘受潮放电、匝间短路、接地短路等）。

（2）外部故障，主要是变压器套管引出线发生的相间、接地短路、引线发热、套管爆炸、严重漏油、分接开关故障等。

（3）变压器事故过负荷，油温高，冷却器故障延时跳闸。

（4）保护误整定、装置误动作或二次回路有问题引起变压器误跳闸。

（5）压力释放装置喷油或溢油。

（6）电网其他元件故障，该元件断路器拒动，导致变压器后备保护动作。

二、变压器跳闸造成的后果

（1）变压器跳闸后造成负荷转移，使正常运行的变压器负荷增加，有可能造成过负荷。

（2）对于站内只有一台变压器的将造成全站失电。

（3）系统中重要的联络变压器跳闸后，将导致电网结构发生重大变化，导致电网结构发生重大变化，导致潮流大范围转移。

三、变压器故障处理原则

变压器故障处理原则见表 7-4。

表 7-4 变压器故障处理原则

监控人员处理原则	（1）根据断路器变位信息、保护动作情况及相关遥测信息判断是否是变压器故障跳闸，将简要情况汇报相关调度。 （2）检查详细的保护动作信息，并通过视频系统查看变压器的外观，将保护详细信息汇报调度。 （3）若站内是两台变压器，其中一台事故跳闸后，重点监视另一台主变压器有无过负荷现象
调度人员处理原则	（1）变压器主保护（重瓦斯或差动保护）动作跳闸，在未查明故障原因并消除故障前不允许强送电。 （2）变压器主保护（重瓦斯或差动保护）动作跳闸，在检查变压器外部无明显故障、检查瓦斯气体和故障录波器动作情况，证明变压器内部无明显故障后，可以试送一次；有条件时应进行零起升压。 （3）变压器后备过流保护动作跳闸，在找到故障点并有效隔离后，可试送一次。 （4）有备用变压器或备用电源自动装置投入的变电站，当运行变压器跳闸时应先启用备用变压器或备用电源，然后再检查跳闸变压器。 （5）检修完工后的变压器送电过程中，变压器差动保护动作后，如明确为励磁涌流造成变压器跳闸，可立即试送

第七节　线路事故处理

运行经验表明，输电线路的故障所占比例较大，输电线路的故障又分为单相接地、两相接地短路、三相短路、线路断线故障等，其中单相接地故障又分为单相瞬时性故障和单相永久性故障，单相接地故障占输电线路故障 80% 左右。

一、线路故障的现象

（1）瞬时性故障跳闸：故障线路保护动作、重合闸动作，重合成功；断路器状态先断开后合上；故障线路电流、功率瞬间为零继而又恢复正常。

（2）永久性故障跳闸：故障线路保护动作、重合闸动作，重合不成功，后加速保护动作；断路器状态先断开后合上再跳开；故障线路电流、功率指示均为零。

（3）线路故障跳闸，重合闸未动作：故障线路保护动作；断路器状态断开；故障线路电流、功率指示为零。

二、线路跳闸造成的后果

（1）当带负荷的馈线跳闸后，将导致所带的负荷失电。

（2）带发电机运行的线路跳闸后，将导致发电机解列。

（3）当环网线路跳闸后，将导致相邻线路潮流加重甚至过载。或使电网结构受到破坏，相关运行线路的稳定极限下降。

系统联络线跳闸后，将导致两个电网解列。送端电网将功率过剩，频率升高；受端电网将出现功率缺额，频率降低。

三、线路故障处理原则

线路故障处理原则见表7-5。

表 7-5　　　　　　　　　　　　　　线 路 故 障 处 理 原 则

监控人员处理原则	（1）检查告警窗口中保护动作信息、重合闸动作信息、断路器变位信息及相关遥测信息，确认故障跳闸后汇报相关调度。 （2）详细检查保护动作信息，包括故障相别、故障距离、详细的保护动作信息及当时的负荷情况汇报相关调度。 （3）双回线路其中一条线路故障跳闸，监控人员加强对另一回线路负荷的监视
调度人员处理原则	（1）双电源线路跳闸后进行处理时，应先查明线路有无电压。若线路有电压，恢复时应检查同期，严防非同期合闸。无电压时应根据现场设备状况、继电保护及安全自动装置动作情况、故障录波器的动作情况、天气等情况，判断有可能强送成功时，允许强送一次。线路强送电时，应遵守调度操作规程中的有关规定。 （2）单电源线路跳闸后，无重合闸或重合闸未动时，允许强送一次；若强送失败或重合闸动作不成功时，经检查设备无异常，允许再强送一次。 （3）并列运行线路其中一回跳闸，无重合闸或重合闸未动时，允许强送一次；当重合失败或强送失败时不再强送。 （4）受遮断容量或其他原因限制不允许使用重合闸或不允许强送的开关，监控人员应及时汇报当值调度员。 （5）当线路保护和高压电抗器保护同时动作跳闸时，应按线路和高压电抗器同时故障来考虑事故处理。在未查明电抗器保护动作原因和消除故障之前不得进行强送，在线路允许不带电抗器运行时，如需要对故障线路送电，在强送前应先将高压电抗器退出运行。 （6）故障线路强送原则。 1）空充电线路、试运行线路、电缆线路、具有严重缺陷的线路故障跳闸后，经备用电源自动投入装置已将负荷转移至其他线路，不影响供电，断路器有缺陷或遮断容量不够、事故跳闸次数累计超过规定及带电作业前明确不能强送的等一般不应强送。 2）强送端应选择离主要发电厂及中枢变电站较远且对系统稳定影响较小的一端；在局部电网与主网联络线跳闸强送时，一般选择由大网侧强送，小网侧并列。 3）在强送前，要检查重要线路的输送功率在规定的限额之内，必要时应降低有关线路的输送功率或采取提高电网稳定的措施。 4）强送开关应至少有一套完善的保护，强送开关所接母线上必须有变压器中性点直接接地。 5）强送前应控制强送端电压，使强送后首端、末端电压不超过允许值。 6）带电作业的线路，工作前明确可以强送的，跳闸后可以强送。 （7）在线路故障发生后，当值调度员应及时通知查线，并将继电保护、安全自动装置动作情况、开关跳闸情况、故障测距通知查线单位。查线人员未经调度许可，不得进行任何检修工作。除非线路已经做好安全措施，并经当值调度员通知线路已停电可以进行检修工作外，查线人员都应认为线路带电

第八节　补偿装置事故处理

补偿装置可分为高压无功补偿装置和低压无功补偿装置，常见的低压无功补偿设备主要有并联电抗器、并联电容器和串联电容器，其作用主要是补偿系统无功，维持系统电压。高压无功补偿装置主要是并联电抗器，其作用是补偿空载长线路的电容效应，降低工频电压升高。

（1）低压并联电容器事故处理见表 7-6。

表 7-6 低压并联电容器事故处理

并联电容器常见故障	电容器外壳膨胀、电容器漏油、电容器过电压、电容器欠压、电容器过电流、电容器温升过高、电容器爆炸、电容器三相电流不平衡、电容器母线相间短路、电容器或其断路器绝缘被击穿
监控主站的监视手段	除电容器外壳膨胀难以直接观察到外，监控后台可根据遥测、遥信观察到其他各类故障引发的告警与保护动作信息，具体信息内容根据电容器类型与保护配置情况而定。需要说明的是，电容器如果发生漏油，在未触发相应保护动作前，主站不会有告警或保护动作信号
事故处理原则	1）电容器跳闸不得强送，应安排现场运维人员检查保护动作情况及有关一、二次设备。如检查设备正常，须待电容器停电 5min 以上才可投入。 2）若运维人员认为电容器无法继续运行，则应待调令将其转为检修状态。 3）电容器退出运行后，应关注系统及母线电压情况，必要时需投入备用无功设备。 4）如因主变压器跳闸引起电容器失压，务必立即拉开失压电容器的开关，并待主变压器恢复运行，电容器所接母线带电后再行投入

（2）低压串联电容器事故处理见表 7-7。

表 7-7 低压串联电容器事故处理

串联电容器常见故障	串联电容器所在线路故障，电容器本体故障，包括电容器外壳膨胀、电容器漏油、电容器电压过高、电容器过电流、电容器温升过高、电容器爆炸等
监控主站的监视手段	串联电容器因所接线路事故跳闸而失压时，可以看到线路跳闸的事故报文及信息，其他故障的监视方式同并联电容器
事故处理原则	1）合上串联电容器旁路开关将其退出运行； 2）如出现保护动作将串联电容器永久旁路，保护动作原因未查明前，不得将电容器投入运行； 3）如因保护误动造成串联电容器旁路运行，异常未处理前不能恢复电容器运行，当保护误动造成线路永久跳闸时，应立即申请将电容器转为接地状态后恢复运行； 4）如旁路断路器发生事故不能利用旁路断路器正常将串联电容器进行旁路操作，必须立即向调度申请将相应线路退出运行，然后申请将电容器接地，恢复线路正常运行，再进一步进行电容器的处理工作

（3）低压并联电抗器事故处理见表 7-8。

表 7-8 低压并联电抗器事故处理

并联电抗器常见故障	电抗器外部引线发生短路、电抗器绕组相间短路、层间短路、接地短路、铁芯烧损及内部放电等
监控主站的监视手段	监控后台可根据遥测、遥信观察到电抗器各种短路故障引发的告警及保护动作信息。内部放电故障只有发展到一定程度，越过保护限值后，监控主站才会有所响应。具体信息内容根据电抗器类型与保护配置情况而定
事故处理原则	1）电抗器跳闸原因未查明前不得强送，应安排现场运维人员检查保护动作情况及有关一次回路的设备。 2）若故障点不在电抗器内部，可不对电抗器进行试验，排除故障后立即恢复送电。 3）若检查试验后未发现任何故障，应考虑保护有无误动可能，并等待运维人员得出进一步的检查结果。 4）若运维人员认为电抗器无法继续运行，则应待调令将其转为检修状态。 5）电抗器退出运行后，应关注系统电压情况，必要时投入备用无功设备

（4）低压高压线路并联电抗器事故处理见表7-9。

表7-9　　　　　　　　　　　高压线路并联电抗器事故处理

并联电抗器常见故障	电抗器匝间故障，高压套管升高座均压环接地片断裂，电抗器引线短路故障，套管出现裂纹、破损或放电，套管漏油，电抗器内部油质劣化，电抗器内部接地故障等
监控主站的监视手段	监控后台可根据遥测、遥信观察到上述各故障引发的告警与保护动作信息，具体信息内容根据电抗器类型与保护配置情况而定。需要说明的是，外观破损或裂纹、轻度漏油等情况只有发展到一定程度，越过保护限值后，主站才有反映
事故处理原则	1）高压并联电抗器跳闸不得强送，应安排现场运维人员检查保护动作情况及有关一次回路的设备，未查明故障原因并消除前，不得对高压电抗器进行试送电。 2）电抗器主保护动作跳闸，在检查电抗器外部无明显故障、检查瓦斯气体和故障录波器动作情况，确认电抗器内部无明显故障后，经相关调度许可，可以试送一次。 3）电抗器后备保护动作跳闸，找到故障点并有效隔离后，可试送一次。轻瓦斯动作发出信号后应注意检查并适当降低输送功率。 4）如果电抗器被迫停运，根据现场实际情况，确定线路能否在无高抗的情况下运行，如果可以运行，是否需要退出重合闸。 5）高压电抗器与线路只有隔离开关连接时，若高压电抗器保护与线路保护同时动作，则应按照高压电抗器故障处理，未查明内部确无故障前，不得对高压电抗器进行送电

第九节　站用交、直流系统事故处理

一、站用交流系统常见故障及处理

站用交流系统常见的故障有单馈线断路器跳闸或熔断器熔断、单馈路非全相运行及主变冷却器全停等。

（1）单馈线断路器跳闸或熔断器熔断事故处理见表7-10。

表7-10　　　　　　　　　单馈线断路器跳闸或熔断器熔断事故处理

原因分析	1）本馈路内发生短路故障； 2）馈路过负荷； 3）馈路内的用电设备故障； 4）断路器或熔断器容量太小
处理原则	1）发生单馈线断路器跳闸或熔断器熔断时，如由双馈路供电，应立即将该馈路负荷切换至另一段电源运行，即时恢复馈路供电； 2）非双回路供电的负荷，应采取防止事故扩大的措施； 3）查找回路中故障点时，应根据运行方式、天气情况、站内检修施工情况、设备隐患缺陷情况等方面综合分析，判断可能发生故障的部位

（2）单馈路非全相运行事故处理见表 7-11。

表 7-11 单馈路非全相运行事故处理

原因分析	1）馈路内发生单相或两相接地故障、两相短路故障，引起断路器单相或两相熔断，断路器或接触器自身故障造成的非全相运行； 2）馈路内单相或两相断线； 3）站用变压器高低压熔断器单相或两相熔断
处理原则	1）若本回路内有三相电机负荷，应将负荷切至另一段电源或停用； 2）由熔断器熔断引起的非全相运行时，检查回路无故障后，更换同规格的熔断器恢复运行

（3）主变压器冷却器全停故障。主变压器冷却器全停后，将造成主变压器油温过高，危及主变压器安全运行，延时跳闸将造成事故，其故障处理见表 7-12。

表 7-12 主变压器冷却器全停故障处理

原因分析	（1）装置电源故障； （2）所有冷却装置内部同时故障造成冷却器全停； （3）主变压器冷却器电源切换试验造成短时间主变压器冷却器全停
处理原则	（1）在条件允许的情况下，将冷却器故障主变压器负荷转移，减缓主变压器油温上升； （2）若冷却器无法在现场规程规定的时间内恢复，应设法将变压器停运，防止变压器油温过高延时跳闸

二、站用直流系统常见故障及处理

变电站的直流电源系统一般由蓄电池、充电装置、直流负荷三大部分组成。在接线及运行方式上，直流系统采用辐射网络，两段直流母线分列运行，可短时并列操作，变电站直流系统常见事故为直流系统部分或全部电压消失。

对配备了"两电三充"功能的变电站直流系统来说，直流系统稳定运行的可靠性大大增加，发生全站直流消失的可能性不大，但绝不是不可能。发生全站直流消失，往往是同时产生多个故障点，在自然灾害、天气恶劣的情况下还是有可能发生的。直流系统电压消失对整个电网的安全运行危害极大。未配备"两电三充"功能的变电站或功能不完善的改造变电站，发生直流消失的可能性就大大增加。因此，发生直流消失时，值班人员能正确、迅速地检查处理，对于保障电网安全运行意义重大。直流消失故障的处理见表 7-13。

表 7-13 直 流 消 失 故 障 处 理

直流消失的 原因	（1）蓄电池总熔断器容量小或不匹配，在大负荷冲击下造成熔丝熔断，导致部分回路直流消失。 （2）熔断器质量不合格，接触不良导致直流消失。 （3）由直流两点接地或断路造成熔丝熔断导致直流消失

直流消失的现象	（1）直流消失伴随有电源指示灯灭，发出"直流电源消失"、"控制回路断线"、"保护直流电源消失"或"保护装置异常"等光字信号及熔丝熔断等现象。 （2）控制盘上指示灯、信号、音响等全部或部分失去功能
直流消失的查找或处理	（1）检查熔丝是否熔断，更换容量满足要求的合格熔断器。 （2）对蓄电池接线断路，应到蓄电池室内对蓄电池逐个进行检查，发现接线断开时，可临时采用容量满足要求的跨线将断路的蓄电池跨接，即将断路电池相邻两个电池正、负极相连，并立即通知专业人员检查处理。 （3）当直流消失后，应汇报调度，停用相关保护，防止查找处理过程中保护误动

第十节　二次设备事故处理

一、二次回路故障事故

（1）二次回路故障引发事故的类型及原因分析：

1）如图 7-2 所示，当直流接地发生在 A、E 两点时，将造成 KA1、KA2 触点短路，继电器 KM 启动，使断路器误动跳闸。同样，A、C 两点，A、D 两点或 D、F 两点同时发生接地时，也能引起断路器的误动跳闸。

2）如图 7-2 所示，当直流接地发生在 B、E 两点，D、E 两点或 C、E 两点时，保护动作后，断路器可能拒动。若 A、E 两点同时发生接地，则会引起熔丝熔断，事故时，保护装置拒动，造成越级跳闸。

3）断路器控制回路断线造成的保护拒动，最终造成越级跳闸。

4）电压或电流回路断线造成的保护误动。

5）设备接线盒、端子箱等由于老化、破损等原因密封被破坏，使水渗入箱体，造成交直流混线，交流串入直流，引起保护误动。

（2）二次回路故障引发事故时的信号包括：

1）当直流两点接地造成断路器拒动

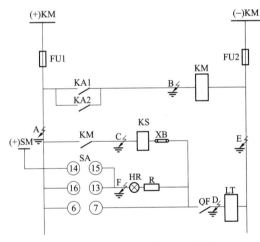

图 7-2　直流接地位置示意图

时，会产生保护动作信号、直流接地信号和失灵保护启动信号。

2）控制回路断线若发生事故，有保护动作信号、控制回路断线信号及失灵保护启动信号。

3）直流两点接地造成断路器误动时，有直流接地信号，没有保护装置动作信号，断路器跳闸，可以判定线路无故障。

4）电压或电流回路断线造成保护误动时，除有保护动作信号，还应有 TV 或 TA 断线信号，且 TV 或 TA 断线信号先于保护动作信号出现。

5）交直流混线造成的事故，可能没有任何信号或只有直流接地信号。如果发生该类情况，需由现场运维人员对设备进行全面的检查。

二、二次设备故障事故及处理原则

二次设备故障引发的事故及处理原则见表 7-14。

表 7-14　　　　　　　　　　二次设备故障引发的事故及处理原则

二次设备故障引发事故的原因	（1）保护装置的定值整定错误引起保护误动或拒动； （2）装置内部异常或元件发生损坏
二次设备故障引发事故时的信号	（1）定值整定错误造成保护误动时，其信号与事故情况下保护正确动作时的信号一致； （2）定值整定错误造成保护拒动时，其信号为上一级开关的后备保护动作的事故信息，越级跳闸切除本级故障； （3）装置内部异常或元件损坏造成保护误动时，除设备的保护动作信息外，还可能还有保护装置告警的异常信息； （4）装置内部异常或元件损坏造成保护拒动时，除有上一级开关的后备保护动作信息外，还可能有保护装置告警的异常信息
二次设备故障引发事故的处理原则	（1）二次设备故障造成保护拒动所引发的事故，汇报调度并征得调度员许可后，可尝试手动拉开拒动开关，再合上越级跳闸开关； （2）若手动打跳拒动开关不成功，则等待运维人员赴现场处置； （3）做好相应设备的事故处置措施，防止事故进一步扩大或对其他运行设备及电网造成影响

监控技术支持系统简介

第一节 调度自动化系统

一、调度自动化系统概述

调度自动化系统是基于计算机、通信、控制技术，在线为各级电力调度机构生产运行人员提供电力系统运行信息、分析决策工具和控制手段的数据处理系统。调度自动化系统一般包含发电厂、变电站的数据采集和控制装置，以及各级调度机构的主站设备，通过通信介质或数据传输网络构成系统。

调度自动化技术的发展是随着计算机和控制技术的发展以及为保证电网安全、经济、稳定、可靠运行密切相关。其发展经历了以下三个阶段。

1. 远动技术应用阶段

20 世纪 40～50 年代采用电子管、晶体管、集成电路构成的 RTU 及模拟盘技术，将电力运行数据展现在模拟盘上，增强了调度员对实际系统运行变化的感知能力，并通过电话发出控制命令。

2. 计算机应用阶段

20 世纪 60～70 年代，数字计算机技术开始逐步应用于电网调度自动化系统（主站和子站），出现了电网调度数据采集和监视控制（SCADA）系统，这是电网调度自动化技术的一次飞跃。系统可靠性和数据分析能力极大提高，调度效率得以进一步提高。这一阶段，自动发电控制和经济调度控制不再独立存在，而是以 AGC/EDC 软件包的形式和 SCADA 系统结合，成为 SCADA/AGC-EDC 系统，这是 SCADA 系统出现后的电网调度自动化系统中第一次功能综合。

3. SCADA/EMS 阶段

20 世纪 80 年代初，电网高级应用软件（PAS）得以应用并综合到电网调度自动化系统，形成了 SCADA/AGC-EDC/PAS 系统后，电网调度自动化系统从 SCADA 系统升级为能量管理系统（EMS）。从此，调度自动化走向了一个新的阶段。

20 世纪 90 年代后，随着计算机和网络通信技术的发展，以及电力系统的发展和电力体制改革的深化，为保证电网安全、优质和经济运行以及电力市场的有序运行，电力调度自动化已经发展到可以同时运行多个应用系统，例如，能量管理系统（EMS）、调度培训（DTS）、配电管理系统（DMS）、调度管理系统（DMIS）、自动电压无功控制（AVC）、广域测量系统（WAMS）、网页浏览技术（WEB）和电力市场技术支持系统等。EMS 的发展使电网调度运行管理由传统的经验型上升至分析型并且向着智能型发展，是确保电网安全、稳定、优质、经济运行的重要技术手段。

二、调度自动化系统的结构与组成

调度自动化系统主要由厂站端系统、信息传输系统、调度主站系统三部分组成。如图 8-1 所示。

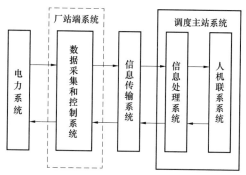

图 8-1　调度自动化系统的结构与组成

1. 厂站端系统

该部分主要起到两方面的作用：

（1）采集发电厂、变电站中各种表征电力系统运行状态的实时信息，并根据需要向调度控制中心转发各种监视、分析和控制所需的信息。采集的量包括遥测量、遥信量、电度量、水库水位及保护的动作信号等。

（2）接受上级调度中心根据需要发出的操作、控制和调节命令，直接操作或转发给本地执行单元或执行机构。执行量包括开关投切操作命令，变压器分接头位置切换操作，发电机功率调整、电压调整，电容电抗器投切，发电调相切换甚至修改继电保护的整定值。

上述功能通常在厂站端由以微机为核心的远方终端 RTU（remote terminal unit）实现，由远动装置或 RTU 的厂站直接与调度中心相连，或由其他厂站转发。信息采集和执行子系统是调度自动化的基础，相当于自动化系统的眼和手，是自动化系统可靠运行的保证。

2. 信息传输系统

厂站端系统采集的信息及时、无误地通过信息传输系统送给调度控制中心。现代电力系统中的信息传输系统，传输信道主要采用电话、电力线载波、微波和光纤，偏僻的山区或沙漠有少量采用卫星通信。电力线载波利用电力系统本身的特点，投资少，但信道少，传输质量差。目前系统主要采用光纤通信，光纤通信具有可靠性高、速度快、容量大、制造成本低等特点。

3. 调度主站系统

调度主站系统是调度自动化系统的核心，主站系统主要由计算机系统组成，其主要功能见表 8-1。结构一般分为双机结构和分布式结构。

（1）双机结构。双机结构工作方式介绍见表 8-2。

表 8–1   主 站 系 统 功 能 简 介

主站系统功能	功 能 简 介
实时信息处理	包括形成正确表征电网当时运行情况的实时数据库，确定电网的运行状态，对超越运行允许限值的实时信息给出报警信息，提醒调度员注意越限信息
离线分析	可以编制运行计划，编制检修计划，进行各种统计数据的整理分析
电能质量	包括自动发电控制 AGC，以维持系统频率在额定值，及联络线功率在预定的范围之内；无功电压控制保证系统电压水平在允许的范围之内，同时使系统网损尽可能小
系统安全	包括对当前系统的安全监视、安全分析和安全校正。安全监视是调度员日常工作，当发现系统运行状态异常，要及时处理。安全分析主要是对预想事故的分析、检测系统在预想事故下是否仍处在安全运行状态，如果出现不安全运行状态由安全校正功能进行计算并给出校正控制策略
经济性	主要是由计算机做出决策，调整系统中的可调变量，使系统运行在最经济的状态
人机联系	通过人机联系系统，调度员随时可以了解和掌握系统运行情况，通过各种信息做出判断，实现对系统的实时控制。人机联系系统包括模拟盘、图形显示器、控制台键盘、音响报警系统、记录打印绘图系统

（2）分布式结构。分布式系统是把系统的各项功能分散到多台计算机中去，各台计算机之间用局域网相连并通过局域网高速交换数据。人机联系的处理机也以工作站方式接在局域网上。每台计算机承担特定的任务，如前置机、监控处理机、人机联系、历史文件处理机、电网分析处理机等。对某些重要的实时功能，设置双重化的计算机，如双前置机、双后台机、双网络等。

分布式系统结构优点在于资源共享和并行计算，局域网（LAN）通信灵活、数据传输方便。在系统扩充功能时，只需增加新的处理器，无须改造整个系统。分布式系统采用标准的接口和介质，把整个系统按功能分解分布在网络节点上，形成各种计算机互相兼容，相互连接和移植，实现数据冗余分布，组成开放式的分布式系统。

表 8–2   双机结构工作方式介绍

工作方式	方 式 简 介
主—备工作方式	通常采用完全相同的两台主机及各自的内、外存储器及输入/输出设备。承担在线运行功能的计算机，称值班机；处于热备用状态的计算机，称为备用机。当值班机发生故障，监视设备立即自动把备用机在最短的时间内投入在线运行。采用这种工作方式时，备用机必须保持与值班机相同的数据库，便于软件的维护和开发、运行人员的模拟培训及离线计算等
主—副工作方式	通常采用一台计算机为主，担负在线运行的主要功能；另一台为副，担负较次要的在线运行功能和辅助的或离线的功能。在主机发生故障时，自动使副计算机承担起主计算机的功能
完全平行工作方式	通常采用两台计算机同时承担在线运行功能，这种方式不存在主—备机或主—副机切换问题

三、厂站端系统的基本功能

目前调度自动化系统中厂站端系统的主要设备有远动装置（RTU）和综合自动化的远

传数据处理装置，主要功能有遥测、遥信、遥控、遥调和通信五大方面。

1. 遥测

遥测即远方测量，将对象参量的近距离测量值传输至远距离的主站来实现远距离测量的技术。在电力系统中是指将远方厂、站端的有功功率、无功功率、电压、电流、频率等电气参数及主变压器挡位和温度、热电厂的汽压、水电厂的水位等非电气参数远距离传送给调度中心。这些被测参数是随时间连续变化的模拟量，也称遥测量。遥测量应实时地送往调度中心。

2. 遥信

遥信即远方状态信号，即将远方厂、站的设备的状态信号远距离传送给调度中心。设备的状态信号包含发电厂、变电站中断路器位置信号、隔离开关位置信号、继电保护动作信号、告警信号，以及一些运行状态信号，如厂站设备事故总信号、设备的运行故障信号等。

3. 遥控

遥控即远方控制，即从调度中心发出命令以实现对远方设备的操作。这种命令通常只有两种状态指令，例如命令断路器的"合"、"分"指令。遥控可以实现远程控制厂、站内断路器、隔离开关的运行状态、投切补偿电容和电抗器、发电机组的启停、自动装置的投退等。

4. 遥调

遥调即远方调整，即调度中心远方调整或设置厂、站设备的各种参数。包括远方直接调整发电厂的有功或无功出力、励磁，以及变压器的挡位调节。遥调对象一般有变压器或补偿器的分接头、机组有功或无功成组调节器等。通过对遥调信息的执行，可以达到增减机组出力和调节系统运行电压的目的。

5. 通信

可与多个调度主站进行数据通信，具备多种通信规约，如国际电工委员会制定用于SCADA系统的通信标准 IEC 60870-5-101（简称 101 规约）或其他 CDT、Polling 规约。

可与站内各保护测控单元、变电站计算机系统、其他智能化电子设备通信，传递变电站各种运行数据、设备状态及保护动作情况。

四、调度主站系统的基本功能

目前调度自动化主站系统是以计算机为中心的分布式、大规模的软、硬件系统，是调度自动化系统的神经中枢。其核心是软件系统，按应用层次可分为操作系统、应用支持平台和应用软件。

操作系统专门用于计算机资源的控制和管理，使整个计算机系统向用户提供各种服务。操作系统的实时性和稳定性是调度自动化系统的基本要求之一，目前主流的操作系统有Unix、Linux 和 Windows。考虑到系统的可靠性要求，其中地市及以上调度主站的操作系统一般采用 Unix 或混合系统（关键服务运行在 Unix 上，而人机界面采用 Windows）。

应用支持平台又称集成平台，是支持"应用编程"的基础，支持平台主要包括任务调度、人机界面系统、数据库和通信支持软件。

应用软件是在支持平台基础上实现的应用功能的程序，主要包括数据采集和监控系统（SCADA）、能量管理系统（energy management system, EMS）的应用功能模块和调度员培训仿真系统（DTS）。SCADA 主要实现对电力系统的实时运行状态数据的采集、存储和显示，以及下达、执行调度员对远方现场的控制命令。EMS 是在通过 SCADA 采集的电网实时状态的基础上，对电力系统进行经济、安全的评估，并给出调度决策建议，提高调度水平、降低调度员工作强度，它起到一个可以分析决策的"大脑"的作用。DTS （Dispatcher Training System）是对电网调度员进行培训、考核及反事故演习的数字仿真系统。

1. SCADA 系统基本功能

SCADA 是数据采集和监控系统，是调度自动化计算机系统应具有的最基本的功能。通过 SCADA 系统可以实现对电力系统实时数据的采集和运行状态的监控。监视指对电力系统运行信息的采集、处理、显示、告警和打印，以及对电力系统异常或事故的自动识别；控制则是通过人机联系设备对断路器、隔离开关等设备进行远方操作的开环性控制。SCADA 系统的主要功能如下：

（1）数据采集。SCADA 采集的数据源类型包括：① 厂、站端远动上传的遥测、遥信数据；② 由上级或兄弟调度中心转发的数据；③ GPS 时钟。

数据采集的主要任务是和各子站设备交换信息。SCADA 系统进行数据采集的过程为：子站设备扫描并快速更新子站设备内部数据；调度主站周期查询子站设备；子站设备向调度主站计算机传送所要求的数据；调度主站计算机进行数据校验、检错、纠错；将数据转换成标准形式并送入主机数据库。

（2）远动通信技术。传统的远动通信主要采用串行通信，传输速率低，一般只能达到几万比特率，并且不稳定。随着变电站自动化技术的广泛应用，需要采集的数据呈现数量级的增加，原来的通信模式已经不能满足需要。目前已逐步采用光纤联网技术，传输速率可以达到几十兆到上百兆比特率。采用光纤联网技术的另一变化是使 SCADA 的前置系统大为简化，远方 RTU 的数据可以直接接入采集数据网，而不需要调制解调用的 Modem 和终端服务器。

1）通道切换方式。厂站端的 RTU 一般采用两个通信通道与调度中心互连，可以是一组模拟通道和一组数字通道，也可以均为模拟通道或数字通道。SCADA 前置系统需要选择其中一个通道的数据，这就涉及通道切换的问题。传统的做法是在 Modem 后面接一个通道切换柜，由前置机通过判断当前使用的通道的数据误码率的高低来决定是否切换通道。该模式在前置计算机和 Modem 之间增加了一个环节，降低了系统的可靠性。新的模式是采用智能化的 Modem，Modem 有一系列的可编程 Modem 通道板。每个 Modem 通道板可以接两路通道的信号，由 Modem 通道板自己判断两路信号的质量，决定采用哪路信号。

2）数据接入方式。由于 Modem 出来的是多路串口信号，而计算机的串口个数是有限的。传统的做法是串口扩展卡。该设备最大的问题是不能热插拔，扩展很不方便。

目前的 SCADA 已全部采用标准的网络设备（终端服务器）。终端服务器有两种接口：若干个串口和一个网络接口。通过串口接入多路串口信号，终端服务器可以把这些串口信号转换成网络信号。终端服务器通过网络接口挂接在前置采集网上，前置机可以把终端服务器上的串口映射成本机虚拟串口，并通过这些虚拟串口与终端服务器进行数据交换。

（3）数据预处理。SCADA系统中由信息传输系统直接送来的信息被存入数据库以前，必须对这些数据进行合理性检查和可信性校验及处理。由于前置机接收到的是经过子站设备规约转换后的二进制代码，所以需要转换。前置机中的通信程序接收到这种代码后，根据数据采用的远动规约的种类，首先对代码进行误码分析，然后转换成有意义的工程量，并统计出误码率。

前置机除了进行采集数据的规约转换外，还有以下功能：

1）接收数据的预处理。遥测量的预处理工作主要包括遥测值的滤波处理、越限检查和遥测归零处理，状态量变位判别，变位次数统计等。发生事故变位时，对相关遥测量进行事故追忆。

2）向后台机传送信息。前置机预处理后的数据要向后台机传送，由后台机做进一步处理。可以采用有开关变位或遥测位的变化超过设定的死区时再向后台机送数的处理方法，以便减轻后台机的处理负担。

3）下发命令。接收后台机的遥控、遥调命令，并通过下行通道向子站发送。接收标准时钟（如天文钟、卫星钟等）或主机时钟，并以此为标准向子站发送校时命令，实现系统时钟的统一。

4）向调度模拟屏传送实时数据。通过串行口向模拟屏的控制主机、智能控制箱传送数据。

5）转发功能。从实时数据库中，选择出上级调度主站需要的信息，按规定的转发规约对信息重新进行组帧，向上级调度主站发送。

6）通道监视。监视各个通道是否有信号正常传送，统计信道的误码率。

（4）显示和报警。将系统运行值和设备状态进行显示，以供调度员监视系统的运行状态。当运行值越限或设备状态发生非预定变化时及时告警。监视内容如下：

1）功率、电流、电压、频率、挡位、温度、水位运行值。

2）断路器、隔离开关当前的分合状态。

3）自动化系统软硬件故障或投停。

4）计划值执行情况：地区用电、电厂出力、区域交换功率是否超计划值。

5）设备状态：机炉起、停、备用、检修和变压器的运行或检修状态。

6）保护和自动装置的动作状态。

7）自动化系统软硬件故障或投停。

8）远动设备故障或投停、通道故障或投停。

9）SOE信息。

报警方式：报警窗口显示（有最新报警行）、设备或数据闪烁、事故推画面、语音报警、随机打印等。报警信息可登录到历史库中存档，按时间段分类检索报警信息。

信息显示方法：模拟盘和彩色CRT，其中后者应用的较多。CRT显示图形画面分成背景图形画面和实时数据两部分。

图形是直观地显示电力系统运行状况的重要手段。SCADA系统软件模块中的图形系统，能绘制出电力系统运行状况的各种图形。SCADA系统常用图形画面见表8-3。

表 8–3　　　　　　　　　　　　　　　　SCADA 系统常用图形画面

分类	简　　介
厂站主接线图	由代表各种电气设备的图形符号和连接线组成，实时、直观地反映出电网的接线方式
网络潮流图	用来表示电网的潮流分布
表格	包括运行值表等
曲线	包括历史曲线图或实时动态曲线图。历史曲线图用曲线显示遥测量在某一历史时间内的变化情况。实时动态曲线图是对某一遥测量按规定的时间间隔采样，显示从过去某一时间到当前时间的曲线。用于显示负荷、频率、中枢点电压等随时间的变化过程
棒图/饼图	直观显示运行值，备用值等靠近上下限的程度
目录	画面、打印表单或各任务启停执行等画面的目录检索
地理接线图	用来表示厂、站和线路的地理位置和走向

表 8–3 中常用图形画面的调用和修改或命令的执行大多采用鼠标。

（5）统计和计算功能。SCADA 系统中的统计功能，可以通过人机界面在线定义统计或计算公式。计算可以对某一点数据进行，也可以是对一组或多组数据进行。提供成组运算的顺序定义描述界面。数据源可以是实时采集的数据，也可以是运算推导的中间数据或结果数据。统计和计算过程数据或结果数据超出边界条件时给出报警。

SCADA 系统中的计算功能，可以实现代数运算、三角函数运算、逻辑运算、电力系统专用函数运算。同时还支持用户定义的函数运算，包括用户公式语法校验功能。实现管辖范围内的有功功率总加、无功功率总加、分时电量总加，计算折算到 50Hz 的负荷值等，可实现分类/分时、最大值/最小值及其发生时间、平均值/累计值/积分值等多种方式的统计。可统计电压合格率、各联络线功率因素及全网功率因数、线损值、负荷率等运行参考信息。对电度量可分送、受电，分时段进行统计，电度底数可人工置数。开关动作次数统计。可对 RTU、前置机和各工作站作月、年运行合格率统计，并把结果和停运时间作报表存档。

（6）调度员遥控遥调操作。调度员利用计算机进行远方切换和远方调整。为了避免误操作，一方面，通过返信校验法检查命令是否正确。当子站设备收到控制命令后并不立即执行，而是在本地先校核命令的正确性。如果正确，子站设备将收到的信息返送回主站，主站将发出的信息和回收的信息进行比较，当两者一致时再发出执行命令。子站设备执行了遥控命令后再发回确认执行信息。另一方面，在画面上开窗口或者在另一屏上显示操作提示信息，按此提示信息一步一步地操作，每步操作结果都在画面上用闪光、变色、变形等给出反应，不符合操作顺序或操作有错则拒绝执行。

（7）事故追忆和事件顺序记录。主要用于记录系统发生异常情况和事故发生的顺序，以便事故后分析事故用。

1）事故追忆（post disturbance review, PDR）。为了分析事故，调度自动化系统在电力系统发生事故时，将事故发生前和事故发生后一段时间（时间可调）内事故的全过程记录下来，作为事故分析的依据，这种功能称为事故追忆。RTU 可以定时地（5s/1 次）将部分重要数据测量记入 RTU 缓冲存储器,保留 1min,定时更新。当故障发生时,自动将缓存的内容发往主站并且打印记录,用以分析事故的原因。

2)事件顺序记录(sequence of events,SOE)。当电力系统发生事故后,运行人员从遥信中能及时了解断路器和继电保护的状态改变情况。事故时将各种断路器、继电保护、自动装置的状态变化信号按时间顺序排队,并进行记录,这就是事件顺序记录。为此,主站召唤各 RTU 的记录并进行分辨。RTU 的时间基值或时钟必须一致并十分精确;另外,不同厂站 RTU 的时间同步是靠主站发的时间信息码实现的,也可以各厂站接收广播时间码来实现同步。现状更多的用 GPS(global position system)来实现时钟同步。主站记录的顺序事件的分辨率应≤5ms。

(8)网络拓扑动态着色。SCADA 系统提供完善的网络拓扑分析功能,可处理任意接线方式的厂站,根据电力系统中断路器/隔离开关的分/合状态来确定电气连通关系,确定拓扑岛。该功能以不同的颜色直观地显示出电力系统各个设备的电气状态,如带电/不带电、电气上是否连通、不同的拓扑岛可用不同的颜色等。着色处理由用户自己定义,不同着色含义由用户自己定义。

(9)打印功能。SCADA 系统中的打印功能包括定时启动、人工启动和事件驱动等模式。打印周期可设定。打印的驱动事件可选择,包括:远动状态变化或 RTU 投退、遥信变位、遥测越限、遥控操作记录、交接班记录、系统设备故障、事件记录、事故追忆、画面拷贝等。重要运行表格可先在屏幕上显示,由操作人员确认并修改,数据无误后存入数据库,并交付打印。

打印机管理功能。打印机可定义为专用设备或共享设备;打印设备接口可以有串口或并口;打印机故障时,实现任务在不同打印机间的自动转移;可灵活设置打印参数;具有打印机网络管理功能。

(10)历史数据处理。SCADA 系统中历史记录数据包括采集数据或人工置数、电网数据或自动化系统数据,计划数据或运算数据。记录的类型主要有测量数据、状态数据、累计数据、数字数据、报警数据、事件顺序记录数据、继电保护数据、安全装置数据、事故追忆记录和故障录波数据。对于状态量可采用变位记录。用于历史记录的典型数据库有全网发电总加、全网负荷总加、各厂站发供电总加、各厂站发电量、中枢点电压、系统频率等。

历史记录的存储周期可根据需要选择。系统推荐使用的典型存储周期有 1、10、15、30、60min 等。历史库中的所有数据均可参与统计和计算。

历史数据可以用于形成日、周、月、季、年报表,历史数据库数据保存时,若超出下列保存时间范围,可将数据转存外设存储媒介。

年度报告保存 10 年。

日、周、月、季报表保存 1 年。

每分钟(或每小时)历史数据保存 1 年。

历史数据库检索可以通过人机界面的图形、曲线、报表上的提示进行。

历史趋势曲线将以直观的方式显示变化趋势;统计数据可用棒图显示。

历史库为负荷预测、各种日/月/年报表、历史趋势曲线等提供数据源。

（11）调度控制系统的状态监视和控制。调度控制系统包括厂站端 RTU、信道、主站主控端计算机系统和运行的主备机及各外设备等。SCADA 系统利用该项功能监视每个设备正常、故障、异常、离线、在线、可用、停用等状态，并在显示画面上用不同颜色区分，其中设备异常或故障时应报警。

（12）报表子系统。SCADA 系统提供了自由制作报表的工具，包括丰富的编辑手段，生成各种图文并茂的图形报表。该系统用于统计、归档各种实时、历史数据和信息，并支持打印和自动网上发布。

（13）Web 发布子系统。Web 子系统实现对 SCADA 和 PAS 功能的所有画面的网上发布。通过 Web，用户可以查询实时数据、历史数据和报警信息，可以以报表和厂站主接线图的形式查询。

（14）外部接口。外部接口主要用于和外部系统交换信息，例如和 MIS、 AVC、TMR 系统等，向自己的上级调度部门传送信息，主要通过计算机通信来实现。

（15）SCADA 数据库。数据库是 SCADA 系统的核心，大部分的 SCADA 程序都是围绕数据进行工作的，如图 8-2 所示。

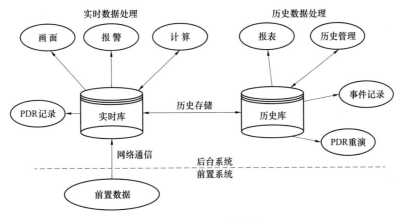

图 8-2 SCADA 数据库

SCADA 数据库由实时数据库和历史库组成。实时数据库主要存储需要快速更新和在线修改的数据库如遥测表、遥信表、计算表达式表等，由于对实时性要求较高，一般采用专用的数据库。历史库采用商用数据库实现，如 Oracle、Sybase 等，用于存储历史的电网状态数据、报警信息和维护操作信息等。

2. EMS 高级应用软件（PAS）基本功能

PAS（power system application software）是电网调度自动化系统中的重要工具。它利用 SCADA 采集的电网实时信息，对电网进行在线及离线分析，进行事故预想，为故障的恢复控制、网络优化、系统的规划等提供依据，以便提高电网运行的安全性、可靠性和经济性。

PAS 是建立在 SCADA 采集的全局电网状态上的高级应用，主要包括网络拓扑、状态估计、调度员潮流、负荷预测、自动发电控制基本功能。

（1）网络拓扑。网络拓扑的功能即通过遥信信息确定整个电网的电气连接状态，为潮流计算、状态估计、负荷预测、设计调度员潮流、自动电压控制、短路电流计算等 EMS 应用软件提供一致的、完整的可直接使用的网络数据结构图。网络拓扑软件还能对某些断路器的错误遥信信息进行辨识，以校正网络结构。

（2）状态估计。状态估计功能是对电网进一步分析、计算的基础。该项功能利用网络拓扑软件的结果和 SCADA 系统采集的遥测、遥信数据进行分析、研究加工，检测和辨识其中的不良数据，给出量测误差信息，经过处理以获得整个电网准确、可靠的实时运行状态和实时数据，如电网中各母线的电压幅值和相位，各线路和旁路的有功和无功潮流等，形成一幅比较正确的、完整的，在潮流上收敛的电力系统运行图。

（3）负荷预测。负荷预测可以按正常工作日或节假日模式分别预测未来一周内（按小时或每 15 分钟）的负荷（包括系统负荷预测和母线预测），并可以计及气象因素，如气温、雨量等对电力负荷的影响。它主要用于计算负荷变化、预计电网的运行条件，作为确定近期及当前电网运行方式的依据。

（4）调度员潮流。调度员潮流是 EMS 中最基本的分析软件，它可以对当前实时电网或者历史上某一时刻的电网进行各种模拟操作并进行潮流计算，给出计算结果及报警信息，预计进行这些操作后电网的运行状态是否安全、是否合理，为调度员控制和管理电网提供便捷的手段。

（5）自动发电控制基本功能。自动发电控制（automatic generation control ， AGC）功能是利用测量到的本控制区的发电和负荷的不平衡或系统频率的变化，经计算机程序计算，将结果通过 SCADA 系统输出控制信号，用以调整发电机出力使本区域负荷供需平衡，使系统负荷维持在设定值上，并保证系统频率不变。该功能除需要 SCADA 提供必要的量测信息外，还需和 EMS 其他高级软件配合，例如机组开停机计划、实时经济调度等。

自动发电控制系统包括发电计划跟踪环节、区域调节控制环节和机组控制环节。

1）发电计划跟踪环节在综合考虑负荷预测、机组经济组合、水电计划及联络线交换功率计划基础上，提供控制区域发电机组的基点功率计划。

2）区域调节控制环节是 AGC 的核心环节。该环节根据 AGC 控制模式，计算区域控制误差（area control error, ACE）， 并计算区域的 ACE 调节到零所需要的各机组增减的调节功率，并将这一调节分量加到机组基点功率上，得到机组的控制目标值，下发到电厂控制器。

ACE 的计算公式为

$$ACE = \Delta P + K_f \Delta f = (P_a - P_s) + K_f(f_a - f_s) \tag{8-1}$$

式中　P_a——实际交换功率，是本区域所有对外联络线实际交换功率代数和，MW；

　　　P_s——计划交换功率，是本区域所有对外联络线计划交换功率代数和，MW；

　　　f_a——电网实际频率，Hz；

　　　f_s——电网计划频率，Hz；

　　　K_f——电网频率偏差系数（符号为正），MW/Hz。

3）机组控制环节由基本控制回路调节机组控制误差到零，一台电厂控制器可控制一台或多台机组。其基本控制模式和基本功能见表 8-4。

表 8–4	AGC 的基本控制模式和基本功能
AGC 基本控制模式	定频率控制方式（constant frequnce control，CFC；或者 flat frequnce control，FFC）
	定交换功率控制方式（constant net interchange control, CIC 或 CNIC）
	联络线偏差及频率控制模式（tie line bias control，TBC）
AGC 基本功能	负荷频率控制（LFC），即跟踪系统频率和联络线功率的变化，在可控范围内调节发电机的有功功率输出，维持联络线交换功率和频率在规定范围内
	负荷频率控制性能监视，即按照 Al/A2 或 CPS1/CPS2 标准要求，对每个控制区域持续监视其控制性能
	备用监视，计算和监视区域中的各种备用容量，当备用不足时发出报警
	机组响应测试。通过向机组发预先定义的控制信号测试机组的响应，支持自动加负荷试验和自动减负荷试验

3. 网络分析应用软件（NAS）基本功能

网络分析应用软件（network analysis application software，NAS）是 EMS 在电力系统的网络分析应用功能，主要功能如下：

（1）网络建模与网络拓扑分析。根据电力系统元件的连接关系来决定实时网络结构，创建网络母线模型，从 SCADA 获取最新的逻辑设备状态或人工设置的逻辑设备的状态，进行网络分析，确定网络接线模型，建成网络母线模型和电气岛模型并提供给网络分析的其他应用软件使用。

（2）状态估计（SE）。采用当前的网络模型、冗余的实时状态和量测值、预测与计划值及调度员键入值。同时获取母线负荷预测数据作为后备伪量测，对电网的不良、可疑数据进行检测、辨识，补充不可观测岛数据，来求取电网运行情况的状态量解。维护一个完整而可靠的实时网络状态数据库，为其他网络分析软件提供实时运行方式数据。

（3）调度员潮流（DPF）。提供一种可靠、快速的潮流算法进行在线潮流计算，生成某一给定网络条件下的潮流问题的解决方法。

（4）静态安全分析（SA）。静态安全分析给电力系统调度员提供对预想事故下的电力系统稳态安全信息。

（5）安全约束调度（SCD）。安全约束调度是在保证电网安全稳定运行的基础上，以系统控制量最小或燃料（水耗）费用最低、网损最小为目标，解除系统的有功、无功、电压越限等情况。该功能为 AGC 等应用功能提供满足系统约束条件的机组经济出力。

（6）电压无功优化控制（AVC）。无功和电压的自动控制是一项综合的系统控制技术。AVC 有两种类型：一是集中控制型，即在电力调度自动化系统（SCADA/EMS）与现场调控装置间闭环控制实现 AVC；二是分散控制型，即单独在现场电压无功控制装置（VQC）上的计算模块与调控模块间闭环控制实现 AVC。

电压无功优化控制能通过调整发电机母线电压、有载调压变压器抽头、同步调相机、静止无功补偿器等无功补偿设备，或投切电容器、电抗器组等，使电网运行达到安全性和经济性。

（7）负荷预测。按照未来负荷预测的时段长短，可分为电力系统超短期负荷预测、短期负荷预测、中期负荷预测和长期负荷预测。超短期负荷预测用于预测下一小时系统负荷，最小时间间隔为 5min。短期负荷预测可分为日负荷预测和周负荷预测。中期负荷预测分为月负荷预测和年负荷预测。一年以上的负荷预测是长期负荷预测。

（8）短路电流计算。短路电流计算能计算电网中任意电气设备及元件不同类型短路时的电流情况。短路电流计算结果能直接用于继电保护的整定。

4. 调度员培训仿真（dispatcher training simulator，DTS）基本功能

调度员培训仿真（DTS）系统是指借助计算机用数学的方法来模拟真实电力系统在各种运行情况下出现各种故障时的表现形式，使调度员掌握如何根据系统中出现的异常现象分析判断系统故障，以及掌握事故处理过程。调度员培训仿真系统是 EMS 的有机组成部分，与 EMS 相连，实时地调用 EMS 数据。

DTS 系统具有网络拓扑、动态潮流和动态频率计算、电力系统全动态过程仿真、继电保护仿真、数据采集系统仿真等完整的计算模块，可仿真各级电网及母线；可设常见事故及复杂事故，并计算出假想事故发生后继电保护的连锁动作和电网潮流的变化，显示越限设备的报警提示等。

调度员通过 DTS 熟悉电网结构，掌握基本运行操作及调度规程，并可进行全网反事故演习。DTS 能实时模拟电力系统正常、事故和恢复时的运行情况，重现在线系统的用户界面和运行动作过程，可作为电网调度运行人员和方式人员分析电网运行的工具。

DTS 的主要功能如下：

（1）对学员进行电力系统正常操作的训练。

（2）对学员进行事故处理的训练。

（3）对学员进行调度自动化系统的 SCADA/EMS 使用的训练。

（4）提供计划及运行方式人员分析检修和电力系统新增设备投入的对策。

（5）对教员有灵活的培训支撑功能。

（6）对培训过程进行记录和控制，对培训结果进行评估。

DTS 系统主要由教员台系统和学员台系统构成，如图 8-3 所示。其中教员台系统包括了电力系统模型和仿真支持系统，学员台则由 SCADA/EMS 模型构成。一方面，教员台系统的电力系统模型计算产生各种工况下的电网状态，发送给学员台系统；另一方面，学员台系统可以模拟遥控和遥调方式对电力系统模型进行控制。该过程完全模拟了电力系统的生产、传输和调度的过程。一个完整的 DTS 应该具备以下功能：

（1）仿真支持功能。仿真支持功能主要包括培训前的教案制作、培训过程中的操作控制、事件处理和培训后评估。

（2）电力系统模型仿真。

1）稳态仿真。电力系统稳态仿真又称静态仿真，其核心技术是动态潮流，考虑系统操作或调整后发电机和负荷功率的变化、潮流的变化和系统频率的变化，采用潮流型算法来模拟，不考虑机电暂态过程，可用稳态电量来启动自动装置，并用逻辑方法来模拟继电保护，这种模型考虑了中长期动态过程，主要应用于调度员培训、运行方式安排、反事故演习等。

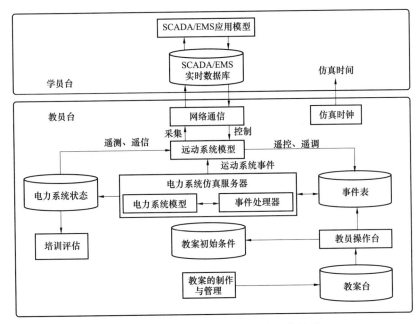

图 8-3　DTS 系统基本功能模块及其关系

2）动态过程仿真。动态仿真考虑故障或操作后发电机的机电暂态变化过程，可用暂态变化过程中电量值来启动自动装置和继电保护，这种模型考虑了暂态过程，主要应用于运行方式研究、事故分析和继电保护校核等。

（3）控制中心模型功能仿真。控制中心模型功能仿真是 DTS 的一个重要组成部分，该功能为调度员创造一个真实的环境，其所实现的仿真功能除了历史数据处理功能外，还应包括所有的 SCADA/EMS 功能，内容主要包括数据采集、数据处理和计算、事件和报警处理、远方调节和控制、数据统计、人机会话等。

五、调度数据传输系统

1. 调度数据网简介

国家电网调度数据网（SGDnet，以下简称"调度数据网"）是为电力调度生产服务的专用数据网络，是实现各级调度中心之间及调度中心与厂站之间实时生产数据传输和交换的基础设施，是实现应急技术支持系统和备用调度中心功能不可或缺的支撑平台。

调度数据网具有实时性强、可靠性高的特点，其安全性直接关系电力生产安全稳定运行。按照"统一调度、分级管理"的原则，调度数据网应按照"统一规划设计、统一技术体制、统一路由策略、统一组织实施"的方针，进行设计、建设、运行和管理。

2. 调度数据网结构

当前国家电力调度数据网由骨干网和接入网组成，骨干网即由国调、网调、省调、地调节点组成骨干自治域（骨干网），由各级调度直调厂站组成相应接入自治域（接入网），其中县调（区调）纳入地调接入网络。

在骨干网中，按照目前调度数据网节点分布，国调有北京西单和北京白广路两个节点；

网调有华北、东北、华东、华中、西北五个节点；华北地区的省调级节点包括北京、天津、河北、山西、内蒙古、山东；东北地区的省调级节点包括辽宁、吉林、黑龙江；华东地区的省调级节点包括上海、江苏、浙江、安徽、福建；华中地区的省调级节点包括河南、湖北、湖南、江西、四川、重庆；西北地区的省调级节点包括陕西、甘肃、青海、宁夏、新疆。为了确保网络的高可靠性，骨干网的设计按照双平面设计，且两个平面相互独立。

各接入网应通过两点分别接入骨干网双平面，在双平面网络建成前，可采用单点接入方式或双点接入方式进行过渡。

各接入网间不设直接互联路由，若有业务需求，应通过骨干网连接。

3. 调度数据网通道要求

调度数据网通信电路组织的基本原则是：

（1）省级以上各骨干节点（0区，含省调备调）之间原则上采用155M SDH 光电路互连，不具备条件的可采用 $N\times2M$ 链路互连。

（2）省内各骨干节点（子区）之间原则上采用 $N\times2M$ 电路互连，有条件的可采用155M链路互连。

（3）调度数据网原则上采用电力专用通信网，优先选用光通信电路；形成物理路由不重合的迂回电路。

（4）接入网通道原则上按 $N\times2M$ 带宽组织电路。

4. 调度数据网业务

调度数据网作为国家电网公司调度生产业务的基本传输和应用平台，对数据网络本身的安全性、可靠性具有非常高的要求。调度数据网需要承载的调度业务见表8-5。

表 8-5 　　　　　　　　　　　调度数据网承载的调度业务

安全分区	调 度 业 务
安全 I 区	EMS 与 RTU 或变电站自动化系统的实时数据通信
	EMS 之间的实时数据交换
	广域相量测量系统（WAMS）数据采集
	实时电力市场辅助控制信息
	电力系统动态测量及控制数据
	稳定控制系统
	五防系统（集控站）
安全 II 区	水调自动化数据
	发电及联络线交换计划、联络线考核
	电能量计量计费信息
	故障录波、保护和安全自动装置有关管理数据
	GPS 变电站统一时钟系统数据
	节能发电调度系统数据（含脱硫及环保）

国家电力调度数据网在满足以上业务承载要求的同时，还考虑广域全景分布式一体化系统和应急指挥系统的建设和应用，为今后新增业务的承载奠定了网络基础。

第二节 在 线 监 测 系 统

一、输变电设备状态在线监测系统介绍

输变电设备状态在线监测系统起着对输变电设备全方位在线监测、运行状态评估预警、故障诊断分析等作用。该系统集成了大跨越视频、输电线路在线监测（微风振动、导线温度、绝缘子泄漏电流、杆塔振动等）、变压器油色谱和气象信息等。输变电设备状态监测系统从结构上则分为主站平台、通信通道（网络）及就地监测采集装置三个部分，结构如图8-4所示。

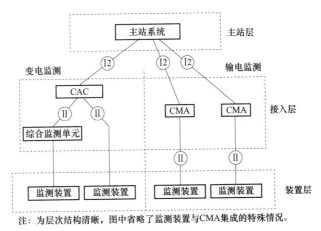

注：为层次结构清晰，图中省略了监测装置与CMA集成的特殊情况。

图8-4 输变电设备状态监测系统结构图

二、输变电设备状态在线监测系统应用

1. 变电设备在线监测

变压器色谱在线监测系统是输变电设备状态在线监测系统的一个子系统，该系统采用循环取样方式，在不污染、不排放变压器油的前提下，通过采用专用复合色谱柱、提高气体组分分离度的方法，定量、自动、快速地在线监测变压器等油浸式电力高压设备的油中溶解的 H_2、CO、CH_4、C_2H_4、C_2H_2、C_2H_6、H_2O、CO_2 等故障气体的浓度及增长率，通过故障诊断专家系统早期预报设备故障隐患信息，采用成熟可靠的通信方式和标准网络协议，进行远程数据传输至在线监控系统的监控后台，有效避免设备事故，减少重大损失，提高设备运行的可靠性。

变压器色谱在线监测系统如图8-5所示。

2. 输电设备在线监测

（1）输电线路微气象环境监测系统简介见表8-6。

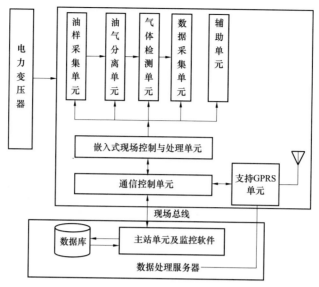

图 8-5　变压器色谱在线监测系统示意图

表 8-6　　　　　　　　　　　　　　输电线路微气象监测系统简介

系统简介	该系统由风向仪、温度传感器、湿度传感器、气压传感器、雨量传感器、光辐射传感器等气象监测装置组成,可监测线路的运行温湿度、风速风向、雨量等环境要素,积累线路运行气象资料,为线路的规划设计、技术改造等提供有效依据
监测内容	风速、风向、最大风速、极大风速、气温、湿度、气压、降雨量、降水强度、光辐射强度等微气象环境
监测对象	监视重要线路大跨越、易覆冰区、易舞动区和强风区等特殊区段,以及穿越人烟稀少、高山大岭,公共气象监测存在盲区的重要线路微气象环境

（2）输电线路图像视频监测系统简介见表 8-7。

表 8-7　　　　　　　　　　　　　　输电线路图像视频监测系统简介

系统简介	该系统通过安装在杆塔上的视频监控装置,能够有效地监控所处线路及周遭环境的实时状态,可使受洪水冲刷、不良地质、通道树木长高、线路大跨越、线路周围建筑施工、易发塔材被盗等影响的特殊区段线路运行处于可视状态,及时发现特殊地段杆塔出现的问题
监测内容	线路通道内山火、施工作业等外力破坏风险点活动情况及树竹生长、线路覆冰舞动等情况
监测对象	监视重要线路防护区内施工作业、开山炸石、违章建筑和山火多发等外力破坏易发区及覆冰舞动、树竹生长易发多发区段线路的通道状况

　　采用图像视频状态监测装置可以在很大程度上起到防盗监测和预警作用。视频信号从高速球向无线视频服务器的传输采用屏蔽双绞线,避开特高压现场的干扰信号。在视频服务器内压缩处理后的视频信号通过 CDMA/GPRS 网络传给监控中心,为保证通信可靠性,采用了数据分组、选择 CRC 误码重传的方法,并使用 UDP 协议提高了网络传输的速率。

　　（3）输电线路覆冰监测系统简介见表 8-8。

表 8-8	输电线路覆冰监测系统简介
系统简介	该系统通过绝缘子串拉力传感器，根据线路导线覆冰后的重量变化以及绝缘子的倾斜/风偏角进行覆冰载荷（覆冰厚度、杆塔受力、导线应力等）计算，直接与线路设计参数比较给出报警信息，有效监控覆冰状况，掌握覆冰分布的规律和特点，有利于及时采取有效的防冰、除冰措施
监测内容	导线覆冰厚度、综合悬挂载荷、不均衡张力差、绝缘子串倾斜角
监测对象	重点监视位于重冰区和处于迎风山坡、垭口、风道、大水面附近等易覆冰区域及处于2、3级舞动区的重要线路的导线覆冰情况

（4）输电线路杆塔倾斜监测系统简介见表 8-9。

表 8-9	输电线路杆塔倾斜监测系统简介
系统简介	该系统应用双轴高精度角度传感器对杆塔纵向和横向倾斜角度进行测量，当杆塔倾斜度超出设定的标准后进行预警。通过对杆塔横向倾斜、顺线倾斜、微气象条件等数据的在线监测，结合线路设计参数给出杆塔倾斜的预警信息，为线路运行和设计部门提供实际依据，通过预警，使运行部门及时掌握杆塔安全运行情况，减少因杆塔倾斜而引发的事故
监测内容	杆塔倾斜度、顺线倾斜度、横向倾斜度
监测对象	重点监视位于矿山采空区、基础易沉降区、易滑坡区、易冲刷区及岩石风化区等地质灾害多发区段重要线路杆塔的倾斜状态

（5）输电线路微风振动监测系统简介见表 8-10。

表 8-10	输电线路微风振动监测系统简介
系统简介	该系统通过在导线上安装微风振动采集单元，对架空输电线路导线、地线（包括架空地线复合光缆，OPGW）的微风振动进行在线监测。目前主要采用弯曲振幅法，即基于两点的相对振幅，测取导地线距线夹（悬垂线夹、防振锤线夹、间隔棒线夹、阻尼线夹等）出口处导地线相对于线夹的弯曲振幅，以此值大小来计算导地线在线夹出口处的动弯应变，作为测量导地线微风振动的标准方法。利用振动传感器获取微风振动信号，在线统计和分析导地线微风振动水平，判断导地线疲劳寿命，分析导线微风振动和气象条件的关系，并根据统计分析结果给出线路防振方案评估结果
监测内容	微风振动幅值、微风振动频率
监测对象	重点监视跨越通航江河、湖泊、海峡等线路大跨越及发生过导线振动断股的线路重要区段导线微风振动强度

（6）输电线路导线温度监测系统简介见表 8-11。

表 8-11	输电线路导线温度监测系统简介
系统简介	该系统通过在输电线路上安装导线温度采集单元，对导线、金具的表面温度进行监测，在不突破现行技术规程规定的前提下，根据数学模型计算出导线的最大允许载流量，充分利用线路客观存在的隐性容量，提高输电线路的输送容量
监测内容	导线表面温度
监测对象	重点监视大负荷重载线路和跨越主干铁路、高速公路、桥梁、江河等线路重要跨越段的导线温升情况

（7）输电线路导线舞动监测系统简介见表8-12。

表8-12　　　　　　　　　　　输电线路导线舞动监测系统简介

系统简介	该系统通过在一档线路上安装多个舞动采集单元（位移传感器和加速度传感器），可实现对导线舞动特征参数包括舞动的半波数、舞动频率、舞动幅值、舞动时导线张力等信息的监测，及时掌握线路舞动情况，有利于分析线路舞动的形成原因，并采取有效的防舞措施。通过在导线上安装输电线路舞动状态监测终端，实时采集舞动加速度，经二次积分获取舞动振幅，在输电线路上选择合适的监测点，确定合理的安装方式，对舞动的幅度、频率等参数进行在线采集和统计，分析舞动和气候条件的关系，为输电线路的健康状态提供依据
监测内容	导线在风作用下所产生的振动频率、振幅
监测对象	重点监视强风区、易覆冰区等特殊区段导线舞动强度

（8）输电线路导线弧垂监测系统简介见表8-13。

表8-13　　　　　　　　　　　输电线路导线弧垂监测系统简介

系统简介	该系统通过导线弧垂采集单元，对一档架空线内弧垂或对地距离进行监测。目前主要的测试方法有接触式采集单元和非接触式采集单元两种。接触式导线弧垂监测装置通过安装在导线上的传感器，采用倾角测量法、温度测量法、雷达测距、激光测距等方法实现对导线弧垂的测量。非接触式导线弧垂监测装置通过安装在杆塔或地面上的导线弧垂采集单元，采用张力测量法、图像法等方法实现对导线弧垂的测量。利用距离传感器和温度传感器，在输电线路最低点选择安装点，在线采集和统计导线运行温度、弧垂，分析导线温度随气象条件、弧垂随导线温度的变化关系，为线路运行检修提供依据
监测内容	导线最大弧垂及导线上各点的对地距离
监测对象	重点监视跨越主干铁路、高速公路、桥梁、江河等线路重要跨越段的导线最大弧垂及导线上各点的对地距离等情况

（9）输电线路风偏监测系统简介见表8-14。

表8-14　　　　　　　　　　　输电线路风偏监测系统简介

系统简介	该系统通过对悬垂串风偏角和偏斜角，或跳线风偏角、电气间隙等参数的分析比较，根据绝缘子串、跳线风偏角与气象环境各个相关参数之间的关系，作出合理预警。利用倾角传感器获取风偏角，在塔上选择一到两处跳线风偏监测点，在线采集和统计跳线风偏角和仰角，在线分析线路风偏状态和同一时刻气象条件的关系，并根据数据的累积判断线路抵御强风的能力，为运行部门对风偏的判断和防范提供依据
监测内容	导线架空输电线路绝缘子串、耐张塔跳线、档中导线的风偏角、偏斜角及对地电气间隙
监测对象	重点监视强风区、易覆冰区等特殊区段导线摆动强度

（10）输电线路污秽度监测系统简介见表8-15。

表8-15　　　　　　　　　　　输电线路污秽度监测系统简介

系统简介	该系统目前大多采用绝缘子泄漏电流进行绝缘子污秽的判断，现场运行监测分机实时/定时测量运行绝缘子串的表面泄漏电流、局部放电脉冲和该杆塔外部环境条件（温度、湿度、雨量、风速）等，并通过GSM/GPRS/CDMA网络发送到监控中心，由专家软件结合报警模型进行污秽判断和预报警。利用泄漏电流沿面形成的原理，在绝缘子串铁塔侧的最后一片绝缘子上方安装一开口式的引流装置卡，将泄漏电流通过双层屏蔽线引入到安装于铁塔中部的数据采集单元中
监测内容	绝缘子串表面污秽物、绝缘子覆冰、零值绝缘子等
监测对象	重点监视高污染区、易覆冰区等特殊区段绝缘子表面污秽物过多、绝缘子覆冰、零值绝缘子等因素引起绝缘子泄漏电流增大的现象

第三节　D5000　系　统

一、D5000 系统介绍

D5000 系统全称智能电网调度技术支持系统，国家电网为适应特高压电网运行的客观需要，落实国家电网公司"四化"的工作要求，全面提升调度机构驾驭大电网的能力，由国调中心在公司系统内组织开展广域全景分布式一体化电网调度技术支持系统的研制工作。作为整个系统的基础平台，D5000 是整个系统研制的核心和重点，其开发由国调中心统一组织，各网省调参加，中国电科院和国网电科院共同承担。

D5000 平台采用先进的软件开发技术，具有标准、开放、可靠、安全和适应性强等特点，采用面向服务的 SOA 架构、消息总线和服务总线设计的基础平台，直接承载着实时监控与预警（新 EMS）、调度计划 （OPS）、安全校核 （SCS）和调度管理 （OMS）四大应用平台。子系统包括能量管理系统、动态稳定预警系统、广域相量测量系统、电力计划管理系统、调度员培训模拟系统、水调自动化系统、继电保护及故障信息管理系统、调度生产管理信息系统、电力调度数据网络系统、雷电监测系统、电网稳定自动控制装置、微机继电保护装置、电网仿真计算系统、变电站自动化系统、发电厂计算机监控系统等。

二、D5000 系统功能应用

1. 实时监控与预警类应用

全面整合电网稳态、动态、暂态运行信息和设备状态信息、辅助监测信息，实现电网运行状态及影响电网运行相关外部因素的全景可视化监视，综合利用全景信息实现电力系统的在线故障诊断和智能报警，通过多维度的在线全局跟踪和前瞻性分析，实现静态、动态、保护综合安全预警，进行电网综合健康状态在线定量分析评估，对电网运行状态、变化趋势和调整效果提供前瞻分析，实现智能化的调度运行辅助决策，并结合调度实时计划对电网实施动态闭环调整控制，对电网运行的各个环节进行分析评价，不断完善调度运行及管理。

实时监控与预警类应用是电网实时调度业务的技术支撑，主要实现电网运行监视全景化，安全分析、调整控制前瞻化和智能化，运行评价动态化。从时间、空间、业务等多个层面和维度，实现电网运行的全方位实时监视、在线故障诊断和智能报警；实时跟踪、分析电网运行变化并进行闭环优化调整和控制；在线分析和评估电网运行风险，及时发布告警、预警信息并提出紧急控制、预防控制策略；在线分析评价电网运行的安全性、经济性、运行控制水平等。

实施监控与预警类应用主要包括智能监测、智能分析与预警、智能辅助决策、基本应用等四个应用。

（1）智能监测主要模块。包括电网运行稳态监控、电网运行动态监视、低频振荡在线监视，在线扰动识别、二次设备在线监视与分析、综合智能分析与告警、水电运行监测、水务综合计算、水电厂运行趋势分析、新能源运行监测与分析、雷电监测、火电机组综合监测、气象监测、技术支持系统监视与管理。

（2）智能分析与预警主要模块。包括在线安全稳定分析、在线裕度评估校核、安全趋势变化综合分析评估。

（3）智能辅助决策主要模块。包括预防控制辅助决策、紧急状态辅助决策、辅助决策综合分析。

（4）基本应用主要模块。包括电网实时监控、状态估计、调度员潮流、灵敏度计算、静态安全分析、可用输电能力、短路电流计算、在线外网等值、电力系统仿真、控制中心仿真、自动发电控制、自动电压控制等。

2. 调度计划类应用

调度计划类应用是调度计划编制业务的技术支撑，主要完成多目标、多约束、多时段调度计划的自动编制、优化和分析评估。它提供多种智能决策工具和灵活调整手段，适应不同调度模式要求，实现从年度、月度、日前到日内实时调度计划的有机衔接和持续动态优化；多目标、多约束、多时段调度计划自动编制和国、网、省三级调度计划的统一协调；可视化分析、评估和展示等。它实现电网运行安全性与经济性的协调统一。

调度计划类应用主要包括申报发布、短期交易管理、水电及新能源调度、预测、发电计划、检修计划、考核结算、计划分析与评估等八个应用。

申报发布主要模块有数据申报、信息发布；短期交易管理主要模块有短期交易管理；水电及新能源调度主要模块有水电调度、调洪演算、新能源调度；预测主要模块有短期系统负荷预测、短期母线负荷预测、超短期系统负荷预测、超短期母线负荷预测、新能源发电能力预测、水文预报；发电计划主要模块有日前发电计划、日内发电计划、实时发电计划；检修计划主要模块有年月检修计划、日前检修计划、临时检修；考核结算主要模块有电能量计量、并网电厂运行考核、辅助服务补偿、结算管理；计划分析与评估主要模块有预分析评估、后分析评估。

3. 安全校核类应用

安全校核类应用是调度计划和电网运行操作（临时操作、操作票）安全校核的技术支撑，主要完成多时段调度计划和电网运行操作的安全校核、稳定裕度评估，并提出调整建议。运用静态安全、暂态稳定、动态稳定、电压稳定分析等多种安全稳定分析手段，适应不同要求，实现对检修计划、发电计划、电网运行操作等进行灵活、全面的安全校核，提出涉及静态安全和稳定问题的调整建议及电网重要断面的稳定裕度。

安全校核类应用主要包括静态安全校核、稳定裕度评估、辅助决策等三个应用。

静态安全校核主要模块有潮流分析、灵敏度分析、静态安全分析、短路电流分析、稳定分析、静态稳定分析、暂态稳定分析、动态稳定分析、电压稳定分析。稳定裕度评估主要模块有静态失稳裕度评估、暂态失稳裕度评估、动态失稳裕度评估、电压失稳裕度评估。辅助决策主要模块有静态安全辅助决策、静态失稳安全辅助决策、暂态失稳安全辅助决策、动态失稳安全辅助决策、电压失稳安全辅助决策。

4. 调度管理类应用

调度管理类应用是实现电网调度规范化、流程化和一体化管理的技术保障。它主要实现电网调度基础信息的统一维护和管理；主要生产业务的规范化、流程化管理；调度专业和并网电厂的综合管理；电网安全、运行、计划、二次设备等信息的综合分析评估和多视角展示与发布；调度机构内部综合管理等。

调度管理类应用主要包括生产运行、专业管理、综合分析与评估、信息展示与发布、内部综合管理等五个应用。

生产运行主要模块包括运行值班管理、设备运行管理、设备检修管理、电网运行管理。专业管理主要模块包括统计分析、并网电厂管理、标准规范管理、知识管理。综合分析与评估应用包括生产运行报表、电网调度运行分析、电网调度安全分析、电网调度二次设备分析、调度技术保障能力评价、综合指标评价六个功能。信息展示与发布模块包括专项应用信息、电网运行信息、生产统计信息、专业动态。内部综合管理主要模块包括工程项目管理、工作计划管理。

参　考　文　献

［1］ 刘振亚. 中国电力与能源. 北京：中国电力出版社，2012.

［2］ 刘振亚. 特高压电网. 北京：中国经济出版社，2005.

［3］ 国家电力调度控制中心. 电网调控运行人员实用手册. 北京：中国电力出版社，2013.

［4］ 孙骁强，范越，白兴忠. 电网调控技术. 北京：中国电力出版社，2014.

［5］ 孙骁强，范越，白兴忠. 电网调度典型事故处理与分析. 北京：中国电力出版社，2011.

［6］ 韩祯祥，吴国炎. 电力系统分析. 杭州：浙江大学出版社，2006.

［7］ 王锡凡，万方良，杜正春. 现代电力系统分析. 北京：科学出版社，2003.

［8］ 王世祯. 电网调度运行技术. 沈阳：东北大学出版社，1997.

［9］ 周双喜，鲁宗相. 风力发电与电力系统. 北京：中国电力出版社，2011.

［10］ 李安定，吕全亚. 太阳能光伏发电系统工程. 北京：化学工业出版社，2012.

［11］ 刘东冉，陈树勇. 光伏发电系统模型综述. 电网技术，2011，35（8）.

［12］ 徐维. 并网光伏发电系统数学模型研究与分析. 电力系统保护与控制，2010，38（10）.

［13］ 黑龙江省电力有限公司. 现代电网运行与控制. 北京：中国电力出版社，2010.

［14］ 贺元康，杨楠，江国琪，等. 提升西北电网水（火）电机组一次调频性能的措施. 电网与清洁能源，2011，8：56-59.

［15］ 贺元康，赵鑫，樊江涛. 变压器相间短路后备保护中负序阻抗继电器应用探讨. 电力系统自动化，2011，35（15）：84-87.

［16］ 国家统计局能源统计司. 中国能源统计年鉴2011. 北京：中国统计出版社，2012.

［17］ 国家能源研究院. 世界能源与电力发展状况分析报告（2012）. 北京：中国电力出版社，2012.

［18］ 国家能源研究院. 世界能源与电力发展状况分析报告（2013）. 北京：中国电力出版社，2013.

［19］ 国家电网公司. 国家电网公司2012年社会责任报告. 北京：中国电力出版社，2013.

［20］ 国家电网公司人力资源部. 国家电网公司生产技能人员职业能力培训专用教材变电运行（220kV）. 北京：中国电力出版社，2010.

［21］ 国家电网公司人力资源部. 国家电网公司生产技能人员职业能力培训专用教材变电运行（500kV）. 北京：中国电力出版社，2010.

［22］ 国家电网公司人力资源部. 国家电网公司生产技能人员职业能力培训专用教材　电网调度. 北京：中国电力出版社，2010.

［23］ 国家电网公司人力资源部. 国家电网公司生产技能人员职业能力培训专用教材　变电检修. 北京：中国电力出版社，2010.

［24］ 国家电力调度通信中心. 国家电网公司继电保护培训教材. 北京：中国电力出版社，2009.